Hans-Joachim Berndt

Messen Steuern Regeln
mit Smartphone und Tablet

BASIC und mehr in der Hosentasche

TCP/IP, WiFi, Bluetooth, USB, RS232
im Zusammenspiel mit
Android, Windows, ESP8266, Digispark, Arduino
u.a.

Schnittstellen, Messwerte, Diagramme, Programme - mobil

Vorwort

Dieses Buch möchte in erster Linie Möglichkeiten aufzeigen, eigene preiswerte Lösungen mess-, steuer- oder regelungstechnischer Probleme zu realisieren, die mit einem Smartphone und einem Tablet heute möglich sind. Schwerpunkt ist das Zusammenspiel portabler Hardware über serielle Verbindungen wie Bluetooth (RX/TX) und WiFi (TCP/IP).

Dem Android-Smartphone oder Tablet werden Helfer zur Seite gestellt, die es ermöglichen sollen drahtlos und mobil eigene Problemlösungen zu finden. Dies sind einerseits diskrete Hardwaremodule aber auch Softwaremodule auf anderen (portablen) Geräten. So wird zum Beispiel ein Windows-Tablet als Helferlein benutzt, auf dem verschiedene frei verfügbare Programme laufen können, um gesetzte Ziele zu erreichen. Auch auf dem Smartphone kommen kostenfreie Apps zum Einsatz.

Das Buch ist in drei Abschnitte aufgeteilt.

Der erste Abschnitt geht auf Hardwareelemente ein, wobei die Module ESP8255 (WiFi-TCP/IP) und DigiSpark (USB und RX/TX) als preiswerte mobile Mess- und Steuerhardware im Vordergrund stehen. Die Programmierbarkeit des ESP8266-Bausteins wird in drei verschiedenen Zugangsweisen behandelt, wobei die ESP8266BASIC-Variante mit der Programmierung und Messung im Browser ganz neue Möglichkeiten bietet, wenn es um das Thema geräteunabhängiges Messen, Steuern und Regeln – und Programmieren geht.

Im zweiten Abschnitt erfolgt die Vorstellung und Anwendung einiger Softwaremodule, die auf den Geräten benutzt werden können, um die gesetzten Ziele zu erreichen. Sowohl Anwendersoftware als auch Script-Sprachen kommen zum Einsatz, wobei geringe allgemeine Programmierkenntnisse von Vorteil sind, um den Zusammenhang zu erkennen und bei Bedarf Anpassungen vornehmen zu können.

Der dritte Abschnitt „Zusammenspiel" behandelt willkürlich gewählte, konkrete Beispiele mit Kombinationen dieser Komponenten. Neben üblichen Messkonfigurationen und deren Aufbau wird vor allem die Weiterleitung von Signalen oder Messwerten behandelt. Diese Weiterleitung muss nicht immer sinnvoll erscheinen, sie soll vielmehr die verschiedenen Möglichkeiten verdeutlichen.

Beispiele sind ein GPS-Modul, welches Daten einem Smartphone per TCP/IP (WLAN) zukommen lässt oder ein Smartphone, welches Sprache erkennt und diesen Text an ein Windows-Tablet sendet, welches diesen Text wieder als Sprachausgabe in das Mikrofon des Telefons spricht. Wie mit JavaScript, ESP-Basic und HTML Messdiagramme im Browser live erzeugt werden, zeigen weitere Anwendungen. Zum Schluss werden aktuelle Daten ohne Internet aus Radiosignalen gewonnen und dargestellt.

Zur Vereinfachung werden die benutzten Komponenten oft als Block dargestellt, um so deren Funktion bzw. Einsatzmöglichkeit und ein Zusammenspiel möglichst schnell zu erkennen.

Dieses Buch versteht sich als Ergänzung der beiden eBooks „Messen mit dem Smartphone" und „Messen und Steuern mit dem Smartphone". Das Buch lehrt keine Programmiersprache, sondern benutzt Beispiele und Vorlagen, um mit entsprechenden Änderungen die gewünschten Ziele zu erreichen.

Es wurde überwiegend ein Galaxy GT-7000 (Android 4.1) und ein Dell Venue8 Pro (Windows 8.1) benutzt.

Inhalt

1 HARDWARE ELEMENTE

In diesem Buch werden verschiedene kleine Hardwarekomponenten benutzt, um ein jeweils gewünschtes Ziel zu erreichen. Die Möglichkeiten dieser Komponenten werden u. a. auch durch deren Anschlüsse bestimmt. Es folgen kurze Steckbriefe der benutzen Hardware. In diesem Buch kommen überwiegend die beiden Bausteine *Digispark* und *ESP8266* zum Einsatz. Der eine nennt sich „der kleinste Arduino" und kommt in Form einer winzigen Platine mit fertigem USB-Stecker. Der ESP8266, weil er schneller und mehr Speicherplatz besitzt als ein Arduino, vor allem aber ist die WLAN-Fähigkeit mit den sich daraus ergebenden Möglichkeiten, der Hauptgrund für diese Wahl. Durch die drei weiter unten benutzten und beschriebenen Programmiermöglichkeiten ist er universell mobil einsetzbar.

DIGISPARK

Ein sehr kleines Board mit dem Mikrocontroller Attiny85 und der Besonderheit, dass seine Platine bereits als USB-Stecker ausgelegt ist. Auf engstem Raum findet man u. a. den Controller, einen Spannungswandler mit 5 Volt Ausgang, eine Power-LED und eine ansteuerbare LED. Anschlüsse: 6 x I/O.

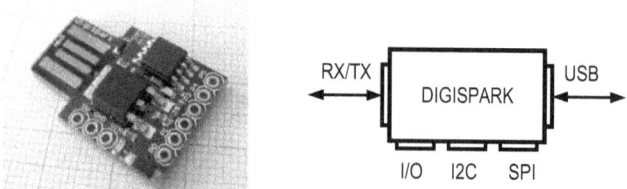

Abbildung 1: Digispark-Block und reale Platine

Pins	Digispark
P0	D0/PWM0/AREF/MOSI/SDA
P1	D1/PWM1/MISO
P2	D2/A1/SCK/SCL
P3	D3/A3/USB+
P4	D4/PWM4/A2/USB-
P5	D5/A0

Diese Anschüsse sind je nach Konfiguration auch als RX/TX (TTL-Serial), SPI, I²C, ADC und USB einsetzbar. Takt: 16,6 MHz, der Preis liegt im einstelligen Eurobereich.

ESP8266

Der Baustein, der seit 2014 die Szene verändert. Zunächst wenig dokumentiert und nur mit *AT-Befehlen* (AT) auf einfache Weise zu benutzen, wurde er so populär, dass er nun auch über die Arduino-Entwicklungsumgebung (*Core*) direkt programmierbar ist und somit viele Bibliotheken und Quelltexte benutzt werden können. Ein „Hilfs-Arduino" entfällt. 2016 kam die einfachste aller Programmiermöglichkeiten in Form von *ESP8266Basic* dazu. Dieses Basic ist quasi ein fertiger Sketch, der mittels verfügbarem Hochladeprogramm ganz ohne weitere Umgebung auskommt, da die Programmierung in einem Browser erfolgt und der Interpreter mit den Programmdateien des ESP-Dateisystems im ESP bleibt. Er ist schnell (80 MHz), hat viel RAM und ist von Hause aus mit WiFi ausgestattet. Der Preis liegt kann im einstelligen Eurobereich liegen.

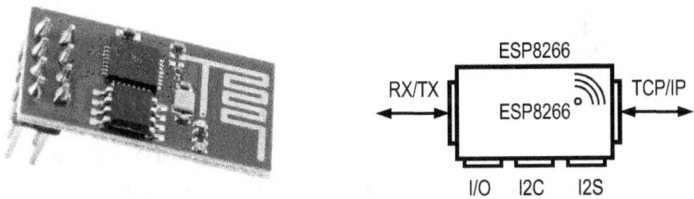

Abbildung 2: ESP8266-1 und Blockdarstellung

Der hier abgebildete ESP8266-01 war und ist der erste Vertreter der 8266-Serie von *expressif*. Der Abschnitt ESP8266-AT setzt diese Hardware ein und zeigt Anwendungen, die den Arduino als Vermittler der AT-Kommandos benutzt. Durch die Popularität des Bausteins mit seinen verschiedenen Ausführungen vereinfachte sich sowohl Hard- als auch Software.

http://www.esp8266.com/wiki/doku.php?id=esp8266-module-family

Seitdem die Arduino-Entwicklungsumgebung (IDE) den ESP8266 mit seinem Core unterstützt, gestaltet sich die Programmentwicklung so einfach wie bei einem Arduino, wobei sogar die meisten Sketche und Bibliotheken kompatibel sind. Ein auf diese Art programmierter Basic-Interpreter für den ESP8266 erleichtert die Heimautomatisierung noch-mals dramatisch, da der ESP nun einfach und drahtlos mit wenigen Zei-len programmiert werden kann und die Basic-Programme ebenfalls im ESP gespeichert bleiben. Durch die HTML/JavaScript-Unterstützung er-geben sich neue und vor allem einfache Möglichkeiten.

Als Hardware für die Abschnitte **ESP8266-Core** und **ESP8266Basic** kommt ein *ESP Basic WIFI Dev Board (Witty-Cloud)* mit einem ESP8266-12F zum Einsatz. Dieses preiswerte Board kommt mit RGB-LED und LDR, sowie einem aufsteckbaren USB/Seriell-Adapter, wodurch sich dieses Modul wie ein schneller Arduino mit WiFi verhält.

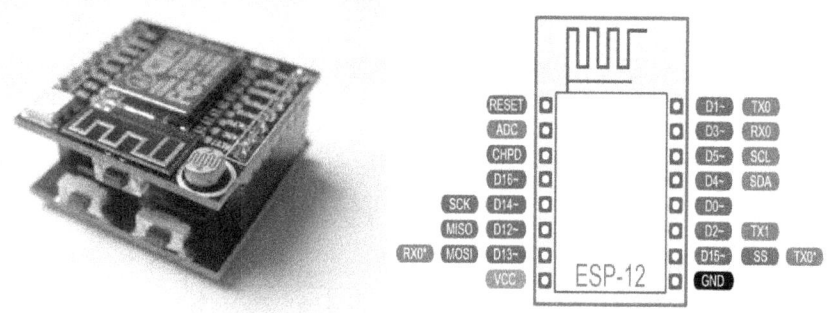

Abbildung 3: ESP8266-12F – „Witty-Cloud" und Anschlüsse ESP-12E/F von Quelle: esp8266.github.io/Arduino/versions/2.0.0/doc/esp12.png

HC-06

Ein Bluetooth2-Modul welches serielle Daten (TTL-RX/TX) über 2,4 GHz nach dem SSL-Standard überträgt und mit nur vier Hauptanschlüssen (RX/TX/GND/VCC) eine sehr übersichtliche Angelegenheit. Der Baustein verbindet sich besonders problemlos mit mobilen Android-Geräten, Windows ist da manchmal etwas zurückhaltender.

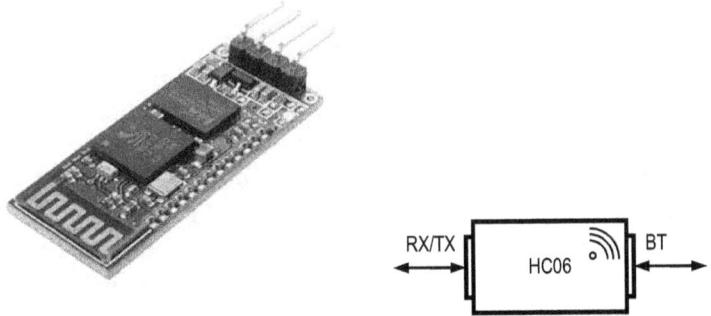

Abbildung 4: HC06-Bluetooth-Modul und Block

FTDI-ADAPTER (TTL)

Ein Vermittler zwischen USB und TTL-RX/TX (Serial). Mit USB-Anschluss erscheint der Adapter im Betriebssystem als serielle Schnittstelle. Die Spannungspegel sind TTL-kompatibel und somit direkt mit den Controller-Blocks zu verbinden. RS232-Geräte benutzen andere Spannungspegel und können somit nicht direkt dort angeschlossen werden. Der Arduino Uno hat einen solchen Adapter on Board, um entsprechend einfach programmierbar zu sein.

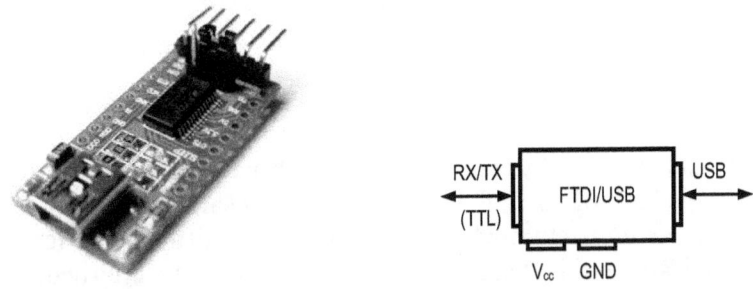

Abbildung 5: FTDI FT232RL USB to TTL Serial Converter und Block

FTDI-ADAPTER (RS232)

Ein Vermittler zwischen USB und RS232. Mit USB-Anschluss erscheint der Adapter im Betriebssystem als serielle Schnittstelle. Die Spannungspegel sind RS232-kompatibel und somit für Peripherie mit diesen (+/- 12 V) Spannungspegeln ausgelegt. Der DB9-Stecker passt in die Buchse von seriellen Geräten, die früher üblicherweise an Computer angeschlossen wurden (Drucker, Mäuse, Messgeräte). Adapter mit FTDI-Chipsatz werden von Android erkannt und auch unter aktuellen Windows-Versionen ist eine Treibersuche normalerweise nicht notwendig. Dieser Adapter wurde auch in [2] „Messen und Steuern mit dem Smartphone" benutzt.

Abbildung 6: DIGITUS RS 232 USB Seriell DB9 ADAPTER und Block

ARDUINO UNO

Hauptsächlich kommt in diesem Buch die Programmierumgebung des Arduino beim ESP8266 und Digispark zum Einsatz. Als Hardwareelement kann der Baustein an vielen Stellen als Vermittler von Mess- und Steuerdaten auftreten. Dieser extrem weit verbreitete Mikrocontroller übernimmt z. B. Steueraufgaben im Abschnitt des ESP8266, wenn dieser über AT-Befehle angesprochen wird. Literatur zu dieser Hardware ist in Hülle und Fülle vorhanden, wodurch hier auf weitere Erläuterungen verzichtet wird.

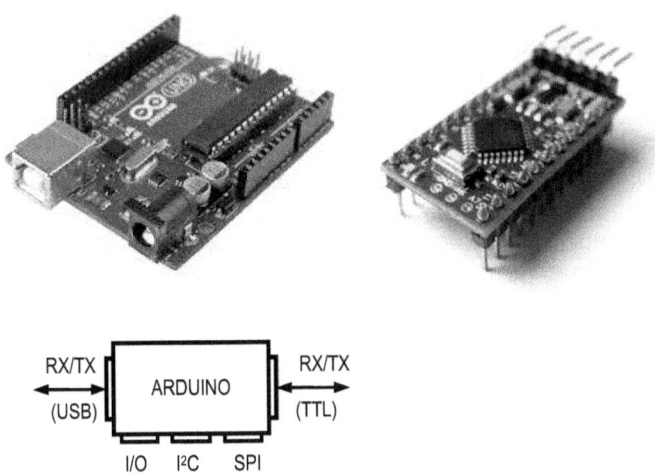

Abbildung 7: Arduino Uno R3 und Mini Pro Arduino und Block

1.1 ESP8266 (BASIC)

Der Umgang mit dem ESP8266 wird hier chronologisch in umgekehrter Reihenfolge erläutert, so dass ESP8266Basic am Anfang steht.

Als letzte, aber einfachste Art der Programmierung, taucht im Jahr 2016 ESP8266Basic auf. Damit vereinfacht sich der Umgang nochmals gewaltig und eröffnet sogar ganz neue Möglichkeiten, da das Übertragen von Sketchen entfällt und alles obendrein noch kabellos funktioniert. Da der Server von Basic immer läuft, können mehrere Clients in Form von Browsern darauf zugreifen. Auch das Betriebssystem auf dem der Browser läuft spielt keine Rolle, HTML5-Unterstützung ist jedoch wünschenswert.

Mit dem Dateisystem und dem Webserver im ESP8266 CORE im nächsten Kapitel, erschließen sich sehr viele Möglichkeiten. „MMIsCool" hat das wohl auch so gesehen und ein komplettes Basic geschrieben. Die Programmierung erfolgt über WLAN im Browser. Jedes Gerät mit WiFi und einem Browser mit eingeschaltetem JavaScript kann als Programmumgebung dienen. Für den C-Programmierer sei erwähnt, dass der komplette Quelltext offen ist und mit aktuellen *Arduino-ESP-Cores* über die IDE kompiliert werden kann. Ein Schritt zum Personal-ESP-Basic?

[EDIT] [RUN] [SETTINGS] [FILE MANAGER]

ESP Basic 3.0.Alpha 55

Device MAC: 62:01:xx:xx:97:1D

Der Anwender findet auf der Seite *esp8266basic.com* ein Übertragungsprogramm für den fertig übersetzten Sketch, so dass keine Arduino IDE benötigt wird. Dadurch sind auch keinerlei C-Kenntnisse notwendig. Der Sprachschatz orientiert sich an GW-Basic und unterstützt alle ESP-Eigenschaften. Die Benutzeroberfläche und die Ausgabe ist ein Browserfenster des Anwenders.

Abbildung 8: Hompage von ESP8266Basic

1.1.1 ESPBASIC: EINRICHTUNG

Das Basic muss einmalig mit dem Programm *ESP_Basic_Flasher.exe* in den Speicher des ESP übertragen werden, um es benutzen zu können. Diese Datei liegt auf der Seite im Download-Bereich und ist etwa 1,4 MB klein. Nach dem Start sucht das Programm den ESP an einer COM-Schnittstelle. Ein ESP sollte über USB angeschlossen -, und in den Flash-Modus versetzt sein, so wie in der IDE Sketche übertragen werden. Basic ist ein fertig kompilierter Sketch, der wie jeder andere Sketch in den Anfangsbereich des Speichers übertragen wird. Zusätzlich erlaubt das Übertragungsprogramm die Formatierung des Dateisystems, quasi ein Format C: aus alten Tagen.

```
ESP8266basic.com
"ESP Basic 3.0.Alpha 55";
Com port 1 found
Com port 3 found
Com port 7 found
```

Abbildung 9: ESP Basic-Uploader findet COM7 nach einer Weile

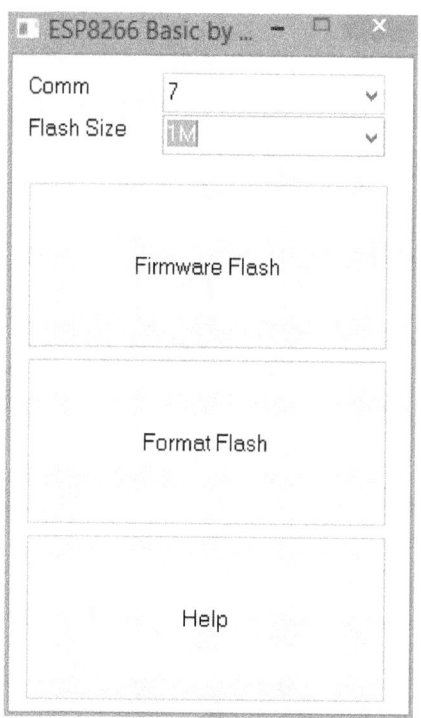

Abbildung 10: Basic-Sketch hochladen und Dateisystem formatieren mit ESP_Basic_Flasher.exe

Auf der Seite ESP8266Basic.com wird dieses Einrichten mit vielen Bildern erläutert. Bei dem hier vorhandenen Modul läuft die Einrichtung wie folgt ab:

- ESP über USB anschließen (meldet COM7, wie bei der IDE)
- ESP_Basic_Flasher.exe starten
  (sucht und findet nach einer Weile COM7)
- ESP-Modul eventuell in den Flash-Modus bringen
- Im Programm COM7 und 1M wählen
- "Firmware" (Basic-Sketch) übertragen (Blaue LED blinkt wie gewohnt)
- Mit Format das Dateisystem formatieren.

Nach dem Neustart des ESP sollte ein WLAN-AP mit dem Namen "ESP" in den WiFi-Einstellungen zu finden sein. Darüber sind der erste Kontakt und die weitere Einrichtung möglich. Die Programmierung kann auf diese Art völlig unabhängig von anderer Netz-Infrastruktur erfolgen. Über diesen Weg kann der ESP auch an einen Router angemeldet werden, um

z. B. Zugriff auf das Internet zu bekommen. Dazu sind weitere Schritte erforderlich, die unter Windows 8.1 oft Geduld erfordern.

- Mit dem ESP-AP "ESP" verbinden
- Im Browser die IP 192.168.4.1 aufrufen

Im Browserfenster erscheint:

[EDIT] [RUN] [SETTINGS] [FILE MANAGER]

ESP Basic 3.0.Alpha 55

Device MAC: 62:01:xx:xx:97:1D

Falls eine Internetanbindung erwünscht ist:

- Unter Settings den eigenen Router mit Password eintragen
- Speichern mit Save
- Neustart mit Reset

Nach einer Weile sollte der AP "ESP" aus der Luft sein und Basic über seine lokale IP erreichbar sein. Zur Kontrolle können Informationen der seriellen Ausgabe entnommen werden, wenn z. B. *RealTerm* oder der Serielle Monitor der IDE mit 9600 Baud an COM7 mit liest. Alternativ erfährt man die lokale IP im Router.

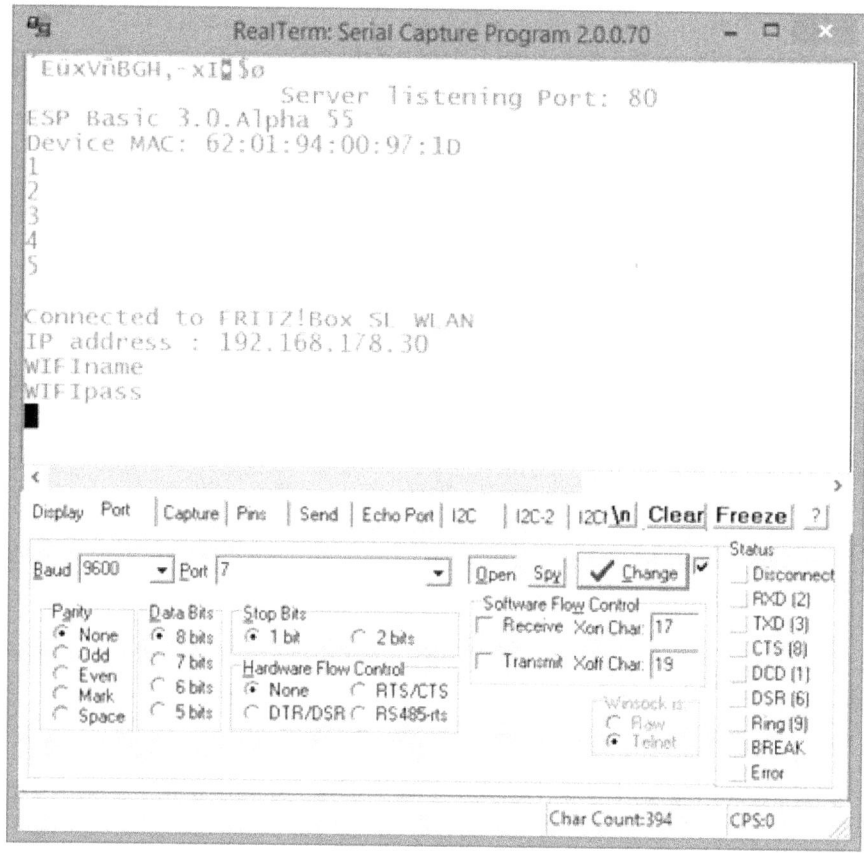

Abbildung 11: RealTerm als Monitor der seriellen Ausgaben des ESPBasic

Damit ist schnelles Arbeiten mit dem ESP-Basic möglich.

1.1.1 ESPBASIC: HALLO WELT

Bei der ersten Installation der Version 2 von ESPBasic ist ein gewisser zeitlicher Aufwand erforderlich um diese Worte zu erhalten. Ist das System vertraut, so gestaltet sich alles sehr einfach. Die Ausgaben erfolgen im Browserfenster und über die serielle Schnittstelle. Drei Möglichkeiten stehen zur Verfügung:

PRINT - Ausgabe im Browser und über die serielle Schnittstelle

WPRINT - Ausgabe nur im Browser als HTML-Text

SERIALPRINT/SERIALPRINTLN - Nur über die serielle Schnittstelle (9600 Bd)

Ab Version 3 ist die Anweisung *HTML* ein Äquivalent zu *WPRINT*.

Um also die erste Ausgabe zu erreichen ruft man im Basicmenü „EDIT" auf und schreibt dort die Programmzeile

```
Print "Hallo Welt"
```

In Firefox sieht das dann so aus:

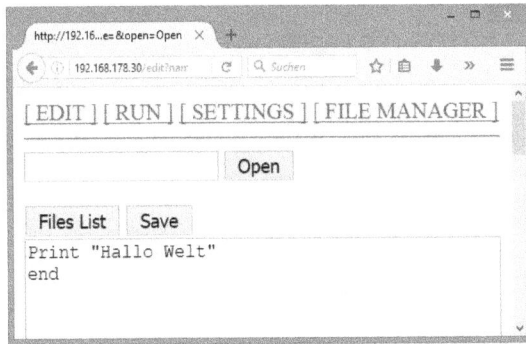

Abbildung 12: Programmieren im Browser, erstes ESPBasic-Programm

Nun muss mit dem SAVE-Button das Programm gespeichert werden. Dabei wird bei leerem Namen die Datei "/default.bas" angelegt. Basic meldet sich bei Erfolg mit einer Meldungsbox "Save" als Bestätigung.

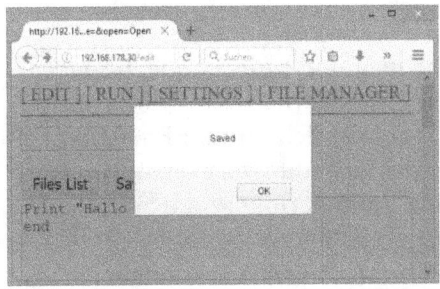

Abbildung 13:
Erst speichern mit SAVE, dann mit RUN starten

Erst jetzt erfolgt die Ausführung durch Klick auf RUN.

Abbildung 14: Hallo Welt im
Browser

Dadurch dass mit *Print* beide Ausgaben erfolgen, sieht ein Terminalfenster der seriellen Schnittstelle so aus:

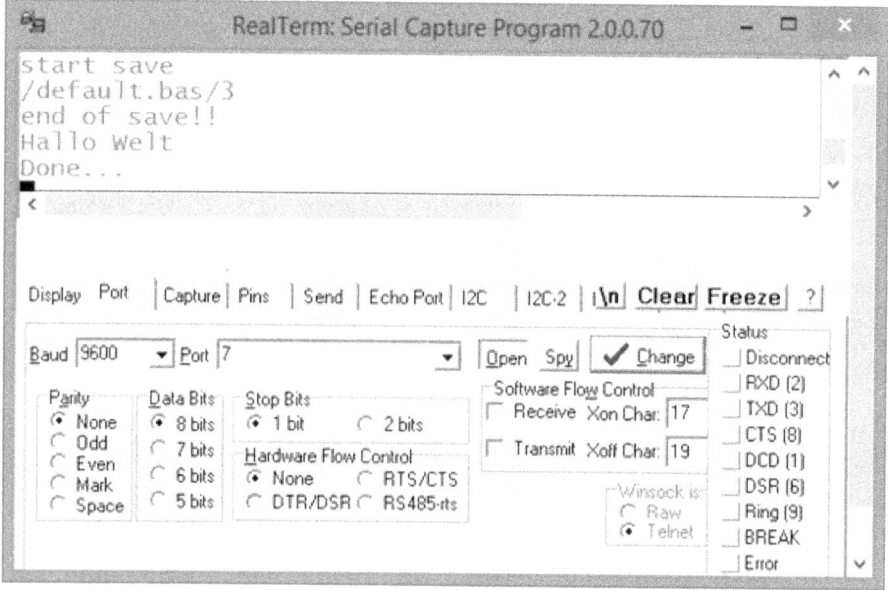

Abbildung 15: Hallo Welt in RealTerm, dem Monitor für serielle Ausgaben

Diese Schritte sind für jeden Testlauf erforderlich. In den Einstellungen (*Settings*) lässt sich das */default.bas* auch als Autostart einstellen, welches nach einem *Reset* mit 30 Sekunden Verzögerung gestartet wird. Mit Angabe eines anderen Namens und anschließendem Save legt Basic das Programm entsprechend ab. Über den *FILE MANAGER* können die verschiedenen Programme verwaltet werden.

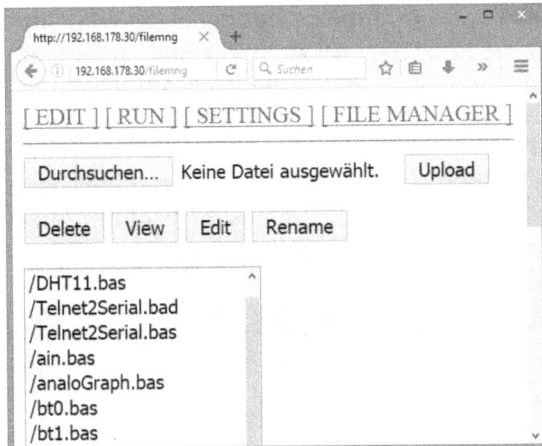

Abbildung 16: Datei-Manager des Basic-Systems

Damit können auch Dateien mit *UPLOAD* hochgeladen werden, um sie in eigenen Programmen zu benutzen. Neben Bildern ist das auch interessant in Bezug auf die Verwendung von eigenen JavaScript-Bibliotheken. Die gesamte Basic-Oberfläche besteht aus JavaScript. Dazu folgen im Abschnitt Zusammenspiel mehrere Beispiele.

1.1.2 ESPBASIC: BLINK

Was für den Bildschirm das "Hallo Welt" ist, ist für die Hardware das Blink. Damit es nicht zu langweilig wird, soll 10-mal die rote LED an Pin 15 aufleuchten und das mit dem Onboard-Basic des ESP.

Wie weiter oben beschrieben, ist der Basic-Editor im Browser bereit, um folgendes Basic-Programm aufzunehmen:

```
for i = 1 to 10
 io(po,15,1)
 delay 1000
 io(po,15,0)
 delay 1000
next i
end
```

Dieser wunderbare Mischmasch schaltet in einer *FOR*-Schleife 10 mal die Leuchtdiode an Pin 15 mit der *IO*-Anweisung *PO* (PortOut) zwischen 1

und 0 um. Dazwischen liegt die Arduino-ähnliche Verzögerung von einer
Sekunde mit *delay 1000*. Da Basic in früheren Tagen mit End endete, endet dieses Basic-Programm mit *end* und Basic meldet dann ein „Done".

Ruft man nun auf dem Smartphone diese IP auf, wird das Programm
nochmals gestartet. Damit wird deutlich, dass mehrere Geräte gleichzeitig auf Basic Zugriff haben und somit quasi gemeinsam programmiert
werden kann und das alles auch ohne Router und Internet!

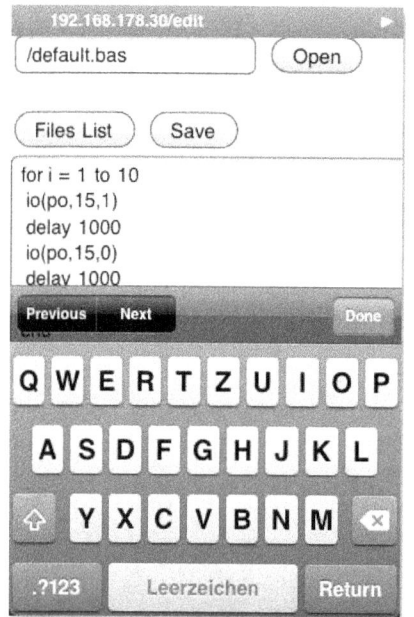

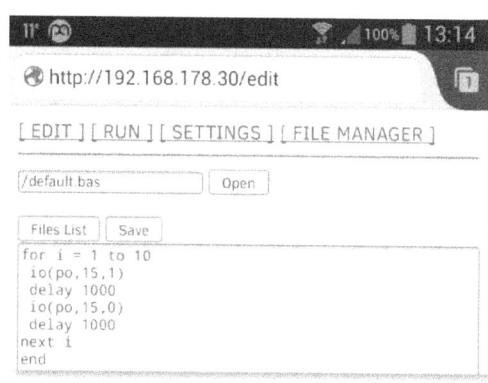

*Abbildung 17: Basic-Listing auf
dem iPod2G und in Firefox auf dem
Galaxy Note unter Android*

Weitere Anweisungen findet man in

ESP8266 Basic Help 3.0
ESP8266 Basic Language Reference
For ESP Basic 3.0 a XX
HTTP://ESP8266BASIC.COM

Die Referenz zu Version 3 enthält etwa 60 Seiten mit knappen Beschrei-
bungen aller Befehle und Anweisungen.

1.1.3 ESPBASIC: TIMER

ESP-Basic kann als größeres Zusammenspiel aufgefasst werden, denn hier wird klassische Programmierung a la GOTO mit moderneren Methoden wie Ereignissteuerung verwoben. Ein Timer-gesteuertes Blink hat dann dieses mögliche Aussehen mit 9 Zeilen.

```
timer 500,[mach]
button "Exit",[ende]
wait

[mach]
io(po,15,x)
x  = not x
wait

[ende]
end
```

Mit *Timer Intervall, [Sprungziel]* wird das Sprungziel-Label - früher Goto - alle im Intervall angegebenen Millisekunden aufgerufen. Ein Button als HTML-Element enthält ebenfalls ein Sprungziel, welches bei Betätigung ausgeführt wird. In diesem Fall wird lediglich das Programm beendet. Der Abschnitt *mach* schaltet den Ausgang 15 jeweils entsprechend der Variablen *x* um. Die Besonderheit ist die *wait*-Anweisung. Sie wartet quasi auf Ereignisse. Durch diese Art der Programmierung kann auf verschiedene Ereignisse reagiert werden, ohne ständig in einer eigenen Schleife die Dinge überwachen zu müssen. Weiter unten folgen weitere Beispiele.

1.1.4 ESPBASIC: INTERRUPT

Basic stellt auf einfachste Weise einen Interrupt-Aufruf bereit, um zum Beispiel Digitaleingaben zu erfassen. Eigene Abfrageschleifen (Polling) entfallen somit. Als Beispiel erfolgt die Abfrage des Zustandes von Pin GPIO 4 an dem ESP-Modul, welches dort einen Taster über einen Pullup-Widerstand angeschlossen hat. Im Ruhezustand liegt an diesem als D2 bezeichnetem Eingang also eine 1 an, der Taster „zieht" den Anschluss auf 0.

```
x = 1
```

```
meter x,0,1
interrupt d2, [wechsel]
wait

[wechsel]
x = io(laststat,d2)
wait
```

Das Programm startet mit der Initialisierung der Variablen x, damit das HTML-Element *meter* zunächst Vollausschlag zeigt. Das *meter* stellt die Variable *x* im Bereich 0 bis 1 dar und dient als eine Art Gauge oder Progressbar. Die Interruptanweisung sorgt dafür, dass bei einem Zustandswechsel an D2, *ESPBasic* die Zeilen ab dem Label *wechsel* ausführt. In diesem Fall erfolgt eine Abfrage des zuletzt gelesenen Zustandes von D2 mit *laststat*. Entsprechend ändert sich der Zustand des *meters*, da ja beide Programmabschnitte mit einem *wait* enden und somit auf Ereignisse warten.

Abbildung 18: Schalterüberwachung per Interrupt

Das Ergebnis ist in Opera ein gelber Balken im Ruhezustand. Bei gedrücktem Taster bleibt die Balkenfüllung farblos. Die Speichermeldung in Opera verrät den JavaScript-Editor.

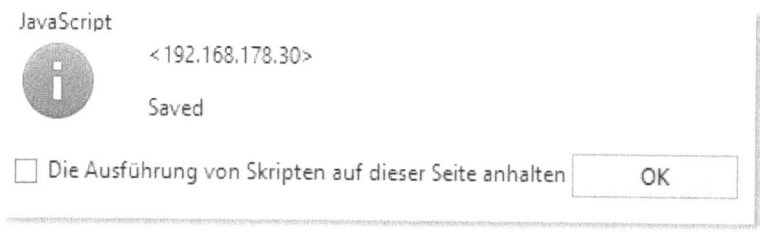

Abbildung 19: Speichern und ausführen in Tablet-Opera

1.1.5 ESPBASIC: ANALOGEINGANG

Der ESP verfügt über einen Analogeingang, an dem bei dem hier vorliegenden Modul *Witty-Cloud* ein lichtempfindlicher Widerstand (LDR) angeschlossen ist. Damit lassen sich auf einfache Art sich ändernde Analogwerte erzeugen.

Die Abfrage soll mittels Timer erfolgen und die Anzeige in dem Basic-Element *meter*. Bei einer 10-Bit-Auflösung des ADC ergibt sich der Bereich 0 bis 1023. Basic liefert sogar Werte bis 1024. Der Analogwert wird der Variablen *a* mit der IO-Anweisung *AI* (AnalogIn) zugewiesen. Da das *meter*-Element mit diesem Wert verknüpft ist, schlägt der Balken entsprechend dem Analogwert aus. Die Abfrage mittels Timer erfolgt alle 100 ms. Das laufende Messprogramm steuert die blaue LED im Blinkmodus, damit auch an der Hardware eine Laufkontrolle sichtbar ist. In Basic gestaltet sich das dann wie folgt:

```
x = 0
timer 100,[mach]
meter a,0,1000
button "Exit",[ende]
wait

[mach]
io(po,15,x)
x = not x
a = io(ai)
wait

[ende]
end
```

Als kleine Spielerei ist dem *meter* nur ein Maximalwert von 1000 zugewiesen, was zur Folge hat, dass der in Opera grüne Balken bei Grenzwert-Überschreitung gelb wird.

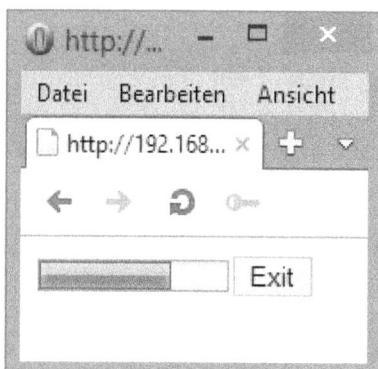 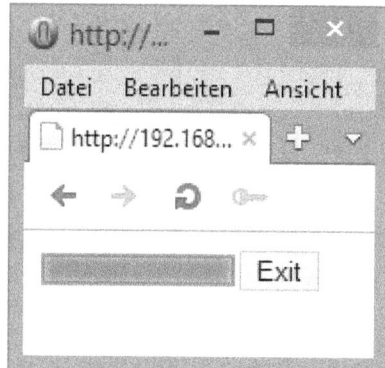

Abbildung 20: Analoganzeige des ADC vom ESP8266F (rechts ist gelb)

Mit dem Element *textbox* kann Basic auf einfache Art den Wert einer zugewiesenen Variablen anzeigen. Das erweiterte Listing mit numerischer Ausgabe besteht aus einer Zeile mehr:

```
x = 0
timer 100,[mach]
meter a,0,1000
textbox a
button "Exit",[ende]
wait

[mach]
io(po,15,x)
x  = not x
a = io(ai)
wait

[ende]
end
```

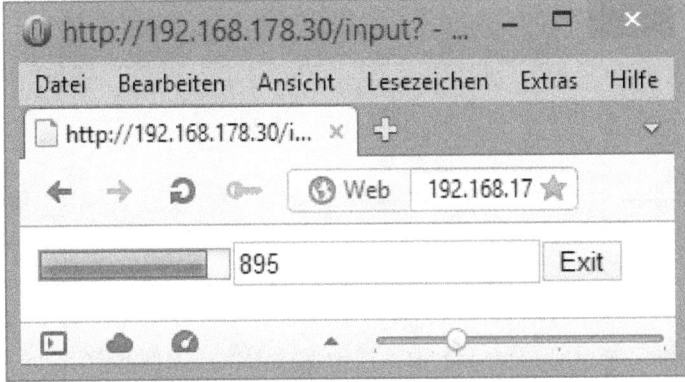

Abbildung 21: Analoganzeige und Zahlenwert in einer Textbox

1.1.6 ESPBASIC: MESSTABELLE

Eine einfache Messtabelle der Analogwerte mit Zeitangaben kann direkt im Browserfenster erfolgen. Damit eine Kommazahl auch ein Komma hat, wird der Punkt mit *replace()* ersetzt, wodurch die Darstellung in einem externen Programm auf einfachste Weise ermöglicht wird. Dieselbe Messung kann auf verschiedenen Geräten gleichzeitig übernommen werden, hier Smartphone und Win-Tablet.

```
t/s      PIN ADC
0,012     157
1,013     975
2,011     675
3,011     226
4,012     397
5,016     857
6,016    1024
7,015    1024
8,015     714
9,015     370
10,015    200
Done...
```

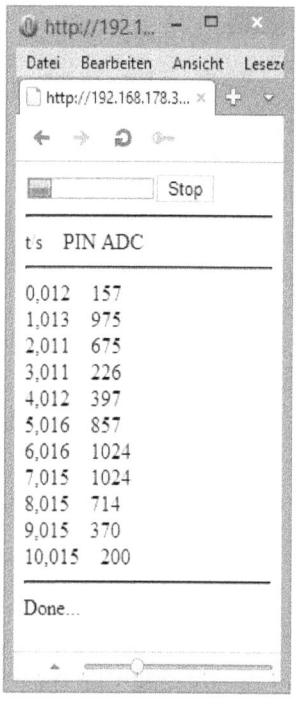

Abbildung 22: Messtabelle in Opera auf dem Tablet und im Standard-Browser des Galaxy Note

```
x = 0
meter v,0,1000
button "Stop",[ende]
wprint "<hr>t/s    PIN ADC<hr>"
timer 1000,[machmal]
t0 = millis()
gosub [mach]
wait

[mach]
io(po,15,x)
x = not x
t = ((millis()-t0)/1000)
v = io(ai)
s = replace(str(t),".",",")
wprint s&"    "&v&"<br>"
return

[machmal]
gosub [mach]
wait
```

1.1.7   ESPBASIC: DIGITALAUSGÄNGE SCHALTEN

Steuern bedeutet oft nur schalten. Im einfachsten Fall ist das dann das Ein- und Ausschalten von Digitalausgängen.

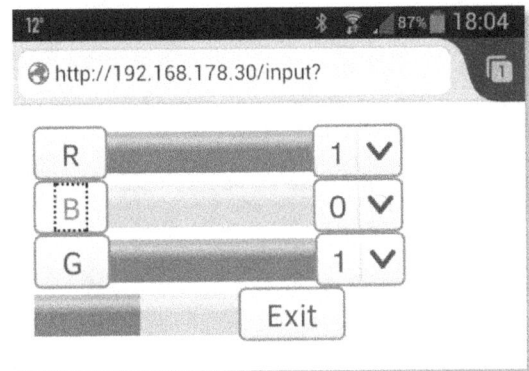

Abbildung 23: RGB-LED des ESP8266-Modul schalten mit LDR-Analoganzeige

Bei dem hier benutzten Exemplar *Witty-Cloud* ist eine RGB-LED angebracht, die die drei Pins 15, 12, 13 in dieser Reihenfolge belegt. Mit drei *button*-Elementen erfolgt die Programmverzweigung, oder anders ausgedrückt: Drei *button*-Elemente lösen jeweils ein Ereignis aus, was dazu benutzt wird, den entsprechenden Ausgang zu schalten. Das optische Feedback im Browser übernehmen drei *meter*-Elemente, wie weiter oben im Taster-Beispiel mit dem Interrupt. Damit auch wirklich der aktuelle Zustand erscheint, erfolgt die Abfrage über *laststat*. Da Übertragungen per Socket bzw. TCP/IP nicht immer gleich reagieren, erfolgt die Kontrolle doch wieder über eine Art Polling, also als ständige Abfrage, allerdings per Timer. Aus optischen Gründen wird hier rechts neben dem *meter*-Element ein *dropdown*-Element platziert. Dieses Bedienelement wird als 0/1-Anzeige missbraucht und könnte den Benutzer verwirren, da es nicht entsprechend reagiert - geschaltet wird nur per Taster.

```
'RGB SWITCH
x = 0
blau=-1
grun=-1
rot=-1
timer 100,[mach]
button "R",[rot]
meter r,0,1
dropdown r, "0,1"
wprint "<br>"
```

```
button "B",[blau]
meter b,0,1
dropdown b, "0,1"
wprint "<br>"
button "G",[grun]
meter g,0,1
dropdown g, "0,1"
wprint "<br>"
meter v,0,1000
button "Exit",[ende]
wait

[mach]
io(po,2,x)
x  = not x
v = io(ai)
r = abs(io(laststat,15))
b = abs(io(laststat,13))
g = abs(io(laststat,12))
wait

[rot]
io(po,15,rot)
rot = not rot
wait

[blau]
io(po,13,blau)
blau = not blau
wait

[grun]
io(po,12,grun)
grun = not grun
wait

[ende]
io(po,2,-1)
cls
end
```

Um alles untereinander anzuordnen erfolgt ein HTML-
 zwischen den Elementen. Am Ende wird die blaue, hellere LED an Pin 2 noch ausgeschaltet und der Bildschirm gelöscht. Durch das Blinken der kleinen blauen LED ist das Pulsieren der Helligkeit im analogen Balken (LED-

Abfrage) neben dem Exit-Taster deutlich zu erkennen, wenn eine helle Fläche als Reflektor benutzt wird. Auch diese Oberfläche kann von verschiedenen Geräten betrachtet und benutzt werden.

1.1.8 ESPBASIC: ANALOGES STEUERN

Die Ausgänge des ESP sind PWM-fähig, können also mittels Pulsbreiten-Modulation quasi-analoge Ausgaben machen. Der arithmetische Mittelwert eines Rechtecksignals entspricht seinem Tastverhältnis und so leuchten die drei LED entsprechend hell, je nach Ausgabewert zwischen 0 (aus) und 255 (an).

Abbildung 24: Schieber im Browser steuern die Helligkeit

Als Bedienelement stellt *EspBasic* einen Schieber (*slider*) zur Verfügung. Die Programmierung ist genau so einfach wie bei einem *meter*-Element, nur dass durch das Schieben durch den Anwender die zugewiesene Variable im angegebenen Bereich verändert wird. Wird die Variable im Programm verändert, so bewegt sich der Schieber entsprechend. Auf diese Art können nun mit folgendem Quelltext die drei LED an den Ausgängen 12, 13 und 15 mit 256 Helligkeitsstufen gesteuert werden.

```
'rgbSLIDE
wprint "R "
textbox r
slider r,0,255
wprint "<br>G "
textbox g
slider g,0,255
wprint "<br>B "
textbox b
slider b,0,255
```

```
wprint "<br>"
x = 0
T = 500
wprint "A "
textbox v
wprint "      "
meter v,0,1023
timer T,[mach]
wprint "<br><br>Intervall/ms: "
dropdown bla, "10,100,500,1000,10000"
button "Exit",[ende]
wait

[mach]
if or <> r then io(pwo,15,r)
if og <> g then io(pwo,12,g)
if ob <> b then io(pwo,13,b)
io(po,2,x)
x  = not x
v = io(ai)
r = abs(io(laststat,15))
b = abs(io(laststat,13))
g = abs(io(laststat,12))
or = r
og = g
ob = b
T = val(bla)
timer T,[mach]
wait

[ende]
io(po,2,-1)
cls
end
```

Damit die Angaben auch stimmen, erfolgt per Timer eine Kontrollabfrage der Ausgangszustände. Das Abfrage-Intervall kann per *dropdown*-Element über die Variable *bla* geändert werden.

1.1.9   ESPBASIC: TEMPERATUR UND LUFTFEUCHTE

In ESPBasic sind einige (Arduino-) Bibliotheken eingebunden, wodurch die Benutzung von gängigen Hardware-Elementen erleichtert wird. Ein

Beispiel dafür sind die Sensoren der DHT-Reihe. Mit *Temperatur und Luftfeuchte mit einfachen Routinen (ohne Bibliotheken) DHT11 am Arduino - Daten im Gänsemarsch*

http://www.hjberndt.de/soft/arddht11.html

kam der DHT11 am Arduino zum Einsatz.

Abbildung 25:
Beitrag Daten im Gänsemarsch

Mit ganzen vier Befehlen unterstützt espBasic diesen Sensor, der hier in der Billigvariante DHT11 mit nur positiven und ganzzahligen Messdaten zum Einsatz kam und kommt.

```
'DHT 11 an Pin 2
DHT.SETUP(11, 2)
textbox t
textbox h
textbox i
wprint "<hr noshade size=1>"
bla = 2000
wprint "Intervall/ms:     "
dropdown bla,"2000,5000,10000,20000,30000,60000"
wprint "<hr noshade size=1>"
button "STOP",[ende]
timer bla,[messen]
wait

[messen]
t = DHT.TEMP()
h = DHT.HUM()
i = DHT.HEATINDEX()
timer bla,[messen]
wait

[ende]
```

```
wprint "Messung beendet."
end
```

Der Programmaufbau unterscheidet sich kaum von den vorigen Listings, lediglich die Messwertabfrage erscheint entsprechend der Sensor-Hardware anders.

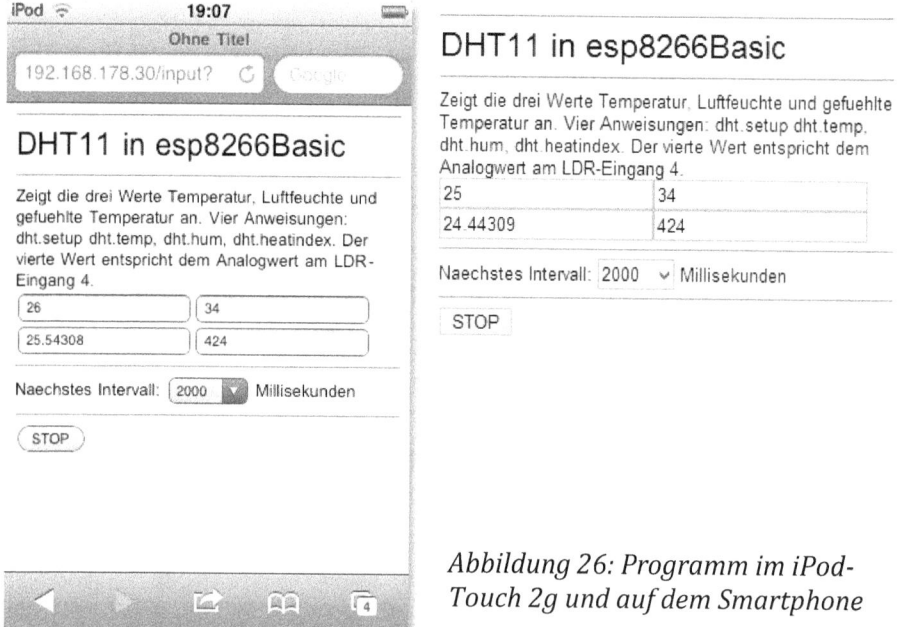

Abbildung 26: Programm im iPod-Touch 2g und auf dem Smartphone

1.1.10 ESPBASIC: MENÜ FÜR ESP-APPS

Dadurch, dass Programme - oder Apps - mit *LOAD* nachgeladen werden können, besteht die Möglichkeit ein kleines Menü zu entwerfen. Dies erinnert etwas an die Anfänge der „Home-Computerei", nach dem Motto "Nach Enter geht's los". Die Auswahl erfolgt heute jedoch in einem in C geschriebenem Basic mittels eines JavaScript-Buttons in einem HTML5-Browser via WLAN. Bei entsprechenden Dateinamen kann ein Menü-Listing aussehen wie hier:

A	Abfrage des Tasterzustandes an Pin 4
B	Schalten der RGB-LED und LDR-Abfrage
C	Temperatur und Luftfeuchte
D	RGB mit Analog-Schiebern

Abbildung 27: Programmauswahl durch Buttons

```
cls
button "A",[A]
wprint " Abfrage des Tasterzustandes an Pin 4<br>"
button "B",[B]
wprint " Schalten der RGB-LED und LDR-Abfrage<br>"
button "C",[C]
wprint " Temperatur und Luftfeuchte<br>"
button "D",[D]
wprint " RGB mit Analog-Schiebern<br>"
wait
[A]
load "/din.bas"
[B]
load "/rgb.bas"
[C]
load "/DHT11.bas"
[D]
load "/rgbSlide.bas"
```

Die entsprechenden Programme müssen dazu lediglich über den Beenden-Knopf die Datei "/menu.bas" laden, wenn obige Zeilen unter diesem Namen abgespeichert wurden. Auch ein gelöschter Bildschirm via *cls* als erste Anweisung macht die Dinge übersichtlich.

```
[ende]
wprint "Menue wird aufgerufen."
delay 3000
load "/menu.bas"
```

1.1.11 ESPBASIC: MESSDATEN PER MAIL

Messdaten müssen nicht immer in Echtzeit verfügbar sein. Bei manchen Anwendungen reicht eine Zwischenspeicherung der Daten, um sie später zu lesen oder auszuwerten. Auch die ständige Verbindung mit dem ESP8266 ist nicht immer erwünscht oder möglich. An entfernten Orten kann die Messanordnung versagen und lokal gespeicherte Messwerte wären verloren. Abhilfe schafft da die Speicherung im Netz. Von den vielen möglichen Cloud-Speicherorten wird hier auf den Mail-Server zurückgegriffen. Anhand der Messdaten aus dem vorangegangen Beispiel soll einmal in der Stunde die Temperatur, die Luftfeuchte, die gefühlte Temperatur und ein Helligkeitswert per Mail verschickt werden.

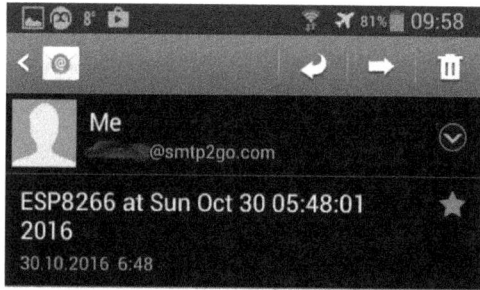

Abbildung 28: ESP8266 meldet sich per Mail auf dem Smartphone

Mit nur zwei Zeilen kann man in *ESPBasic* eine E-Mail versenden. Dazu ist natürlich eine Internetverbindung über WiFi erforderlich.

```
setupemail "mail.smtp2go.com", 2525, "username", "mailpassword"

email "empfänger@mail.com","username@smtp2go.com", "Be-
treff","Inhalt"
```

Wie in der ESPBasic-Referenz beschrieben bietet sich ein kostenfreier Probe-Account bei *smpt2go.com* an, da bei den meisten Servern vorhandener Accounts dieser einfache Aufruf nicht funktioniert. Die dortige Anmeldung erfordert einen neuen Usernamen und eine vorhandene Email-Adresse, an die die Daten gesendet werden sollen, sowie ein neues Passwort zum Einloggen auf der Seite von *smpt2go.com*. Nach der Anmeldung bekommt man über die angegebene Email-Adresse eine Bestätigung mit der Aufforderung der Verifizierung. Dabei landet man als angemeldeter Nutzer auf einer Seite auf der man ein Email-Password erhält, was entsprechend eigener Vorstellungen geändert werden kann. Zum Schluss öffnet sich das Dashboard mit den Aktivitäten.

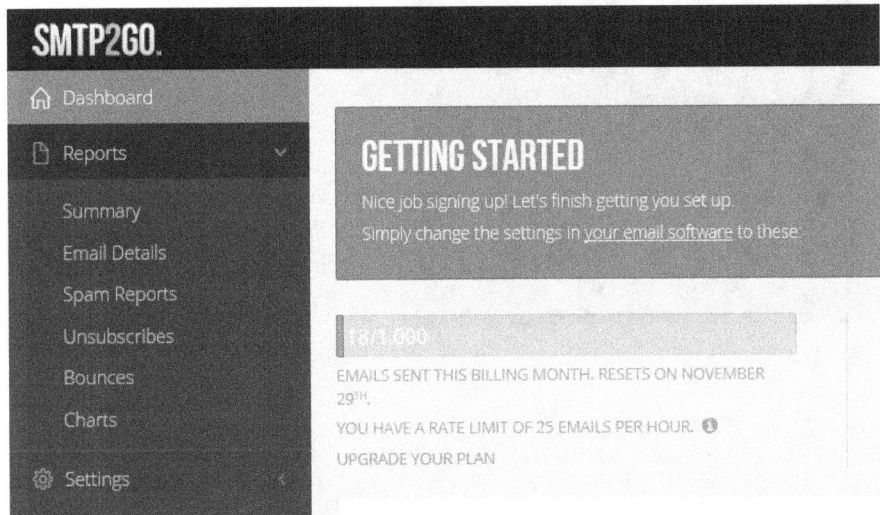

Abbildung 29: SMTP2GO mit dem Dashborad eines Probeaccounts

Damit ist der Vorgang abgeschlossen. Die angegebene Email-Adresse ist gleichzeitig das Ziel der weitergeleiteten Mails. Angenommen der Login-name sei *otto2go* und es gäbe einen bestehenden Account *otto@otto.de*, wohin auch die Mails des ESP verschickt werden sollen, der Username bei smpt2go sei ebenfalls *otto@otto.de* und das Passwort für Login und E-Mail ist *otto2000*, dann könnte eine Testmail vom ESP mit den Worten "Hallo Welt" mit folgenden Zeilen versendet werden:

```
setupemail "mail.smtp2go.com", 2525, "otto@otto.de", "ot-
to2000"
```

```
email "otto@otto.de","otto2go@smtp2go.com", "Test-
mail","Hallo Welt"
```

Der Probe-Account gestattet nur 25 E-Mails pro Stunde und 1000 E-Mails pro Monat. Für Testzwecke und andere Anwendungen ein funk-tionierendes Verfahren, womit sich ganze Messprotokolle verschicken lassen. Während einer Nacht sendeten der ESP8266 und das unten ange-gebenen Basic-Listing bis zum frühen Morgen Messdaten per Mail.

Abbildung 30: Messungen über Nacht und es wird langsam heller.

```
dht.setup(11, 2)
crlf = chr(13) & chr(10)
timer 3600000,[messen]
'wait

[messen]
t = DHT.TEMP()
h = DHT.HUM()
i = DHT.HEATINDEX()
l = io(ai)
msg = "Temperatur: " & t & crlf & "Gefuehlt: " & i & crlf
msg = msg & "Luftfeuchte: " & h & crlf & "Helligkeit: " &
l
print msg
setupemail "mail.smtp2go.com", 2525, "otto@otto.de", "ot-
to2000"
email "otto@otto.de","otto2go@smtp2go.com", ""ESP8266 at
" & time(), msg
wait
```

Nach der Initialisierung des Sensors an Pin 2 wird ein Timer auf 60 Minuten gestellt und sofort aufgerufen, wenn das *wait* auskommentiert ist. Danach folgen die Messung und die Erstellung der Meldung in *msg*. Mit der UTC-Zeit im Betreff wird die elektronische Post auf den Weg gebracht.

Mit diesem Verfahren, dem Autostart von */default.bas* und dem *Sleep*-Befehl für den ESP sollten auch Langzeitmessungen mit geringem Energiebedarf möglich sein. Dabei schläft der ESP8266 z. B. drei Stunden bei einem Strombedarf von wenigen Mikroampere, wacht auf, verbindet sich mit der WiFi-Station, startet das Basic-Programm, schickt die Messwerte ab und schläft weiter. Dank ESPBasic bleibt die Sache erfreulich einfach und übersichtlich.

Im Kapitel *Zusammenspiel* werden weitere Anwendungen für ESPBasic vorgestellt, die dem Kontext dieses Buches entsprechen.

1.2 ESP8266-CORE (OHNE ARDUINO)

Aufgrund seiner Popularität und der Möglichkeit auch andere Hardware in die neuere Programmierumgebung (IDE) des weit verbreiteten Arduino einzubinden, entstand der so genannte Arduino-Core für den ESP8266. Das bedeutet, dass die Programmierung dieser Hardware wie beim Arduino erfolgt. Durch die intelligente Einbindung können Quelltexte und Bibliotheken teils ohne Änderung von Arduino-Projekten übernommen werden. Damit erniedrigt sich die Programmierschwelle gegenüber der AT-Variante, die einen Arduino als Vermittler benötigt, um ein Vielfaches. Die Geschwindigkeit und der Speicherplatz des ESP können nun mit einer kompilierten Hochsprache voll ausgeschöpft werden. Schließlich steht ein Dateisystem zur Verfügung, mit dem Dateien im Speicherbereich wie gewohnt behandelt werden. Das Hochladen von Daten, Bildern, usw. ist mittels Werkzeugen möglich. Mit einer Netzsuche "ESP8266 Arduino Core" erreicht man die englische Referenz der jeweils aktuellen Version *ESP8266 Arduino core documentation* oder direkt über:

https://github.com/esp8266/Arduino.

1.2.1 ESP8266-CORE: EINRICHTEN

Die Vorgehensweise zur Integration des ESP8266 in die Programmierumgebung (IDE) des Arduino ist im Netz vielfältig beschrieben. Eine englische Ausführung ist unter

http://esp8266.github.io/Arduino/versions/2.1.0-rc2/doc/installing.html

zu finden. Dort wird folgende Vorgehensweise beschrieben:

Arduino 1.6.5 (nicht 1.6.6) von der Internet-Seite *Arduino.cc* runterladen, diese IDE installieren und starten. Unter *Datei/Voreinstellungen* bei *Zusätzliche Boardverwalter URLs*

http://arduino.esp8266.com/stable/package_esp8266com_index.json

eingeben. Dort sind mehrere Einträge möglich.

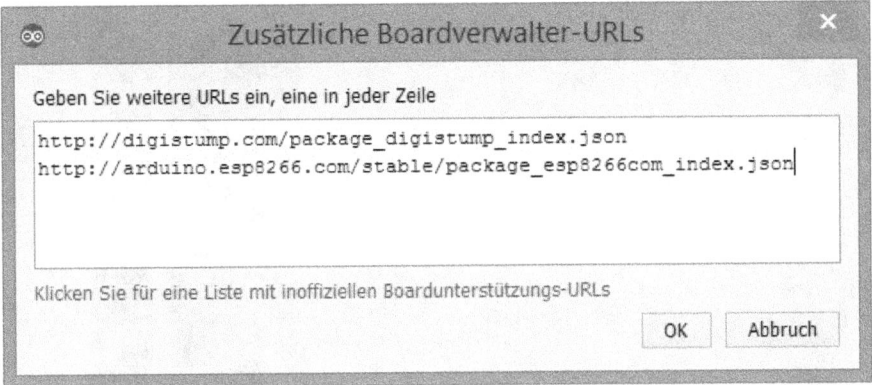

Abbildung 31: Boardverwalter der IDE mit zwei zusätzlichen Boards

Unter *Werkzeuge/Board*: den Boardverwalter aufrufen und die gewünschte Version wählen und installieren. Dies setzt eine Internetverbindung voraus.

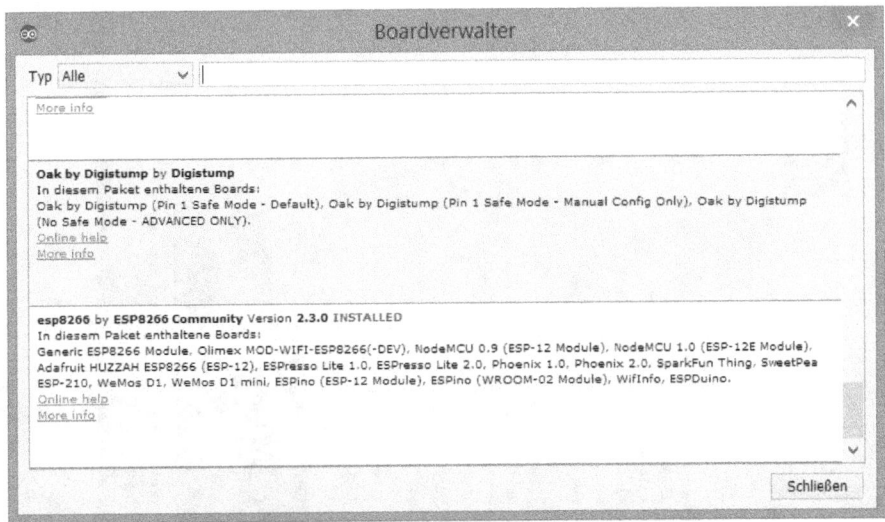

Abbildung 32: Installation des Core für den ESP8266

Zum Schluss unter Werkzeuge Board: *Generic ESP8266 Module* auswäh-
len.

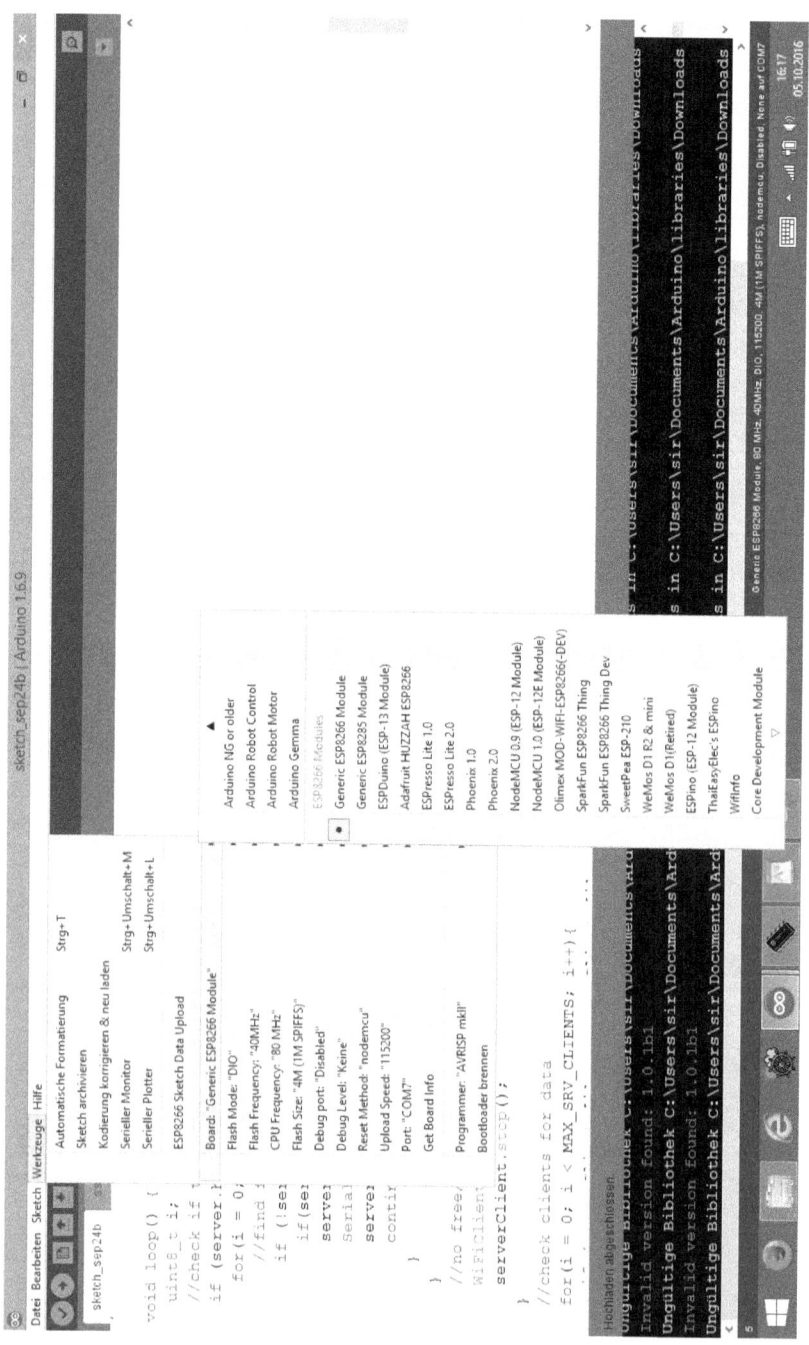

Abbildung 33: Mit der Boardauswahl werden auch die Beispiele zugänglich

Für das hier verwendete Board mit LDR, RGB-LED und drei Tastern erfolgt der Sketch-Upload genauso einfach wie beim Arduino, wenn folgende Einstellungen gelten:

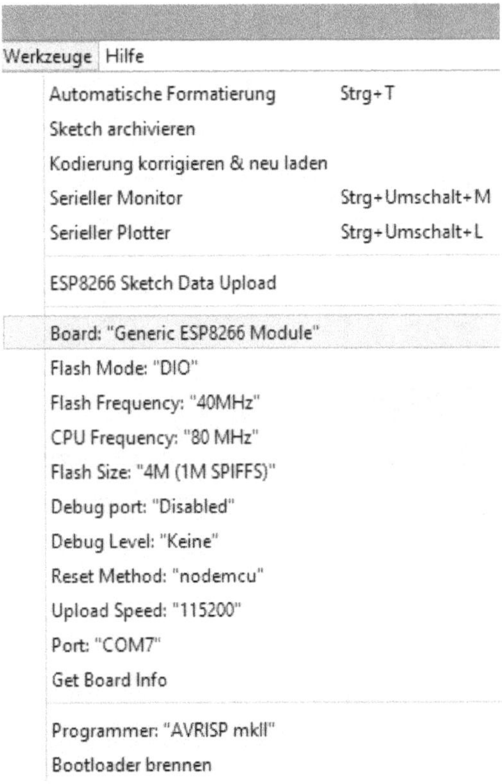

Werkzeuge | Hilfe

Automatische Formatierung   Strg+T

Sketch archivieren

Kodierung korrigieren & neu laden

Serieller Monitor   Strg+Umschalt+M

Serieller Plotter   Strg+Umschalt+L

ESP8266 Sketch Data Upload

Board: "Generic ESP8266 Module"

Flash Mode: "DIO"

Flash Frequency: "40MHz"

CPU Frequency: "80 MHz"

Flash Size: "4M (1M SPIFFS)"

Debug port: "Disabled"

Debug Level: "Keine"

Reset Method: "nodemcu"

Upload Speed: "115200"

Port: "COM7"

Get Board Info

Programmer: "AVRISP mkII"

Bootloader brennen

Abbildung 34: Die Einstellungen für das ESP8266-Modul Witty-Cloud

1.2.2 ESP8266-CORE: BLINK

Um zu zeigen, wie sich der ESP8266 in die Umgebung integriert hat, bietet sich der Standard-Blink-Sketch an. Bei angeschlossenem ESP an der entsprechenden Schnittstelle (*Werkzeuge/Port*) öffnet man unter *Datei/Beispiele/01.Basics/Blink* das Originalbeipiel für einen Arduino, welches die LED an PIN 13 im Sekundentakt blinken lässt.

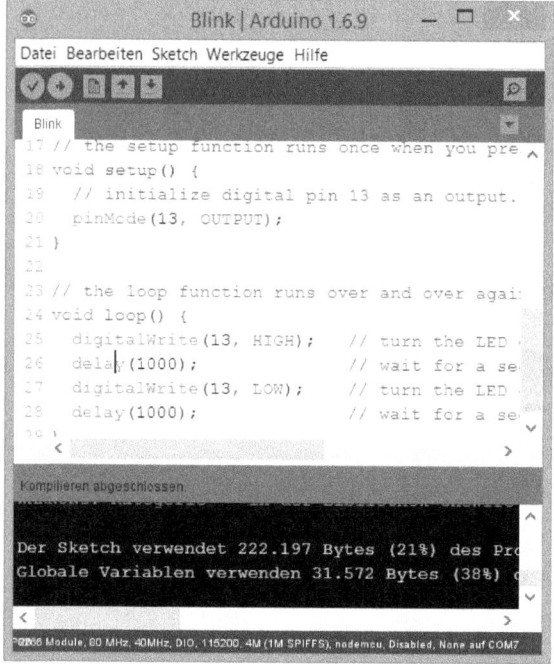

Abbildung 35: Blink für den Arduino ohne Änderung übertragen

Nach der Kompilierung werden 21% von 1.044.464 Bytes belegter Spei-cherplatz gemeldet. Die anschließende etwas längere Übertragung lässt die kleine blaue LED des ESP blinken, wie bei Übertragungen am Ardui-no gewohnt. Danach sollte die blaue RGB-LED im Sekundentakt leuchten, da diese bei diesem Board an Pin 13 angeschlossen ist. Für ein rotes Blinken wäre Pin 15 zu wählen. Der Sketch läuft ohne Änderung des Quelltextes auf dem ESP8266.

1.2.3 ESP8266-CORE: WIFISCANNER

Die besonderen Fähigkeiten des ESP8266 zeigt das erste Beispiel aus dem Bereich *ESP8266WiFi*. Der unveränderte Sketch *WiFScan.ino* gibt mit 115200 Baud im Seriellen Monitor (Werkzeuge/Serieller Monitor) folgende Angaben zyklisch aus.

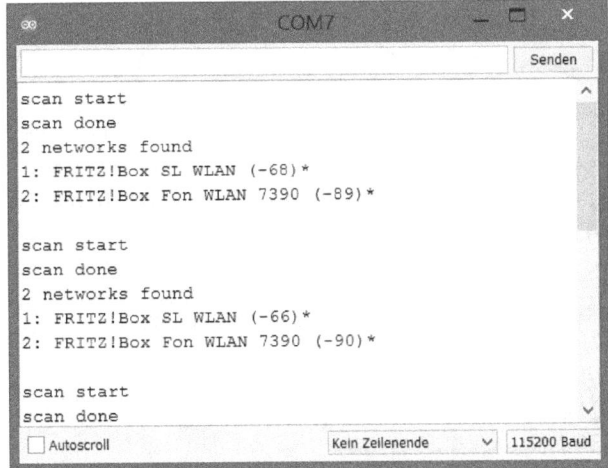

Abbildung 36: Erster WiFi-Test als Scanner

Es sind zwei verschlüsselte (*) Router mit Namen (SSID) und Feldstärke verfügbar. Dieses Beispiel bindet die Bibliothek *ESP8266WiFi.h* ein, die alle wesentlichen Core-Funktionen definiert. In der IDE findet man das Beispiel als Teil der ESP8266WiFi-Vorlagen.

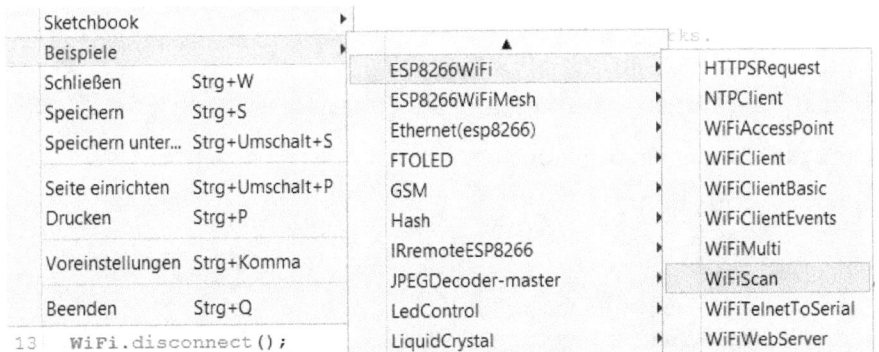

Abbildung 37: WiFiScan in den Beispielen des ESP8266-Core

1.2.4 ESP8266-CORE: INFO

Nach diesen ersten Schritten könnte es nützlich sein, genauere Angaben zum verwendeten Baustein zu erhalten. Zumindest der tatsächlich verfügbare Speicherplatz sollte von Interesse sein. In der Referenz zum IDE-Core werden entsprechende Spezialanweisungen mit entsprechendem

Beispiel dokumentiert. Das Ergebnis des hier verwendeten Bausteins sieht wie folgt aus:

Getting ESP8266 info 5 seconds from now.

Heap:	*46576*
Boot Vers:	*31*
CPU/MHz:	*80*
ChipID:	*45524*
FlashChiID:	*1458400*
FlashChipSize:	*4194304*
FlashChipSpeed	*40000000*
CycleCount	*2154190587*
Vcc/mV:	*1322*

Die Ausgabe im Seriellen Monitor der IDE erfolgt mit 9600 Baud über folgendes Listing:

```
//http://esp8266.github.io/Arduino/versions/2.0.0/doc/lib
raries.html#esp-specific-apis

#include <ESP8266WiFi.h>
extern "C"
{
#include "user_interface.h"
}
ADC_MODE(ADC_VCC);

void setup()
{Serial.begin(9600);delay(5000);
 Serial.println("\nGetting ESP8266 info 5 seconds from
now.");
 delay(5000);
 // print out all system information
 Serial.println();
 Serial.print("Heap: \t\t");
 Serial.println(system_get_free_heap_size());
 Serial.print("Boot Vers: \t");
 Serial.println(system_get_boot_version());
 Serial.print("CPU/MHz: \t");
 Serial.println(system_get_cpu_freq());
 Serial.print("ChipID: \t");
 Serial.println(ESP.getChipId()   );
```

```
Serial.print("FlashChiID:\t");
Serial.println(ESP.getFlashChipId()   );
Serial.print("FlashChipSize:\t");
Serial.println(ESP.getFlashChipSize() );
Serial.print("FlashChipSpeed\t");
Serial.println(ESP.getFlashChipSpeed());
Serial.print("CycleCount\t");
Serial.println(ESP.getCycleCount()   );
Serial.print("Vcc/mV:\t");Serial.println(ESP.getVcc() );
}

void loop() {}
```

Die Flash-Größe beträgt demnach 4 MB, was weiter oben bei der Boardauswahl bereits eingestellt ist. Für das Dateisystem steht dann 1 MB zur Verfügung. Es handelt sich also etwa um einen Pentium 90 mit Diskettenlaufwerk.

Fügt man noch die Zeile *WiFi.printDiag(Serial)* z. B. am Ende hinzu, so werden aktuelle Einstellungen des ESP über den seriellen Strom preisgegeben.

1.2.5 *ESP8266-CORE: ANALOG/DIGITAL-PLOTTER*

Die neueren IDE-Versionen haben einen integrierten Seriellen Plotter, der es auf einfachste Weise erlaubt den Verlauf einer seriellen Ausgabe darzustellen. Zahlen, die im Seriellen Monitor als Text erscheinen, ergeben in der Plotter Ausgabe einen einfachen aber schnellen Graph - eine Art Zeitschreiber. Der integrierte LDR am Analogeingang des ESP8266F-Moduls liefert einen Wert zwischen 0 und 1023 des einzigen Analogwandlers an Bord. Ein kurzer Sketch soll das verdeutlichen.

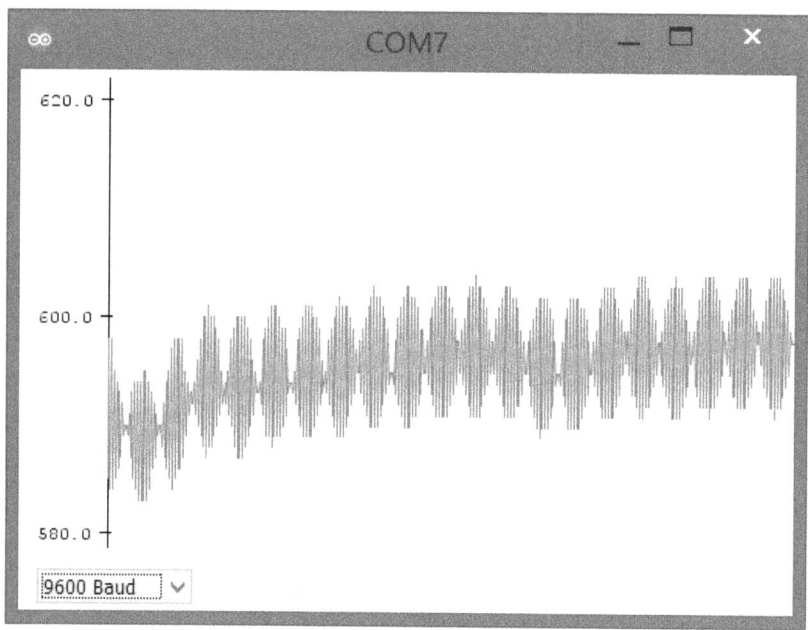

Abbildung 38: Helligkeitsschwankung einer 50 Hz-Glühlampe

Die Analogwerte werden in der Hauptschleife als Zahl seriell ausgegeben. Als Grundlage dient ein Standard-Arduino-Sketch aus den Beispielen: *Datei/Beispiele/Basics/03 Analog/AnalogInOutSerial*, der entsprechend gekürzt so aussieht:

```
const int analogInPin = A0;
void setup()
{ Serial.begin(9600);
}

void loop()
{ Serial.println(analogRead(analogInPin));
  delay(2);
}
```

Der *Serial Plotter* der Arduino-IDE zeigt hier Helligkeitswerte einer etwas abgeschirmten Glühlampe an einer erkennbaren Wechselspannung
von 50 Hz. Unter Berücksichtigung der Trägheit eines LDR und des
Wandlers kann nun etwas mit der Übertragungsrate und dem *delay* ex-
perimentiert werden. Der eingebaute Taster an PIN 4 ergibt dann im

Plotter folgendes Bild, nach Übertragung des darunter stehenden Sketches.

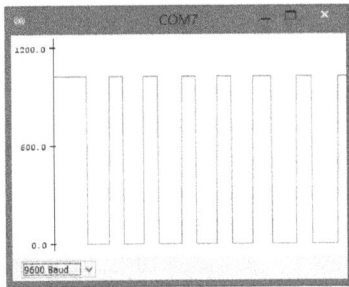 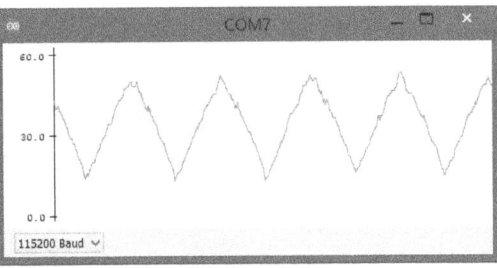

Abbildung 39: Taster an Pin 4 (links) und Sägezahn-Helligkeit

```
void setup()
{ Serial.begin(9600);
  pinMode(4, INPUT);
}

void loop()
{ Serial.println(analogRead(4));
  delay(2);
}
```

Durch Steuerung der Helligkeit einer LED und entsprechender Messung der Helligkeit lässt sich im Plotter ein Dreiecksignal erzeugen, wenn das Umgebungslicht abgeschirmt wird. Als Reflektor kann ein Blatt Papier dienen.

Der Sketch hat wieder eines der vielen Beispiele (Fade) als Grundlage.

```
int led = 12;
  // the pin that the LED is attached to
int brightness = 0;
  // how bright the LED is
int fadeAmount = 5;
  // how many points to fade the LED by

void setup()
{Serial.begin(115200);
 pinMode(led, OUTPUT);
}
```

```
void loop()
{brightness = brightness + fadeAmount;
 if (brightness == 0 || brightness == 255)fadeAmount = -
fadeAmount ;
 analogWrite(led, brightness);
 // wait for 30 milliseconds to see the dimming effect
 delay(30);
 Serial.println(analogRead(A0));
}
```

1.2.6 ESP8266-CORE: OPTISCHER OSZILLATOR

Mit den drei LED in den Farben Rot/Grün/Blau in Analogsteuerung und dem LDR als Lichtsensor sollte es möglich sein einen optischen Oszillator zu programmieren. Die Helligkeit soll sich erhöhen, wenn es dunkler wird, wodurch eine Rückkopplung entsteht. Der Analogeingang liefert Helligkeitswerte von 0 bis 1024 (!) und die Quasi-Analogausgaben mit PWM haben den Bereich 0 bis 255. Durch Division durch 4 oder Rechtsschieben um 2 Bit treffen sich die beiden Bereiche. Durch eine Subtraktion entsteht die Rückkopplung. Im Listing ist x der gelesene Analogwert und y die analoge Ausgabegröße. Der Wert x erscheint zusätzlich im Plotter, damit das Ergebnis des Oszillators beobachtbar ist. Die geringe Helligkeit der LED relativ zum Tageslicht erfordert eine optische Abschirmung und entsprechende optische Kopplung zwischen LDR und LED. Im einfachsten Fall ist das ein gebogenes Stück Papier.

Abbildung 40: Ein einfacher Reflektor führt zur Rückkopplung

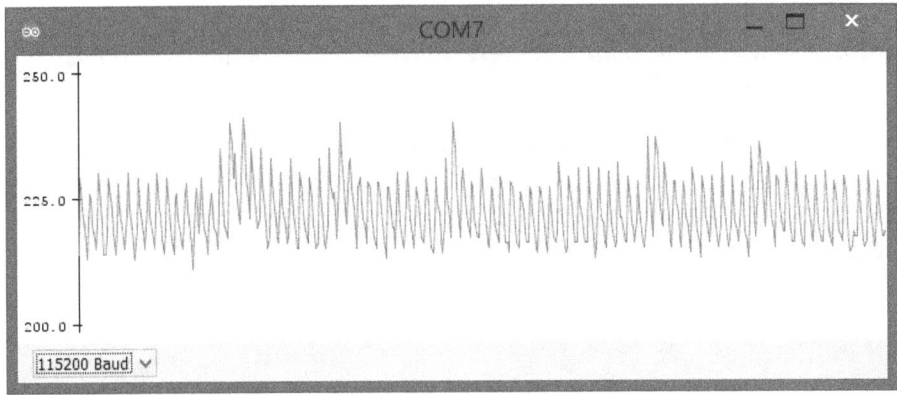

Abbildung 41: Mit Papierreflektor ist die Schwingung klein, aber deutlich sichtbar.

```
#define GN 12
#define RT 15
#define BL 13

void setup()
{ Serial.begin(115200);
}

void loop()
{ int x=analogRead(A0);
  delay(2);
  int y=256-(x/4);
  analogWrite(GN, y);
  analogWrite(BL, y);
  analogWrite(RT, y);
  Serial.println(x);
}
```

1.2.7 *ESP8266-Core: Luxmeter*

Herr Kriwanek beschreibt auf seiner Internetseite, wie er durch Vergleich einen LDR-Messwert in die Einheit Lux umwandelt. Der dort benutze Fotowiderstand ist vermutlich nicht identisch mit dem des ESP-Moduls, dennoch soll hiermit eine Helligkeitsmessung in Lux erfolgen. Original:

http://www.kriwanek.de/arduino/sensoren/301-arduino-luxmeter-mit-
fotowiderstand-ldr.html

Seine in akribischer Kleinarbeit erarbeiteten Ergebnisse sind als For-
meln mit geringen Anpassungen in folgender Funktion *LDR2Lux* einge-
bettet. Das kurze Listing zum Analogplotter weiter oben wird nun nur
mit dieser Funktion erweitert.

```
unsigned long LDR2Lux(int reading)
{float e = 2.718281828459;
 float x = float(reading);
 if (reading >=  0 && reading <= 155)return 0;
 if (reading > 155 && reading <= 350) return
0.0042273988 * x * x - 1.0130028488 * x + 55.4403759239;
 if (reading > 350 && reading <= 650)return 11.7717399221
* pow(e, (0.0083003710 * x));
 if (reading > 650 && reading <= 936)return  0.3373539789
* pow(e, (0.0134529914 * x)) + 448.5;
 return 100000;
}

const int analogInPin = A0;

void setup()
{ Serial.begin(9600);
}

void loop()
{ Serial.println(LDR2Lux(analogRead(analogInPin)));
  delay(2);
}
```

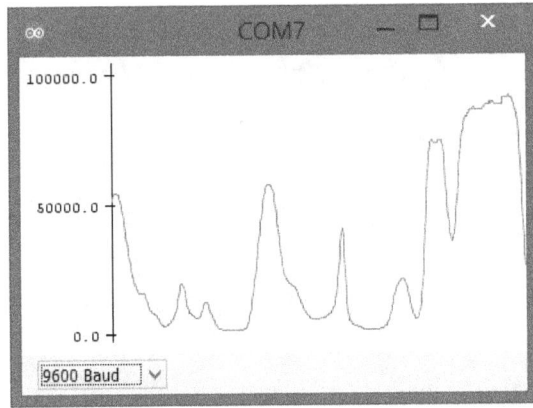

*Abbildung 42: Serieller
Plotter mit Lux-Werten
auf der Y-Achse*

1.2.8 ESP8266-CORE: TFT-DISPLAY

Ein für den Arduino verfügbares TFT-Display kann auch am ESP eingesetzt werden. Die Bibliotheken von Adafruit funktionieren, wenn auch
mit geringen Anpassungen. Um das Display mit dem Chipsatz ST7735
anzusteuern sind die beiden Bibliotheken von Adafruit, sowie die SPI-
Bibliothek erforderlich. Das hier benutzte Display initialisiert sich wie in
den nachfolgenden Zeilen angegeben.

```
#include <Adafruit_GFX.h>     // Core graphics library
#include <Adafruit_ST7735.h>  // Hardware-specific library
#include <SPI.h>
#define TFT_CS   15
#define TFT_RST  12
#define TFT_DC   16
#define TFT_SCLK 14
#define TFT_MOSI 13
Adafruit_ST7735 tft = Adafruit_ST7735(TFT_CS,   TFT_DC,
TFT_RST);
```

Mit der auf *https://github.com/nzmichaelh/Adafruit-ST7735-Library*
verfügbaren Bibliothek klappt bei diesem Modul die Grafik-Demo, wobei
durch die Prozessorgeschwindigkeit von 80 MHz die Freude nur kurz ist
im Vergleich zur Arduino-Uno-Ausführung, da alles rasend schnell vorbei ist. Um das Display und die USB-Datenverbindung zu benutzen, können einige Anschlussleisten so verlötet werden, dass beides funktioniert.

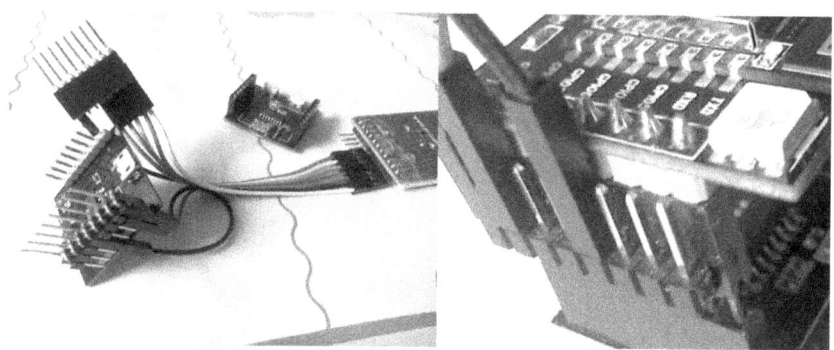

Abbildung 43: 90°-Stiftleisten ergeben einen Steckadapter für das ESP-Modul

Soll es nicht gleich die gesamte Grafik-Demo sein, sondern nur das absolute Minimum, so ist hier ein Sketch, der lediglich die Millisekunden als Grafiktext darstellt.

```
#include <SPI.h>
#include <Adafruit_GFX.h>     // Core graphics library
#include <Adafruit_ST7735.h> // Hardware-specific library

#define TFT_CS   15
#define TFT_RST  12
#define TFT_DC   16
#define TFT_SCLK 14
#define TFT_MOSI 13
Adafruit_ST7735 tft = Adafruit_ST7735(TFT_CS,TFT_DC,
TFT_RST);

void setup(void) {
  tft.initR(INITR_BLACKTAB);
  tft.setTextWrap(true);
  tft.fillScreen(ST7735_BLACK);
  tft.setTextColor(ST7735_WHITE,ST7735_BLACK);
  tft.setTextSize(3);
}

void loop()
{tft.setCursor(0, 0);
 tft.print(millis());
}
```

Abbildung 44: ESP8266 steuert das TFT-Display an

1.2.9 ESP8266-CORE: HOTSPOT/ACCESS-POINT

Um nicht zu viele Quelltextzeilen hier wiederholt darzustellen, sollen die Core-Beispiele als Grundlage dienen und möglichst wenige Änderungen erfahren. Unter *Datei/Beispiele/ESP8266WiFi* sind die wichtigsten zusammen gefasst.

Um den ESP als eigenen Hotspot oder Accesspoint (AP) zu betreiben steht das Beispiel *WiFiAccessPoint* zur Verfügung. Der Quelltext legt den Namen und das Passwort mit "*ESPap*" und "*thereisnospoon*" fest, was natürlich anpassbar ist. Dadurch, dass auch die Server-Bibliothek eingebunden ist, kann die Verbindung mit jedem Browser eines Gerätes, welches sich mit dem Hotspot verbindet, überprüft werden. Der Server lauscht auf dem Standard-Port 80 und gibt bei einer Verbindung die Ausgabe der Zeile, die in der Funktion *handleRoot()* ausgegeben wird, nämlich "*You are connected*" als Überschrift 1 aus. Über die serielle

Schnittstelle am USB-Anschluss kann man folgende Ausgabe im Serial-Monitor lesen.

Configuring access point...

AP IP address: 192.168.4.1

HTTP server started

Das zu verbindende Gerät meldet sich nun mit dem Passwort an und ruft anschließend im Browser die Adresse http://192.168.4.1/ auf, woraufhin die entsprechende englische Verbindungsbestätigung angezeigt wird.

Damit ist der ESP von jedem Browser erreichbar - auch ohne Internet-Infrastruktur. Immer und überall, wenn kein 2,4 GHz Störsender in der Nähe ist.

1.2.10 ESP8266-CORE: INTERNET-ZUGRIFF

Üblicherweise erfolgt die Verbindung mit dem Internet mittels Router oder ähnlichen Geräten. Wie auch bei einem Smartphone müssen der Name des Routers und das gesetzte Passwort bekannt sein. Liegt beides vor, so erfolgt die Verbindung nach folgenden Zeilen, die den vielen Beispielen entnommen und angepasst sind.

```
#include <ESP8266WiFi.h>

bool Internet(char *ssid, char *pass);

void setup()
{Serial.begin(9600); delay(5000);
 Serial.println("Internettest in 5 Sekunden.");
 delay(5000);
 char ssid[] = "FRITZ!Box SL WLAN";  // your net-
work SSID (name)
 char pass[] = "xxxxxxxxxxxxx";      // your net-
work password
 Serial.println(Internet(ssid,pass));
}
```

```
bool Internet(char *ssid, char *pass)
{int i=0;
 WiFi.disconnect();
 WiFi.begin(ssid, pass);
 Serial.print("\nVerbinde mit ");
 Serial.print(ssid);
 while (WiFi.status() != WL_CONNECTED && i++ < 20)
 {delay(500);Serial.print(".");}
 if(i == 21)
 {Serial.println("\nKein Internet.");
  return false;
 }
 Serial.println("\nInternet ok.");
 return true;
}

void loop() {}
```

Der Router muss neue Geräte zulassen können. Unterwegs kann auch ein Smartphone als Router dienen, wenn es einen mobilen Hotspot erzeugt. Wenn die Verbindung erfolgreich ist, kann nun z. B. die Zeit erfragt werden.

1.2.11 ESP8266-CORE: INTERNET-ZEIT/UHR

Das folgende etwas längere Listing für den ESP ist eine Kombination aus mehreren Quellen. Das Ergebnis ist die Darstellung einer Analoguhr auf einem TFT-Display, mittels Zeit-Server synchronisiert. Das Design stammt von der Seite *http://www.hjberndt.de/soft/BTUHR.html*.

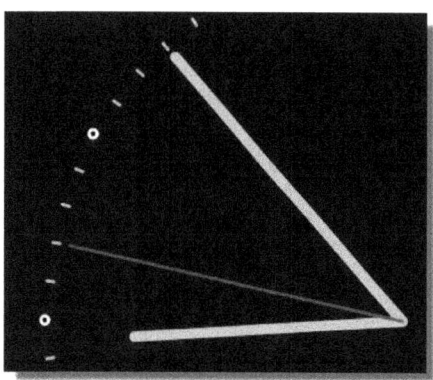

Abbildung 45: JavaScript-Uhr (Ausschnitt)

Da ein ESP8266 einfach mit dem Internet verbunden werden kann, liegt es auf der Hand die genaue Zeit auch von dort zu beziehen. Im Abschnitt ESP8266-AT geschieht das noch auf eine ungewöhnliche Art, da zum Zeitpunkt des Projekts keine entsprechenden einfachen Mittel verfügbar waren. Der ESP8266-CORE liefert einen fertigen Sketch *NTPClient.ino* unter ESP8266WiFi-Beispielen. Es muss lediglich noch der Name des AP mit Passwort ergänzt werden. Über den Seriellen Monitor erfolgt die Ausgabe mit 115800 Baud:

sending NTP packet...
packet received, length=48
Seconds since Jan 1 1900 = 3686839151
Unix time = 1477850351
The UTC time is 17:59:11
sending NTP packet...
packet received, length=48
Seconds since Jan 1 1900 = 3686839162
Unix time = 1477850362
The UTC time is 17:59:22

Das Testprogramm wiederholt diese Anfrage mit deren Ausgabe endlos. Inzwischen wurde die *TimeLib* bzw. *Time*-Bibliothek mit einem Uhren-beispiel für den ESP8266 erweitert. Auch darin ist nur die Angabe von AP-Name und Passwort zu ergänzen, damit der Sketch folgende Ausgabe macht - diesmal mit 9600 Baud:

TimeNTP Example
Connecting to FRITZ!Box SL WLAN

.....IP number assigned by DHCP is 192.168.178.31
Starting UDP
Local port: 8888
waiting for sync
Transmit NTP Request
Receive NTP Response
19:10:14 30.10.2016
19:10:15 30.10.2016
19:10:16 30.10.2016
19:10:17 30.10.2016
19:10:18 30.10.2016
19:10:19 30.10.2016

...

Die Analoguhr wurde bereits unter folgendem Link vorgestellt, als es darum ging die genaue Zeit via GPS zu erhalten:

http://www.hjberndt.de/soft/ardgpstime.html

Weiter unten auf der Seite gibt es ein "Uhrenkabinett" mit vier verschiedenen Zifferblättern. Die Grafik der Uhr für das TFT-Display ist am Ende der Sketche zu finden. Durch Kombination der obigen Beispiele zur NTP-Zeit und dem alten Arduino-Quelltext entsteht die Analoguhr für den ESP8266 mit TFT-Display mit Synchronisation aus dem Netz. Um Sommer- und Winterzeit zu berücksichtigen müsste noch die *Timezone.h* eingebunden werden, worauf aus Platzgründen hier verzichtet wird.

```
#include <TimeLib.h>
#include <ESP8266WiFi.h>
#include <WiFiUdp.h>
#include <SPI.h>
#include <Adafruit_GFX.h>
#include <Adafruit_ST7735.h>

#define TFT_CS   15
#define TFT_RST  12
#define TFT_DC   16
#define TFT_SCLK 14
#define TFT_MOSI 13
Adafruit_ST7735 tft = Adafruit_ST7735(TFT_CS,  TFT_DC,
TFT_RST);
```

```
//----- SOME TFT-COLORS
#define rgb     tft.Color565
#define ORANGE rgb(255,191,0)
#define BLACK  rgb(0,0,0)
#define WHITE  rgb(255,255,255)
#define RED    rgb(255,0,0)
#define GRAY   rgb(192,192,192)
#define RADDEG 0.0174532925
#define min(a,b) (((a)<(b)) ? a : b)
char *Tag[7] = {"SONN-
TAG","MONTAG","DIENSTAG","MITTWOCH","DONNERSTAG","FREITAG
","SONNABEND"};

int s10=0,s01=0;
int m10=0,m01=0;
int h10=2,h01=3;

#define TICKPIN  3
#define CW 7           //CHAR. W
#define CH 8

char ssid[] = "EasyBox-8E5B26";  //  your network SSID
(name)
char pass[] = "xxxxxxxxx";        // your network password

IPAddress timeServer(132, 163, 4, 101);
// IPAddress timeServer(132, 163, 4, 102);
// IPAddress timeServer(132, 163, 4, 103);

const int timeZone = 1; // Central European Time

WiFiUDP Udp;
unsigned int localPort = 8888;
void sendNTPpacket(IPAddress &address);
time_t getNtpTime();
void digitalClockDisplay();
void printDigits(int digits);
void drawClock(boolean hands);

void setup()
{tft.initR(INITR_BLACKTAB);
 tft.setTextWrap(true);
 tft.fillScreen(BLACK);
 tft.setTextColor(WHITE,BLACK);
 tft.setTextSize(1);
```

```
 drawClock(false);
 WiFi.disconnect();
 Serial.begin(9600);
 delay(250);
 Serial.println("TimeNTP Example");
 Serial.print("Connecting to ");
 Serial.println(ssid);
 WiFi.begin(ssid, pass);
 while (WiFi.status() != WL_CONNECTED)
 {delay(500);
  Serial.print(".");
 }
 Serial.print("IP number assigned by DHCP is ");
 Serial.println(WiFi.localIP());
 Serial.println("Starting UDP");
 Udp.begin(localPort);
 Serial.print("Local port: ");
 Serial.println(Udp.localPort());
 Serial.println("waiting for sync");
 setSyncProvider(getNtpTime);setSyncInterval(900);
}

void tftclock()
{char s[20];
 tft.setTextSize(2);tft.setCursor(0,0);
 sprintf(s,"%02d:%02d:%02d",hour(),minute(),second());
 tft.print(s);
}

void loop()
{static int os=-1,om=-1,oh=-1;
 int w=tft.width(); int h=tft.height();
 if(second()!=os)        //every second
 {s01=second() % 10; s10=second() / 10;
  m01=minute() % 10; m10=minute() / 10;
  h01=hour()    % 10; h10=hour()    / 10;
  drawClock(true);
  if(om!=minute())        //every minute
  {if(oh!=hour()) //every hour
   {tft.setCursor(2,h-10);
     tft.print(char('0'+h10));
     tft.print(char('0'+h01));
     tft.print(':');
     oh=hour();
    }
   tft.setCursor(3*CW-2,h-10);
```

```
   tft.print(char('0'+m10));
   tft.print(char('0'+m01));
   tft.print(':');
   //DATE every minute
   tft.setCursor(2,2);
   if(day()<=9)tft.print('0');
   tft.print(day());tft.print('.');
   if(month()<=9)tft.print('0');
   tft.print(month());tft.print('.');
   tft.print(String(year()).substring(2));
   om=minute();
  }
  //every second
  tft.setCursor(6*CW-6,h-CH-2);
  tft.print(char('0'+s10));
  tft.print(char('0'+s01));
  os=second();
 }
}

void digitalClockDisplay()
{Serial.print(hour());
 printDigits(minute());
 printDigits(second());
 Serial.print(" ");
 Serial.print(day());
 Serial.print(".");
 Serial.print(month());
 Serial.print(".");
 Serial.print(year());
 Serial.println();
}

void printDigits(int digits)
{Serial.print(":");
 if(digits < 10)
 Serial.print('0');
 Serial.print(digits);
}
/*-------- NTP code ----------*/
const int NTP_PACKET_SIZE = 48;
byte packetBuffer[NTP_PACKET_SIZE];

time_t getNtpTime()
{while (Udp.parsePacket() > 0) ;
 Serial.println("Transmit NTP Request");
```

```
 sendNTPpacket(timeServer);
 uint32_t beginWait = millis();
 while (millis() - beginWait < 1500)
 {int size = Udp.parsePacket();
  if (size >= NTP_PACKET_SIZE)
  {Serial.println("Receive NTP Response");
   Udp.read(packetBuffer, NTP_PACKET_SIZE);
   unsigned long secsSince1900;
  secsSince1900 =  (unsigned long)packetBuffer[40] << 24;
  secsSince1900 |= (unsigned long)packetBuffer[41] << 16;
  secsSince1900 |= (unsigned long)packetBuffer[42] << 8;
  secsSince1900 |= (unsigned long)packetBuffer[43];
   return secsSince1900 - 2208988800UL + timeZone *
SECS_PER_HOUR;
  }
 }
 Serial.println("No NTP Response :-(");
 return 0;
}

void sendNTPpacket(IPAddress &address)
{// set all bytes in the buffer to 0
 memset(packetBuffer, 0, NTP_PACKET_SIZE);
 // Initialize values needed to form NTP request
 // (see URL above for details on the packets)
 packetBuffer[0] = 0b11100011;   // LI, Version, Mode
 packetBuffer[1] = 0;      // Stratum, or type of clock
 packetBuffer[2] = 6;      // Polling Interval
 packetBuffer[3] = 0xEC;  // Peer Clock Precision
 // 8 bytes of zero for Root Delay & Root Dispersion
 packetBuffer[12]  = 49;
 packetBuffer[13]  = 0x4E;
 packetBuffer[14]  = 49;
 packetBuffer[15]  = 52;
 // all NTP fields have been given values, now
 // you can send a packet requesting a timestamp:
 Udp.beginPacket(address, 123); //NTP requests are to
port 123
 Udp.write(packetBuffer, NTP_PACKET_SIZE);
 Udp.endPacket();
}

// CLOCK --------------------------------------------------
// Gilchrist 6/2/2014 1.0
// Updated by Alan Senior 5/1/2015
// Modified for own needs: H.-J. Berndt 3/2015
```

```
// --------------------------------------------------------

void drawClock(boolean hands)
{static float sx = 0, sy = 1, mx = 1, my = 0, hx = -1, hy
= 0;
 static float sdeg=0, mdeg=0, hdeg=0;
 static uint16_t osx, osy, omx, omy, ohx, ohy;
 static uint16_t x0, x1, y0, y1;
 static boolean initial = 1;
 static int w,h,w2,h2;
 if(!hands)
 {w=tft.width();w2=w/2;
  h=tft.height();h2=h/2;
  osx=w2, osy=h2, omx=w2, omy=h2, ohx=w2, ohy=h2;
  tft.setTextColor(GRAY,BLACK);
  for(int i = 0; i<360; i+= 6)
  {sx = cos((i-90)*RADDEG);
   sy = sin((i-90)*RADDEG);
   x0 = w2+sx*(min(w2,h2)-4);
   y0 = h2+sy*(min(w2,h2)-4);
   if(i%30)tft.drawPixel(x0, y0, WHITE);
   else tft.drawCircle(x0,y0,1,WHITE);
  }
 }
 else
 {sdeg = second()*6;
  mdeg = minute()*6;
  hdeg = (hour()% 12)*30 + mdeg/12;
  hx = cos((hdeg-90)*RADDEG);
  hy = sin((hdeg-90)*RADDEG);
  mx = cos((mdeg-90)*RADDEG);
  my = sin((mdeg-90)*RADDEG);
  sx = cos((sdeg-90)*RADDEG);
  sy = sin((sdeg-90)*RADDEG);
  if (second()==0 || initial)
  {initial = 0;
   tft.drawLine(ohx, ohy, w2, h2, BLACK);
   tft.drawLine(ohx-1, ohy-1, w2-1, h2-1, BLACK);
   tft.drawLine(ohx+1, ohy+1, w2+1, h2+1, BLACK);
   ohx = w2+hx*(min(h2,w2)-20);
   ohy = h2+hy*(min(h2,w2)-20);
   tft.drawLine(omx, omy, w2, h2, BLACK);
   omx = w2+mx*(min(h2,w2)-10);
   omy = h2+my*(min(h2,w2)-10);
  }
  tft.drawLine(osx, osy, w2, h2, BLACK);
```

```
tft.drawLine(ohx, ohy, w2, h2, ORANGE);
tft.drawLine(omx, omy, w2, h2, ORANGE);
osx = w2+sx*(min(h2,w2)-8);
osy = h2+sy*(min(h2,w2)-8);
tft.drawLine(osx, osy, w2, h2, RED);
tft.fillCircle(w2, h2, 2, RED);
 }
}
```

1.2.12 ESP8266-CORE: SERIELL-WIFI-WANDLER (GPS)

Der ESP9266 ist in der Beschreibung oft in erster Linie ein Seriell zu TCP/IP- Konverter. So war zu Beginn die Steuerung und Programmierung auch nur mit AT-Sequenzen über seine serielle Schnittstelle verbreitet. Mit der Möglichkeit der Programmierung mittels IDE-Core entfällt diese Notwendigkeit und die seriellen Leitungen stehen externen Geräten zur Verfügung. Um dies zu verdeutlichen kommt ein serieller Datengeber in Form eines GPS-Moduls zum Einsatz, dessen Datenstrom von 9600 Baud unverändert über WLAN verbreitet werden soll.

Abbildung 46: GPS als serielle Quelle mit 9600 Baud für den ESP8266 Witty-Cloud

Mit dem Core-Beispiel *WiFiTelnetToSerial* ist dies ohne Änderungen möglich. Der Sketch stellt einen Server dar, der mit bis zu 3 Clients über Port 333 in Verbindung treten kann und leitet die Daten weiter zur seriellen Schnittstelle. Das hier angegebene alternative Listing ist eine gekürzte Modifikation und benutzt nur den eigenen AP mit dem Namen „ESPap".

```
#include <ESP8266WiFi.h>
```

```
WiFiServer server(333);
WiFiClient serverClients[3];

void setup()
{Serial.begin(9600);
 WiFi.disconnect();
 delay(100);
 WiFi.softAP("ESPap", "");
 server.begin();
 server.setNoDelay(true);
 Serial.print(WiFi.softAPIP());
 Serial.println(":333 to connect");
}

void loop()
{uint8_t i;
 // CLIENTS
 if(server.hasClient())
 {for(i = 0; i < MAX_SRV_CLIENTS; i++)
  {if (!serverClients[i] || !serverCli-
ents[i].connected())
   {if(serverClients[i])serverClients[i].stop();
    serverClients[i] = server.available();
    Serial1.print("New client: "); Serial1.print(i);
    continue;
   }
  }
  WiFiClient serverClient = server.available();
  serverClient.stop();
 }
 // COPY TO SERIAL
 for(i = 0; i < MAX_SRV_CLIENTS; i++)
 {if (serverClients[i] && serverClients[i].connected())
  {if(serverClients[i].available())
   {while(serverClients[i].available())
    {char c = serverClients[i].read();
     Serial.write(c);
    }
   }
  }
 }
 // COPY FROM SERIAL
 if(Serial.available())
 {size_t len = Serial.available();
  uint8_t sbuf[len];
  Serial.readBytes(sbuf, len);
```

```
for(i = 0; i < MAX_SRV_CLIENTS; i++)
{if (serverClients[i] && serverClients[i].connected())
 {serverClients[i].write(sbuf, len);
  delay(1);
  }
 }
 }
}
```

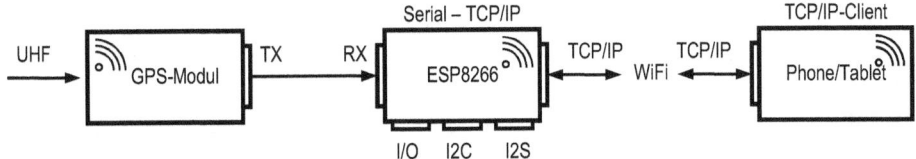

Abbildung 47: GPS über WLAN und ein Beispiel-Empfänger

Alle Ausgaben und Eingaben laufen über die serielle Schnittstelle und somit erfolgt die Ausgabe nun auch über die zu Beginn festgelegte IP und den Port 333. Die Hauptschleife überprüft die Client-Verbindungen, sowie beiden Übertragungskanäle.

Möchte man z. B. auf einem Smartphone diese Daten über WLAN überprüfen, so führen folgende Schritte zum Ziel:

• Mobilgerät mit ESPap über WLAN verbinden.
• In einem TCP/IP-Client die IP 192.168.4.1 auf Port 333 anrufen

Sowohl das WiFi TCP Test Tool am iPod, der TCP Client auf Android, *rfo-Basic* auf Android und natürlich Hyperterminal oder *RealTerm* zeigen den Text-Datenstrom an.

1.2.13 ESP8266-CORE: STEUERN MIT WLAN

Wie per ESP8266/01 und AT-Kommandos ein Relais via Wlan geschaltet werden kann, ist im Abschnitt *ESP8266-AT: Steuern mit WLAN* und in der Ergänzung zu [2] auf *http://www.hjberndt.de/soft/ardesp8266.html* beschrieben. Durch die vielen Beispiele des ESP-Core der IDE ist diese Umsetzung der Funktionalität in wenigen Schritten möglich -, der Beispielsketch *WiFiTelnetToSerial* muss dazu nur an einer Stelle erweitert werden.

Im Abschnitt, der mit dem Kommentar *//get data from the telnet client and push it to the UART* versehen ist, müssen lediglich die folgenden Zeilen hinzugefügt werden:

```
//get data from the telnet client and push it to the UART
while(serverClients[i].available())
{char c = serverClients[i].read();
 if(c=='1'){digitalWrite(13, HIGH); serverCli-
ents[i].println("An");}
 if(c=='0'){digitalWrite(13, LOW); serverCli-
ents[i].println("Aus");}
}
```

Im oberen Teil sind die Platzhalter für Router-Name und Passwort, wie in fast allen Beispielen, entsprechend zu ergänzen:

```
const char* ssid = "***********";
const char* password = "***********";
```

Der Digitalausgang 13 des ESP8266/12F mit seiner blauen LED schaltet nun auch ein Relais an diesem Anschluss, entsprechend den eingehenden Zeichen, wie im Original, nur ist jetzt kein Arduino mehr notwendig.

1.2.14 *ESP8266-CORE: SIMPLE-BASIC*

Ein Sketch mit 1717 Zeilen in einer einzigen *ino*-Datei ist die Urversion von ESPBasic vom September 2015. Dieser relativ kurze Sketch von Michael Molinari alias *mmiscool* ist sozusagen das Minimum, was später in einer Version 2 und zuletzt 2016 in einer überarbeiteten Version 3 (Branch) veröffentlicht ist auf *https://www.esp8266basic.com.* Der Abschnitt *ESPBasic* in diesem Buch benutzt überwiegend Version 3. Alle drei Varianten sind Open-Source und liegen bei *github*. Schon die 2. Version teilt den Quelltext wegen Übersicht und Umfang in mehrere Dateien auf, so dass ein ganzer Ordner an Quelltexten kompiliert werden muss und nach einigen Vorwärtsdeklarationen auch mit der aktuellen IDE funktioniert.

https://github.com/mmiscool/Basic/blob/master/ESP8266Basic/ESP826 6Basic.ino

Es geht aber ein gewisser Reiz von Version 1 aus, welches sich in Zeile 151 des Quelltextes auf *github* unter der obigen Url mit

```
151 PrintAndWebOut("Simple Basic Interperter For
ESP8266...");
```

zu erkennen gibt. Möglicherweise begannen die ersten Schritte mit dem Beispiel Webserver, denn darauf und dem *sspiff*-Dateisytem baut der Sketch auf. Der Befehlssatz ist erfreulich übersichtlich und für viele Aufgaben durchaus ausreichend mit dem Vorteil, dass das Basic mit seinen Anwendungen im ESP wohnt und drahtlos per Browser abrufbar bzw. programmierbar ist. Nach kurzer Quelltextanalyse findet sich die Stelle, an der Befehle interpretiert- und damit ausgeführt werden. Dort ist der Ort der eigenen Kreativität freien Lauf zu lassen.

1.2.15 ESP8266-Core: Neuer Basic-Befehl

Es fällt auf, dass schon in Version 1 ein wichtiger Befehl nicht implementiert ist. Das "Hallo Welt" der Leuchtdioden *Blink* muss hier 'umständlich' mit dem *goto*-Befehl realisiert werden:

[start]
po 13, 1
delay 500
po 13, 0
delay 500
goto [start]

Einfacher wäre es mit einer Anweisung *blink 13, 10, 500, 500*, wobei die vier Parameter der Pin, die Wiederholungen, die An- bzw. Auszeit sind. Dieser Befehl soll ab Quelltextzeile 715 innerhalb der Routine *ExicuteTheCurrentLine()* eingefügt werden. In Anlehnung an den vorhandenen Befehl *po*, wie oben benutzt, entsteht:

```
if (Param0 == "blink")  {
  valParam1 = GetMeThatVar(Param1).toInt();
  valParam2 = GetMeThatVar(Param2).toInt();
  valParam3 = GetMeThatVar(Param3).toInt();
  valParam4 = GetMeThatVar(Param4).toInt();
  pinMode(valParam1, OUTPUT);
  for(int i = 0; i < valParam2; i++)
  {digitalWrite(valParam1,HIGH);delay(valParam3);
   digitalWrite(valParam1,LOW );delay(valParam4);
```

```
    }
    return;
}
```

Nach Übertragung des modifizierten Basic-Sketches kann nun mit einer Zeile ein 10faches Blinken der LED an Pin 13 mit der Frequenz 1 Hz und einer Impulsdauer von 100 ms, sowie einer Impulspause von 900 ms abgerufen werden:

blink 13 10 100 900

wobei die Zahlen auch Variablen sein können (keine Kommata als Parametertrennung). Falls es bei der Kompilierung zu Fehlermeldungen der Art *"xyz was not declared in this scope"* kommt, so erwartet der benutze IDE-Compiler sogenannte Vorwärtsdeklarationen. Diese können in diesem Sketch z. B. ab Zeile 37 eingefügt werden.

```
void PrintAndWebOut(String itemToBePrinted);
void SetMeThatVar(String VariableNameToFind, String NewCon-
tents);
String evaluate(String expr);
String VarialbeLookup(String VariableNameToFind);
String RunningProgramGui();
String GetRidOfurlCharacters(String urlChars);
String FetchWebUrl(String URLtoGet);
String DoMathForMe(String cc, String f, String dd );
String GetMeThatVar(String VariableNameToFind);
String FetchWebUrl(String URLtoGet);
void CreateAP(String NetworkName, String NetworkPassword);
byte ConnectToTheWIFI(String NetworkName, String NetworkPass-
word);
String LoadDataFromFile(String fileNameForSave);
void SaveDataToFile(String fileNameForSave, String DataToSave);
void LoadBasicProgramFromFlash(String fileNameForSave);
String getValueforPrograming(String data, char separator, int
index);
void SaveBasicProgramToFlash(String fileNameForSave);
byte CheckFOrWebGOTO();
void CheckFOrWebVarInput();
int RunBasicTillWait();
void ExicuteTheCurrentLine();
void PrintAllMyVars();
```

1.3   ESP8266-AT (MIT ARDUINO)

Bei Erscheinen des ESP8266 wurden die ersten Anwendungen im Hobbybereich mittels AT-Kommandos erstellt. Schon alte Telefonmodems aus den Anfängen des Internet benutzten diese Art der Kommunikation, aber auch die Kfz-Brache (OBD-Schnittstelle) benutzt diese Art für ihre Bordcomputer auch heute noch.

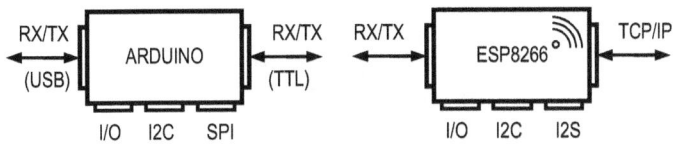

Abbildung 48: Tandem: Arduino und ESP8266

Um Programmabläufe zu realisieren konnte dann ein Arduino diese AT-Befehle in der gewünschten Reihenfolge absenden. Auf diese Art und Weise entstanden erste Versuche zum Thema „Steuern mit WLAN" Eine Übersicht aus erster Hand findet oder fand man unter der folgenden Adresse: *https://github.com/espressif/ESP8266_AT/wiki.*

1.3.1   ESP8266-AT: KOMMANDO-ÜBERSICHT

Allgemein
AT	Test
AT+RST	Restart
AT+GMR	Versionsabfrage
ATE	Echo an/aus

WiFi
AT+CWMODE	WiFi-Modus
AT+CWJAP	Verbinden mit AP
AT+CWLAP	Liste empfangener AP
AT+CWQAP	Verbindung mit AP beenden
AT+CWSAP	Parameter setzen im AP-Modus
AT+CWLIF	Zeige Verbindungs-IP

AT+CWDHCP   DCHP an/aus

AT+CIPSTAMAC   Setze/erfrage mac-Adresse für Station
AT+CIPAPMAC   Setze/erfrage mac-Adresse für AP
AT+CIPSTA   Setze/erfrage IP für Station
AT+CIPAP   Setze/Erfrage IP für AP

TCP
AT+CIPSTATUS   Erfrage Verbindungsstatus
AT+CIPSTART   Beginne TCP/UDP-Verbindung
AT+CIPSEND   Sende Daten
AT+CIPCLOSE   Schließe die Verbindung
AT+CIFSR   Erfrage lokale IP
AT+CIPMUX   Mehrfachverbindungsmodus
AT+CIPSERVER   Konfiguration als Server
AT+CIPMODE   Setze Übertragungsmodus
AT+CIPSTO   Setze Timeout für Server
AT+CIUPDATE   Update via Netzwerk
+IPD   Empfange Daten

Auf der Seite gibt es einige Beispiele, die man ohne Arduino mit einem Terminalprogramm testen kann.

Die ersten Schritte mit diesem Baustein können gegangen werden ohne Übertragungen eigener Programme in den Flash-Speicher. Da es möglicherweise weiterhin Anwendungsfälle für dieses inzwischen umständliche Verfahren gibt, seien hier einige Beispiele aus überwiegend eigener Feder aufgeführt, die mit dem Prinzip der AT-Kommandos funktionieren. Auf diese Art und Weise lässt sich der Baustein direkt über seine seriellen Leitungen steuern. Auch Rückgaben erhält man auf diesem Weg. Die vorliegende Version 1 dieses Seriell-TCP/IP-Wandlers benutzt in seiner Grundeinstellung 9600 Baud und arbeitet auf seinen RX/TX-Leitungen mit einem 3,3 Volt-Pegel. Die ersten Schritte können mit einem üblichen Terminal-Programm erfolgen. Die Pegelanpassung von TTL (5 Volt) nach 3,3 Volt kann über entsprechende Pegelwandler erfolgen, einem FTDI-Adapter mit 3,3 V-Versorgung, einen 3,3 Volt Arduino oder man ignoriert diese Tatsache auf eigene Verantwortung und benutzt trotzdem 5 Volt. Zumindest die Version 1 des ESP hat das hier bis jetzt überlebt.

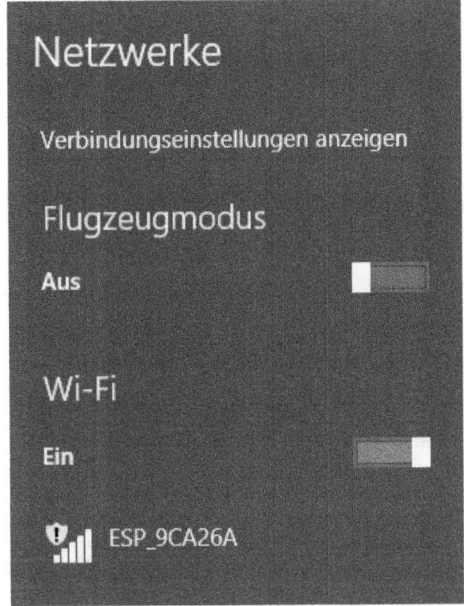

Abbildung 49: ESP als AP

1.3.2 ESP8266-AT: HANDSTEUERUNG

Von den verschiedenen Anschlussmöglichkeiten wird wegen der Verfügbarkeit der *FTDI-Adapter* mit 3,3V-Support eingesetzt. Dazu muss lediglich eine Brücke umgesteckt werden. Die Verschaltung mit dem Adapter ist dann wie folgt:

Wenn Vcc Pin 1 (oben rechts) ist und Pin 8 Gnd (unten links) ergeben sich bei zeilenweiser Durchnummerierung folgende Verbindungen:

ESP		FTDI
1	Vcc	3,3 V
2	RX	TX
3	-	-
4	-	-
5	ChP	3,3 V
6	-	-
7	TX	RX
8	GND	GND

Abbildung 50: Verbindungen vgl. Abb. weiter unten

Bei Schwierigkeiten mit dieser Verbindung kann die Zuschaltung eines Kondensators von einigen µF zwischen Masse und 3,3 Volt, vermutlich wegen der WiFi-Sendeleistung, Abhilfe schaffen. Der Baustein erledigt die serielle Kommunikation nur nebenbei, seine Hauptaufgabe ist WiFi, auch die Belastbarkeit der 3,3 Volt-Quelle ist unbekannt. Als Terminal wird im Folgenden Hyperterminal benutzt, da es sich ausgezeichnet dafür eignet. Jedes gesendete AT-Kommando muss mit einem Zeilenvorschub abgeschlossen werden. Der Dialog ASCII-Setup erlaubt das Setzen des Hakens an entsprechender Stelle.

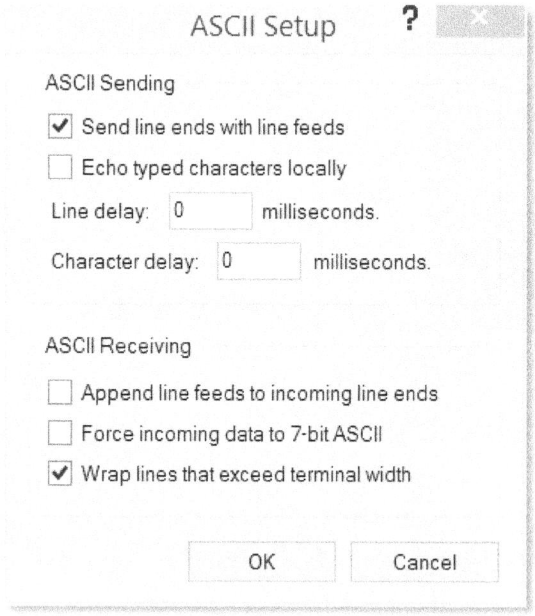

Abbildung 51: Hyperterminal: ASCII-Setup

Ist aus Versehen im obigen Dialog auch das Echo aktiviert, so erscheinen alle Eingaben (hier "AT") doppelt, da der ESP in der Grundeinstellung selber ein Echo produziert.

```
AAATT

OK
```

Nun folgen einige manuelle Kommandos. Als erstes soll ein Reset erfolgen mit der Sequenz "AT+RST" erscheint nach einer Weile:

```
AT+RST

OK
ê
```

```
[Vendor:www.ai-thinker.com Version:0.9.2.4]
```

```
ready
```

Die Version des Betriebssystems ergibt mit "AT+GMR"

```
AT+GMR
0018000902-AI03
```

```
OK
```

Mit "AT+CWMODE" wird die Betriebsart gesetzt oder erfragt. Fehlt bei der Abfrage das Fragezeichen, wird entsprechend geantwortet.

```
AT+CWMODE
no this fun
AT+CWMODE?
+CWMODE:3
```

```
OK
```

Um die empfangenen Hotspots im Empfangsbereich aufzulisten reicht die Eingabe von "AT+CWLAP".

```
AT+CWLAP
+CWLAP:(0,"dlink",-88,"00:26:5a:b1:cb:52",9)
+CWLAP:(3,"TeliaGateway9C-97-26-B4-AD-DB",-
83,"9c:97:26:b4:ad:db",11)
+CWLAP:(3,"TeliaGatewayA4-B1-E9-BD-DF-13",-
95,"a4:b1:e9:bd:df:13",11)
```

```
OK
```

Drei Zugangspunkte sind vorhanden und sogar ein offener Hotspot „dlink" mit -88 dB und seiner MAC auf Kanal 9

Wie weiter oben abgebildet arbeitet das angeschlossene Exemplar bereits als eigener Access-Point oder Hotspot, weil dieser Modus an anderer Stelle eingestellt worden ist. Die IP dieses AP des ESP liefert „AT+CIFSR", allerdings ohne Fragezeichen.

```
AT+CIFSR?
```

```
no this fun
AT+CIFSR
192.168.4.1
0.0.0.0
```

OK

Zur Zeit der Abfrage bestand keine Verbindung zu einem lokalen Router, darum 0.0.0.0

Die kurze Sitzung als Screenshot:

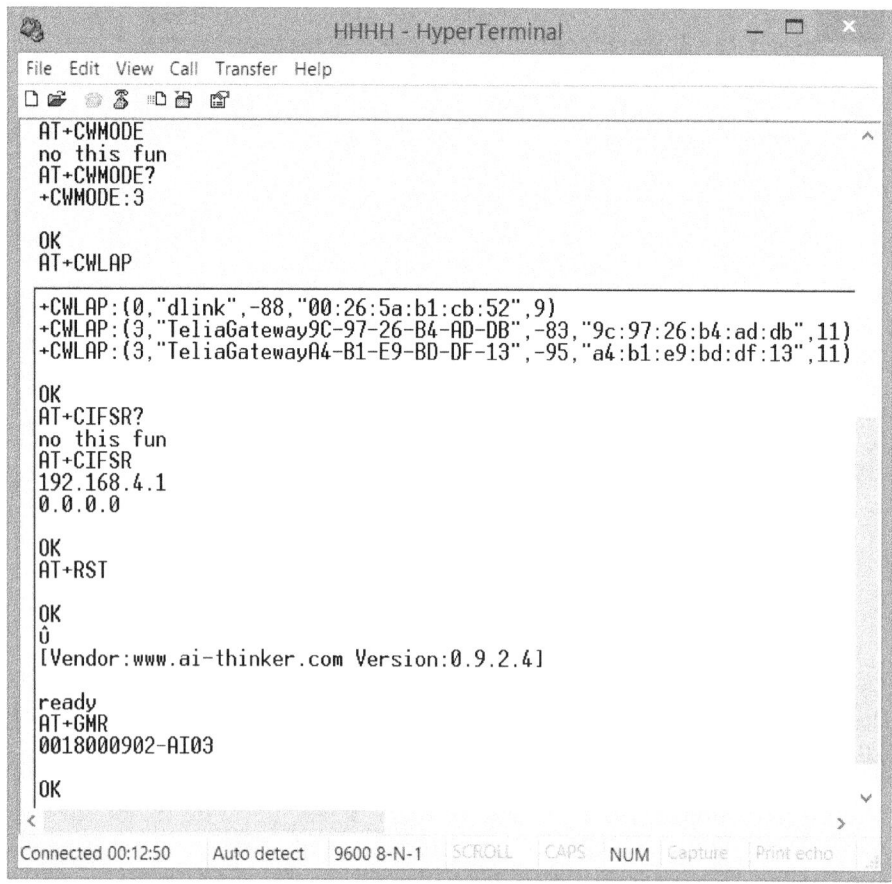

Abbildung 52: Manuelle AT-Kommandos an ESP8266-1 im Hyperterminal

Auf diese Art und Weise ist es möglich einmalig die Verbindung mit einem Router zu initiieren. Da Passwort und *SSID* im ESP gespeichert bleiben, ist eine erneute Anmeldung nicht weiter erforderlich. Die nachfolgenden Ausführungen gehen von dieser Vorgehensweise aus, so dass in den Programmzeilen diese beiden Zeichenketten, sowie die Anmeldung selbst, nicht mehr auftauchen. Es reicht mit dem AT-Kommando den entsprechenden Modus zu setzen.

1.3.3 *ESP8266-AT: ARDUINO ALS ÜBERMITTLER*

Die händische AT-Steuerung kann mit einem Mikrocontroller automatisch ablaufen, wenn serielle Leitungen verfügbar sind. Es wäre also möglich den *Digispark* zu benutzen, allerdings bietet sich ein *Arduino* an, da bei der Entwicklung die Umlaufzeiten kürzer- und die Ausgaben via seriellen Monitor bequemer sind.

Um sowohl den seriellen Monitor als auch den ESP seriell zu bedienen, benötigt der Arduino zwei serielle Schnittstellen. Mit der Bibliothek *SoftwareSerial* lassen sich neben den Standard-Anschlüssen Pin 0/1 zwei weitere Pins 2/3 als Schnittstelle für den ESP einrichten. Diese zweite RX/TX-Verbindung wird nachfolgend *esp* genannt. Wenn die Testphase vorbei ist, reicht nur eine serielle Verbindung.

```
#include <SoftwareSerial.h>
#define DEBUG true
#define PIN 12
SoftwareSerial esp(2,3); // (ESP1-Pin 7/2)
```

Damit wäre es mit `esp.println` möglich AT-Kommandos zu senden. Die entsprechende Routine könnte folgendes Aussehen haben.

```
void espSendLine(char *s)
{esp.println(s);
}
```

In einem Terminal-Programm sieht man sofort die Antwort in einem Fenster, hier muss aber eine kleine Leseroutine dafür sorgen, dass die Ausgaben des ESP ankommen. Da bei manchen Kommandos eine Weile vergehen kann, bis z. B. die umgebenden Hotspots gescannt wurden, nimmt die Leseroutine eine Verzögerungszeit als zweiten Parameter in Millisekunden an. Eine 0 übergeht diese Verzögerung.

```
char *espReadLine(int ms)
{char s[200]="";
 if(ms)delay(ms);
 int len=esp.readBytesUntil('\n',s,sizeof(s)-8);
s[len]=0;
 if(len)if(DEBUG)Serial.println(s);
 return s;
}
```

Da alle Antworten mit einem Zeilenvorschub enden, wird alles bis zu diesem Zeichen '\n' in den Puffer s gelesen und zum Schluss nullterminiert zurück gegeben. Falls DEBUG wahr ist, erscheint die Antwort auch im seriellen Monitor der IDE.

Mit diesen beiden Routinen lassen sich nun die gewünschten Kommando-Sequenzen programmieren. Beim ESP ist eine gewisse Initialisierung nötig, die dann folgendes Aussehen haben könnte:

```
int espInit()
{int stat=88;
 esp.println("ATE0");             espReadLine(0);
 esp.println("AT+CWMODE=2");      espReadLine(0);
 esp.println("AT+CIFSR");         espReadLine(0);
 esp.println("AT+CIPMUX=1");      espReadLine(0);
 esp.println("AT+CIPSERVER=1"); espReadLine(0);
 esp.flush();
 esp.println("AT+CIPSTATUS");
 sscanf(espReadLine(0),"STATUS:%d",&stat);
 if(DEBUG)Serial.println(stat);
 return stat;
}
```

Als erstes wird das Echo abgeschaltet, da das bei 9600 Baud und in dieser Umgebung eher hinderlich ist. Mit CWMODE wird der eigene AP eingeschaltet, CIFSR gibt die lokale IP zur Kontrolle zurück. CIPMUX setzt den Mehrfachverbindungsmodus und CIPSERVER den Servermodus. Am Ende wird mit CIPSTATUS der Verbindungsstatus erfragt und zurück geliefert.

Damit wäre der ESP entsprechend initialisiert. Nun fehlt noch die Initialisierung des Arduino selber. Das setup() initialisiert die Anschlüsse der beiden Schnittstellen, sowie Pin 12 und 13 als Ausgang für eine LED.

```
void setup()
{pinMode(PIN,OUTPUT); pinMode(13,OUTPUT);
 Serial.begin(9600);   esp.begin(9600);
 Serial.println("ESP8266 LED SWITCH");
 digitalWrite(13,HIGH); //BUSY
 espInit();
 digitalWrite(13,LOW);//READY
}
```

In dieser ersten Fassung soll bereits per TCP/IP eine LED geschaltet werden können. Dieser Sketch ist der Vorläufer des nächsten Abschnitts, welcher im Netz unter dem Titel "Steuern mit WLAN" von Google gut gefunden wurde oder wird.

Ein Arduino braucht neben der Initialisierung eine Hauptschleife. Darin soll auf die eingehenden Zeichen "0" und "1" mit entsprechender Schaltung der LED an Pin 12 reagiert werden.

```
void loop()
{int id,len,i=0;char s[80];
 if(3==sscanf(espReadLine(0),"+IPD,%d,%d:%s",id,len,s))
 {digitalWrite(PIN,s[0]=='0'?LOW:HIGH); // OUTPUT
  sprintf(s,"AT+CIPSEND=%d,10\r\n",id);
  esp.print(s);espReadLine(0);
  if(digitalRead(PIN))esp.print("LED is ON ");
  else esp.print("LED is OFF");
 }
}
```

Der ESP leitet die über TCP/IP verschickten Daten in einer eigenen Form über die serielle Schnittstelle weiter. Neben der Botschaft werden die ID des Senders und die Länge der Nachricht übermittelt. Wenn das erste Zeichen eine "0" ist wird die LED ausgeschaltet, sonst eingeschaltet. Schließlich wird zurück gemeldet, wie der Zustand der LED ist und zwar so, dass die Meldung immer 10 Zeichen lang ist, da der ESP diese Informationen bei CIPSEND erwartet. Setzt man die obigen Quelltext-Zeilen in dieser Reihenfolge zusammen, dann sollte ein kompilierbarer Arduino Uno-Sketch vorliegen, der genau so funktioniert, wie die schon vorab veröffentliche Web-Variante, die an manchen Stellen noch kompakter formuliert ist, aber dasselbe Ergebnis liefert.

Nach einem Start und angeschlossener LED an Pin 12 des Uno sucht nun das Smartphone nach einem AP mit dem Namen „ESPxxxx" und verbindet sich mit einem TCP/IP-Client mit 192.168.4.1 auf Port 333, falls nichts dies nicht anderes eingestellt wurde. Sollte kein Hotspot des ESP in der Luft sein, müsste dies mittels AT-Kommando noch eingestellt werden. Diese Einstellung bleibt erhalten, so dass nicht jedes Mal der AP aktiviert werden braucht. Tippt man auf dem Smartphone eine 1 oder eine 0, so sollte LED 12 reagieren. Im Serial-Monitor könnte folgende Zeichenfolge auftauchen:

```
ESP8266 LED SWITCH
O_ÿ
no change
192.168.4.1
-5þ
O5ÿno Ð¹•RSTATUS:2
88
OK
Link
+IPD,0,2:1
OK
>
SEND OK
+IPD,0,2:0
OK
>
SEND OK
Unlink
```

Bei einem Reset des Arduino, also einer erneuten Initialisierung des ESP und bereits verbundenem Smartphone, können eine oder mehrere Zeilen nach der 88 auftauchen, wie

+CIPSTATUS:0,"TCP","192.168.4.100",43320,1.

In einer Ergänzung zu [2] werden in den nächsten Abschnitten mögliche Wege des Zusammenspiels angegeben. In diesem eBook wurde das Thema TCP/IP und WLAN damals ausgeklammert, da absehbar war, dass der ESP durch seine Popularität einen noch einfacheren Zugang bekommen würde, was sich in Form der Arduino-IDE - also Programmierung wie Arduino, aber ohne Arduino ja auch bewahrheiten sollte. Das Kapitel *ESP8266 Core* benutzt den ESP8266 auf diese Weise.

1.3.4   *ESP8266-AT: STEUERN MIT WLAN*

Die folgende Anwendung benutzt einen Arduino als Vermittler und als Mess- und Steuergerät. Das hier dargestellte Beispiel schaltet ein Relais, um zum Beispiel elektrische Geräte im 230 V-Netz zu steuern. Diese Steuerung soll über mobile Geräte, wie Smartphone oder Tablet erfolgen, die auch simultan die Steuerung übernehmen können.

Abbildung 53: Relais schalten per WLAN

Für diesen Aufbau werden die folgenden Geräte und Bauteile benötigt:

- Arduino mit Entwicklungsumgebung
- *ESP8266*-1 mit 9600 Baud
- Ein Kondensator ca. 470 μF - 1000 μF
- Ein Relais-Breakout (oder nur eine LED)
- Verbindungskabel
- Ein Smartphone, Tablet oder auch ein PC als Steuergerät

Ohne Steuergerät können die Kosten der Hardware im einstelligen Euro-Bereich bleiben, ein Arduino-Mini inklusive.

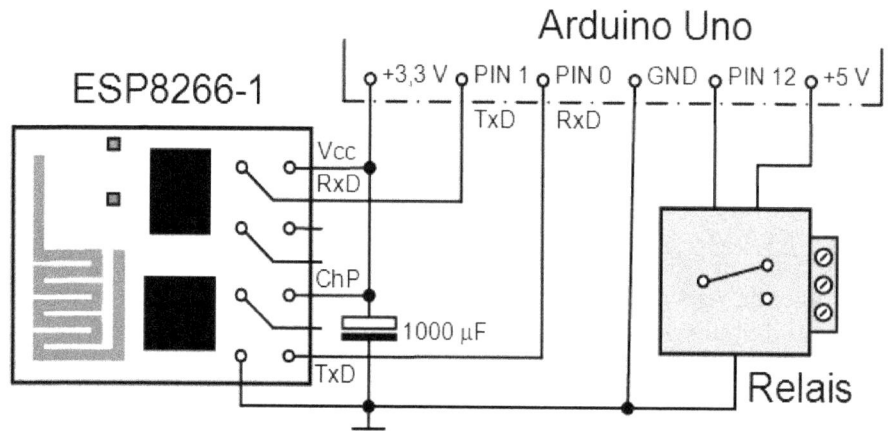

Abbildung 54: Die Verschaltung ist übersichtlich und schnell gesteckt.
Bei der Spannungsversorgung ist etwas Vorsicht geboten, da der ESP8266
empfindlich auf falsche Spannungen reagiert. Ein Kondensator stabilisiert
die schwachen 3,3 Volt bei Sendebetrieb etwas. Die direkte Verbindung der
TX/RX-Leitungen erfolgt auf eigenes Risiko.

Im Arduino werkelt ein kurzes Programm, ein Sketch. Es ist eine Mini-
malfassung, die ohne SoftwareSerial auskommt und nach einiger
Internetrecherche reibungsfrei läuft. Bei der Übertragung des Programms (Upload) muss die Verbindung zum *ESP8266* kurz gelöst werden. Danach ist die Verbindung erforderlich, da die Kommunikation zwischen ESP und *Arduino* über diese zwei üblichen seriellen Leitungen
erfolgt. Ein PC ist ab da nicht mehr erforderlich. In [2] wird gezeigt, wie
auch die Programmierung und Übertragung vom Smartphone aus - ganz
ohne PC - funktioniert.

Der Sketch initialisiert die Kommunikation auf 9600 Baud, den *ESP8266*
als AP (CWMODE), der mehrere Teilnehmer erlaubt und schaltet den
Server-Modus an. Sollte nach einer Weile ein Problem auftauchen, so
kann der *ESP8266* zurückgesetzt werden (AT+RST), wenn bei einem
Arduino-Reset der Analogeingang 0 (A0) auf Massepotential liegt. Mit
espReadLine() werden Zeichen vom *ESP8266* eingelesen, mit Seri-
al.print() bzw. Serial.println ausgegeben.

Die Hauptschleife überprüft, ob das Zeichen ("1") zum Schalten des Relais empfangen wird. Die Zeichenkette vom ESP hat das Format
+IPD,2,5:Hallo, wenn ein Teilnehmer mit der id 2 die 5 Buchstaben

Hallo sendet. Falls 3 Parameter erkannt werden, folgt die Prüfung auf "1" und das Relais an Pin 12 wird entsprechend geschaltet. Als Rückmeldung wird LED is OFF bzw. LED is ON gesendet. (Dies wurde bei der Bluetooth-Steuerung hier an anderer Stelle ebenso gemacht). Mit CIPSEND wird der Adressat (id) und die Anzahl (12) der zu senden Zeichen vorweg übertragen und anschließend die eigentliche Botschaft. Dabei wird der aktuelle Zustand des Pin 12 abgefragt.

```
//OHNE SOFT SERIAL
#define PIN 12
char *startup[]={"ATE0","AT+CWMODE=2","AT+CIPMUX=1",
                "AT+CIPSERVER=1","AT+CIPSTATUS"};
void setup()
{pinMode(PIN,OUTPUT); Serial.begin(9600);
 if(analogRead(A0)==0)
 {Seri-
al.println("AT+RST");delay(2000);espReadLine(1000);;}
 for(int i=0;i<5;i++)
 {Serial.println(startup[i]);espReadLine(0);;}
}

char *espReadLine(int ms)
{char s[80]=""; //buffer
 if(ms)delay(ms);
 int len=Serial.readBytesUntil('\n',s,sizeof(s)-4);
s[len]=0;
 return s;
}

void loop()
{int id,len;char s[80];
 if(3==sscanf(espReadLine(0),"+IPD,%d,%d:%s",&id,&len,s))
 {digitalWrite(PIN,s[0]== '1'? HIGH : LOW); // OUTPUT
  sprintf(s,"AT+CIPSEND=%d,12",id);// Message to id
  Serial.println(s);espReadLine(0);// +\r\n
  if(digitalRead(PIN))Serial.println("LED is ON ");
                else Serial.println("LED is OFF");
 }
}
```

Insbesondere mit dem Android *TCP/UDP-Commander*, einer Play-Store-App, steuert sich die Anordnung völlig problemlos. Aber auch ein kleines *rfo-Basic*-Programm weiter unten lässt das Relais per Touch schalten.

Auch das alte Hyperterminal ermöglicht TCP/IP Verbindungen unter Windows 8.1. Im iTunes-Store findet man ähnliche Applikationen.

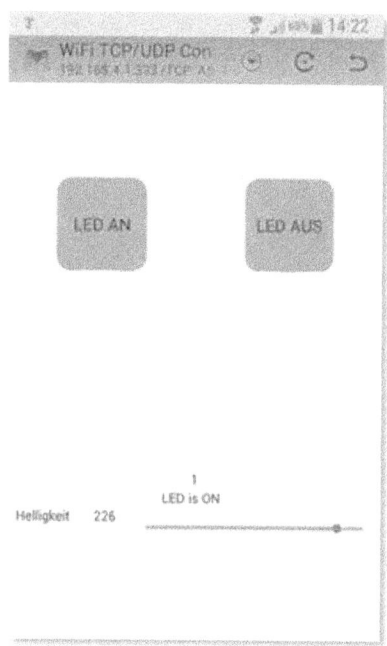

Abbildung 55: Steuern mit Play-Store-App: WiFi TCP / UDP Commander

Voreingestellt ist die Adresse 192.168.4.1 und der Port 333. Dies wurde so beibehalten, um möglichst wenig Überhang zu erhalten. Damit die Steuerung funktioniert, muss aber erst der AP am Smartphone oder Tablet geändert sein. Also in den WLAN-Einstellungen einen AP mit Namen "ESP_..." suchen und eine Verbindung herstellen. Danach kann auch ein "Connect" in in der nebenstehenden App erfolgen und mit Betätigung des Tasters "LED AN" oder das Senden einer "1" im hier ausgeblendeten Terminalfenster sollte das Relais schalten. Die "0", oder die Schaltfläche "LED AUS" schaltet wieder ab. Die Kommandos werden in den Einstellungen der App festgelegt. Dort können auch Schieber angezeigt werden, die entsprechende Werte übertragen.

*Abbildung 56: Touchflä-
che/Anzeige (gelber Kreis)
zum Schalten der LED*

Sockets und TCP werden von *rfo*-Basic unterstützt und so musste in der Bluetooth-Lösung nur die Verbindungsart geändert werden. Diese erfolgt nun über "192.168.4.1", an Port 333 via Sockets. Falls die Verbindung steht, wird die IP ausgegeben, um dann nach drei Sekunden in den Grafik-Modus zu wechseln.

Nach jedem Touch wird der gelbe Kreis umgeschaltet und gleichzeitig eine "1" bzw, "0" über WLAN an den ESP8266 geschickt. Dieser reicht diese Zeichen über die beiden seriellen Leitungen dem Arduino weiter, der entsprechend das Relais schaltet. Die Pause in der Touch-Abfrage schont den Akku des Smartphones.

```
PRINT "WLan Steuerung mit ESP8266."
PRINT "Arduino Led13 schalten."
SOCKET.CLIENT.CONNECT "192.168.4.1",333
SOCKET.CLIENT.STATUS r
IF r THEN
 PRINT "Connected to ";
 SOCKET.CLIENT.SERVER.IP a$
 PRINT a$
ELSE
 END
ENDIF
PAUSE 3000

GR.OPEN 255, 0,0,0
GR.ORIENTATION 1
GR.SCREEN w,h
r = 255
g = 200
b = 0
GR.COLOR 255,r,g,b,1
```

```
GR.CIRCLE rc, w/2, h/2, w/3
lf$=CHR$(13)

DO
 GR.SHOW rc
 GR.RENDER
 SOCKET.CLIENT.WRITE.LINE "1"+lf$
 GOSUB touch
 GR.HIDE rc
 GR.RENDER
 SOCKET.CLIENT.WRITE.LINE "0"+lf$
 GOSUB touch
UNTIL x<100
END

touch:
DO
 GR.TOUCH touched,x,y
 PAUSE 20
UNTIL touched
WHILE touched
 GR.TOUCH touched,x,y
 !pause 20
REPEAT
RETURN
```

Auch für einen iPod Touch der 2. Generation gab/gibt es noch ein kompatibles Testprogramm im App-Store: *WIFI TCP Test Tool.* Es ist nützlich, um das Zusammenspiel verschiedener Apps und Programme zu untersuchen.

Abbildung 57: iPod Touch steuert mit WLAN

1.3.5 ESP8266-AT: HELLIGKEITSSTEUERUNG

Mit wenigen Ergänzungen ist es möglich quasi-analoge Steuerungen mit PWM zu realisieren. In diesem Beispiel soll eine LED an Pin 11 ihre Helligkeit in Abhängigkeit eines Schiebers auf einem Smartphone verändern. Dazu sendet die Android TCP/UDP-Commander-App den Buchstaben "H", gefolgt von einer dreistelligen Zahl im Bereich 000 bis 255 für die Helligkeit. Der Helligkeitswert H127 sendet die APP über den ESP-Hotspot an die seriellen Leitungen, die vom Arduino gelesen werden. Auch hier ist der ESP direkt an Pin 0/1 angeschlossen, damit *Software-Serial* nicht benötigt wird. In der Hauptschleife werden nun drei Anfangszeichen unterschieden und bei einem "H" die nächsten drei Ziffern in einen Dezimalwert gewandelt, um am Arduino diesen Wert als Analogwert an Pin 11 auszugeben. Der Rest des Sketches entspricht überwiegend dem Vorigen.

```
// -------------------------------------------------
// ESP8266 - TCP/UDP-Commander Android
// H000 - H255 wird ausgewertet, um
// Helligkeit einer LED zu steuern.
// Bezug: http://hjberndt.de/soft/ardesp8266.html
// -------------------------------------------------
```

```
#define LED 13 // Relais/Relay
#define SLD 11 // Helligkeit/Brightness

char *startup[]={"ATE0","AT+CWMODE=2","AT+CIPMUX=1",
                "AT+CIPSERVER=1","AT+CIPSTATUS"};
void setup()
{pinMode(LED,OUTPUT); Serial.begin(9600);
 if(analogRead(A0)==0)
 {Seri-
al.println("AT+RST");delay(2000);espReadLine(1000);}
 for(int i=0;i<5;i++)
 {Serial.println(startup[i]);espReadLine(0);}
}

char *espReadLine(int ms)
{char s[80]=""; //buffer
 if(ms)delay(ms);
 int len=Serial.readBytesUntil('\n',s,sizeof(s)-4);
s[len]=0;
 return s;
}

void loop()
{int id,len;char t[10],s[80];
 if(3==sscanf(espReadLine(0),"+IPD,%d,%d:%s",&id,&len,s))
 {switch (s[0])
  {case '0':digitalWrite(LED,LOW);break;
   case '1':digitalWrite(LED,HIGH);break;
   case 'H':analogWrite (SLD,(atoi(strncpy(t,&s[1],3))));
  }
  sprintf(s,"AT+CIPSEND=%d,11",id);// Message to id
  Serial.println(s);espReadLine(0);
  if(digitalRead(LED))Serial.print("LED is ON \r");
              else Serial.print("LED is OFF\r");
 }
}
```

1.3.6 ESP8266-AT: STEUERN MIT DEM INTERNET - IOT

Bisher diente der *ESP8266*-1 selber als Access-Point und konnte somit ohne weitere WLAN-Infrastruktur auskommen. In einem weiteren Modus verbindet sich der ESP mit einem Router und erhält von diesem eine lokale IP, wie jedes Gerät im selben WLAN. Darüber ist dann der Internetzugriff möglich und so gelangt man in die Welt des IoT (Internet of Things). Das folgende Beispiel schaltet oder steuert etwas an einem weit entfernten Ort.

Ein WLAN-Router z. B. eine alte Fritzbox, sei dort vorhanden und dauerhaft online. Der ESP ist einmalig manuell mit dieser Box mit Namen und Passwort verbunden gewesen. Vor Ort befindet sich ein Grundaufbau, wie er weiter oben bei der Relaissteuerung schon eingesetzt wurde. Eine solche Steuerung muss allerdings einige Bedingungen erfüllen, damit sie wartungsfrei funktioniert. Um dieses Ziel zu erreichen, waren einige Dauertests nötig, die mit der Version 1 des ESP8266 und der Betriebssystemversion 0018000902-AI03 schließlich erfolgreich für einen möglichen privaten Anwendungsfall endeten.

Noch wechselt hier die externe IPv4 in jeder Nacht, so dass eine dynamische IP verwendet werden muss. Der *TCP-Commander* nahm zur Zeit der Entstehung dieses Sketches nur numerische IP-Adressen an, viele andere Apps aber auch eine URL, so wie *EasyTCP* aus dem Play-Store (der Autor von TCP-Commander konnte auf Nachfrage dieses Feature jedoch schnell einbauen). Damit kann man dann quasi per Chat die Dinge im Internet steuern. Im Beispiel wird allerdings nur die "1" ausgewertet, der Rest ist reine Spielerei, muss es aber nicht bleiben. *Rfo-Basic* für Android unterstützt erfreulicherweise in seinem Aufruf *SOCKET.CLIENT.CONNECT* ebenfalls URL-Namen.

Beim verwendeten offenen Aufbau tauchen ab und zu Fehler auf, die nicht immer reproduzierbar sind. Ein nichtgekoppeltes Bluetooth-Gerät z. B. könnte in der Nacht zu Aussetzern führen, was in einem nichtsteuerbaren Zustand endet. Um diese und andere Probleme im Dauerbetrieb aus der Welt zu schaffen, wird quasi die Holzhammer-Methode benutzt, oder auch Hosenträger *und* Gürtel. Ein Timer sorgt dafür, dass in regelmäßigen Abständen ein Reset des ESP8266 erfolgt. Damit der Baustein nicht automatisch in den Tiefschlaf fällt, erfolgt zusätzlich noch ein periodischer 'Chat'. Im Detail kann das dann so aussehen:

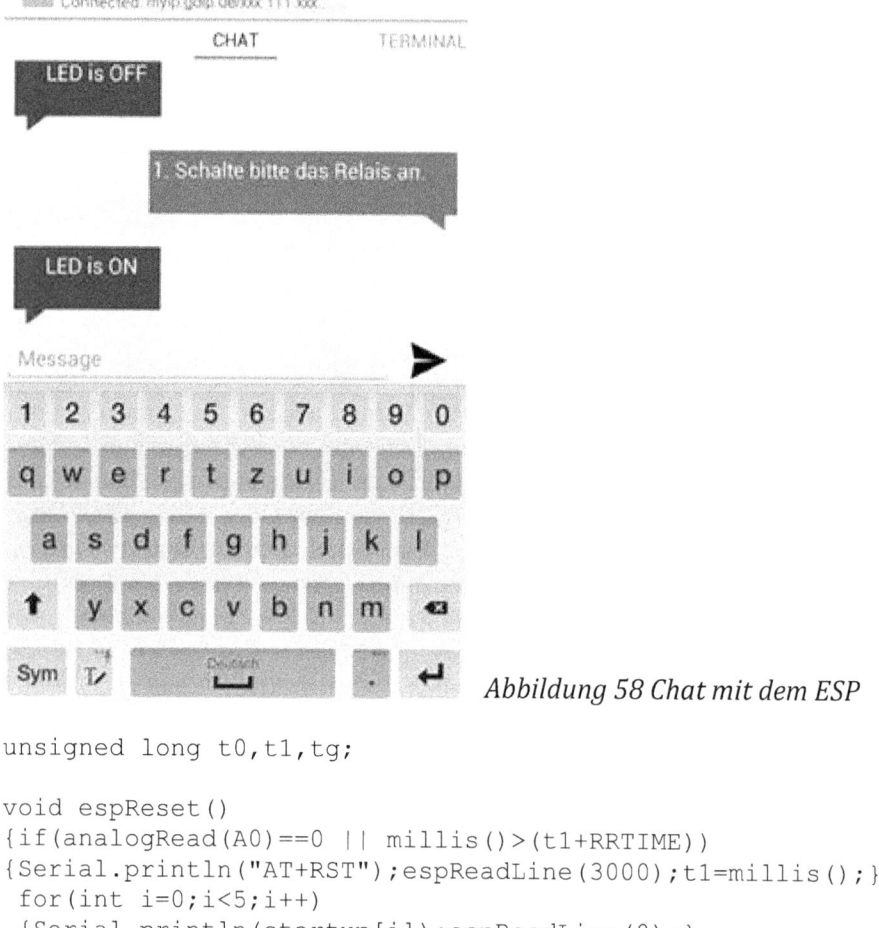

Abbildung 58 Chat mit dem ESP

```
unsigned long t0,t1,tg;

void espReset()
{if(analogRead(A0)==0 || millis()>(t1+RRTIME))
{Serial.println("AT+RST");espReadLine(3000);t1=millis();}
 for(int i=0;i<5;i++)
 {Serial.println(startup[i]);espReadLine(0);}
}
```

Dabei sind die drei Zeitvariablen *t0*, *t1* und *tg* für diese Zeitaufgaben deklariert. Im Setup werden sie initialisiert, die Zeitintervalle selber sind als Konstanten definiert:

```
#define RTIME    180000
//TRIGGER ESP every RTIME   ms (3 min)
#define RRTIME   900000
//RESTART ESP every RRTIME ms (15 min)
#define GOTIME   (8*RRTIME)
//GOIP-Refresh 2 hour interval
```

```
void setup()
{pinMode(LED,OUTPUT); Serial.begin(9600);
 t0=millis();t1=t0;tg=t0;
 espReset();
}
```

Der eigentliche Timer ist nur eine Abfrage, ob die entsprechende Zeit schon verstrichen ist und erfolgt am Ende der Hauptschleife:

```
void loop()
{
 ...
 if(millis()>(t0+RTIME)){espReset();t0=millis();}
 ...
}
```

Nach 3 Minuten erfolgt eine Initialisierung, die aber die Verbindungen nicht trennt. Alle 15 Minuten erfolgt zusätzlich ein Reset, der dafür sorgen soll mögliche Fehler oder Hänger zu beheben. Für die hiesige Anwendung führt das zu 'erträglichen' Zeiten bei sporadisch auftretenden Blockierungen oder Fehlern.

1.3.7 ESP8266-AT: DYNAMISCHE IP

Um immer unter derselben URL erreichbar zu sein, ist normalerweise eine feste IP erforderlich. Da die Provider hier jedoch meist in der Nacht eine neue IP im privaten Bereich verteilen, nutzt die IP von 'gestern' heute nichts mehr.

Viele Router bieten Lösungen, mittels eines Anbieters dieses Problem zum Zeitpunkt der Neuvergabe zu lösen. Die hier vorhandene FritzBox weigert sich jedoch den Anbieter 'goip.de' richtig zu benachrichtigen. Da eine vom Router unabhängige Methode praktischer erscheint, soll dies über den *ESP8266* selber erledigt werden. Bei *goip.de* erfolgt die Aktualisierung mit dem folgenden Aufruf im Browser nach dem Muster:

```
http://www.goip.de/setip? username=meinname&password=meinpasswort
```

Die URL wäre dann *meinname.goip.de* und eine feste IP ist dann nicht mehr erforderlich. Um global erreichbar zu sein, muss im Router noch der Port freigegeben sein. Das ist Port 333 für den ESP als Gerät

192.xxx.xxx.26 im lokalen Netz (AT+CIFSR). Da der Aufruf nicht zu oft erfolgen darf, wird hier ein Intervall von 2 Stunden fest eingestellt, wodurch möglicherweise in der Nacht nach dem Wechsel etwa 120 Minuten keine (Fern-)Steuerung erfolgen kann. Die Abfrage der externen IP ist mit AT-Befehlen möglich und könnte mit der alten IP verglichen werden, um die goip-Aufrufe zu minimieren.

Hier der Teil des Sketches zur Aktualisierung im 2-Stunden-Takt:

```
#define URL "goip.de"
#define DOMAIN "GET
http://www.goip.de/setip?username=meinname&password=...\r
\n"

void goip()
{char s[80];
 String cmd="AT+CIPCLOSE=4";// disconnect #4 if con
 Serial.println(cmd);espReadLine(0);
 cmd="AT+CIPSTART=4,\"TCP\",\"";cmd+=URL;cmd+="\",80";
 Serial.println(cmd);espReadLine(1000);
 cmd=DOMAIN;sprintf(s,"AT+CIPSEND=4,%d",cmd.length());
 Serial.println(s);   espReadLine(1000);
 Serial.print(cmd);   espReadLine(1000);
}
```

Als Antwort erhält der ESP8266 in etwa:

```
*******************************************************
GoIP.de Updater
*******************************************************
Aktualisierung wurde erfolgreich durchgeführt.

EOT
```

Dabei werden mögliche Empfangsfehler ignoriert, da nur die richtige Anfrage bei *goip.de* wichtig ist. Dieses Verfahren könnte auch mit anderen dynamischen Diensten bei entsprechender Anpassung Erfolg haben.

Ein End Check wurde für diesen Aufbau in 200 km Entfernung über drei Tage durchgeführt. Dabei waren quasi nur die Standorte vertauscht. Sowohl die erweiterte RFO-Basic-Variante als auch die *EasyTCP-App* funktionierten wie erwartet. Auch die eingeplanten kurzen Intervalle, die zu Verbindungsproblemen führen können, traten auf; sie waren aber nach drei Minuten wieder beseitigt. Der Gesamtsketch zur Steuerung mit dem Internet sieht dann so aus:

```
// ----------------------------------------------
// ESP8266/ARDUINO : Relay/Relais Pin 7
// H000 - H255     : PWM Pin 6
// DynDNS/GOIP     : Global Control (IoT)
// http://hjberndt.de/soft/ardesp8266goip.html
// ----------------------------------------------

#define LED 7 // Relais/Relay
#define SLD 6 // Helligkeit/Brightness
#define RTIME   180000 //TRIGGER ESP every  RTIME ms (3 Min)
#define RRTIME  900000 //RESTART ESP every RRTIME ms (15 Min)
#define GOTIME  (8*RRTIME) //GOIP-Refresh 2 hour interval
#define URL "goip.de"
#define DOMAIN "GET http://www.goip.de/setip?....\r\n"

char *startup[]={"ATE0","AT+CWMODE=3","AT+CIPMUX=1",
                "AT+CIPSERVER=1","AT+CIPSTATUS"};

unsigned long t0,t1,tg;

void espReset()
{if(analogRead(A0)==0 || millis()>(t1+RRTIME))
 {Serial.println("AT+RST");delay(2000);espReadLine(1000);
  t1=millis();}
 for(int i=0;i<5;i++)
 {Serial.println(startup[i]);espReadLine(0);}
}

void goip()
{char s[80];
 String cmd="AT+CIPCLOSE=4";// disconnect #4 if con
 Serial.println(cmd);espReadLine(0);
 cmd="AT+CIPSTART=4,\"TCP\",\"";cmd+=URL;cmd+="\",80";
 Serial.println(cmd);espReadLine(1000);
 cmd=DOMAIN;sprintf(s,"AT+CIPSEND=4,%d",cmd.length());
 Serial.println(s);   espReadLine(1000);
 Serial.print(cmd);   espReadLine(1000);
}

void setup()
{pinMode(LED,OUTPUT); Serial.begin(9600);
 t0=millis();t1=t0;tg=t0;
 espReset();
}
```

```
char *espReadLine(int ms)
{char t[20],s[80]; //buffer
 if(ms)delay(ms);
 int len=Serial.readBytesUntil('\n',s,sizeof(s)-4); s[len]=0;
 return s;
}

void loop()
{int id,len;char t[10],s[80];
 if(3==sscanf(espReadLine(0),"+IPD,%d,%d:%s",&id,&len,s))
 {switch (s[0])
  {case '0':digitalWrite(LED,LOW);break;
   case '1':digitalWrite(LED,HIGH);break;
   case 'H':analogWrite (SLD,(atoi(strncpy(t,&s[1],3))));break;
  }
  sprintf(s,"AT+CIPSEND=%d,12",id);// +\r\n
  Serial.println(s);espReadLine(0);// message to id
  Serial.println(digitalRead(LED)?"LED is ON ":"LED is OFF");
 }
 if(millis()>(t0+RTIME)){espReset();t0=millis();}
 if(millis()>(tg+GOTIME)){goip();tg=millis();}
}
```

Abbildung 59: Auch ein iPod-Touch der 2. Generation kann im Internet mit diesem Aufbau steuern. Im Hintergrund läuft eine TFT-Anzeige am Arduino Uno mit dem angeschlossenen ESP8266/1 im AT-Kommando-Modus.

1.3.8 ESP8266-AT: ZEITSTEUERUNG

Netzsteuerungen benötigen eventuell eine genaue Zeit - nur so können die Dinge im Netz zum richtigen Zeitpunkt, wie gewünscht beeinflusst werden. Da globale Steuerungen nur mit Internet-Anbindung funktionie-ren, liegt es nahe, darüber auch eine Zeitreferenz zu beziehen. Die ge-naue Zeit aus dem Netz zu erhalten ist - systembedingt, nicht ganz ein-fach und das NTP-Protokoll ist auch nicht sofort jedem klar. Für heimi-sche Schaltvorgänge reicht möglicherweise aber auch eine Referenzzeit, wie die von `http://nist.gov/` bereitgestellte UTC-Tageszeit (day-lightsaving-time).

Abbildung 60: Internetzeit auf einem TFT-Display nach diesem Verfahren

Als Szenario diene weiterhin ein fiktiver Ort, in dem einige Dinge über das Internet (IoT) gesteuert werden sollen. Ein WLAN-Router z. B. eine alte Fritzbox, sei dort vorhanden und dauerhaft online. ESP und Fritzbox kennen sich bereits und die IP sei auch global erreichbar. Vor Ort befin-det sich ein Grundaufbau, wie er schon bei der Relaissteuerung weiter oben eingesetzt wurde. Der vorige Sketch wird hier entsprechend modi-fiziert.

Ein hier vorliegender *Arduino* Uno R3 mit seinem 16 MHz-Quarz, läuft laut Messungen in 6 Stunden etwa 30 Sekunden nach. Addiert man alle 3600000 millis() 6 Sekunden, so läuft die interne Uhr relativ genau, ohne Aufruf einer externen Referenz. Gemessen wurden nach dieser Anglei-chung etwa 5 Sekunden in 12 Stunden. Falls kein Rechenfehler vorliegt, wäre die Ungenauigkeit dann 1 Stunde/Jahr. Allerdings scheint diese Abweichung nicht konstant zu sein. Vermutlich haben Temperatur und Art des Sketches Einfluss auf den internen Timer.

Um zur Not auch die Zeit manuell verändern zu können (lokal, kein Netz), wird eine Eingabe via Smartphone und TCP-Client vorgesehen. Auch die Internetzeit kann via TCP-Client manuell angefordert werden.

Die Zeitabfrage via Internet und *ESP8266* setzt Internetzugriff voraus. Der Arduino ist über den *ESP8266* lokal am Fritzbox-Router über IP 192.162.xxx.xxx erreichbar und umgekehrt. Der Aufruf von `time()` fordert die Internetzeit an:

```
void time()
{String cmd="AT+CIPCLOSE=4";
 Serial.println(cmd);espReadLine(1000);
 cmd="AT+CIPSTART=4,\"TCP\",\"";
 cmd+="time.nist.gov";cmd+="\",13";
 Serial.println(cmd);
}
```

Der Zeitserver darf nicht zu oft bemüht werden, da er sonst den Zugang verweigert. Damit der Aufruf möglichst ungestört verläuft, erfolgt der erste Synchronisationsversuch 30 Sekunden nach dem Start. Dies wird alle 30 Sekunden wiederholt, bis einmal eine erfolgreiche Verbindung zustande kam.

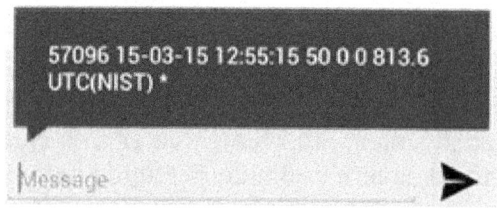

Abbildung 61: Internetzeit im Android-Chat

Die Kommunikation erfolgt über die Verbindung 4 des *ESP8266*, die zunächst geschlossen wird, anschließend wird eine Sekunde Zeit für die Reaktion eingeräumt. Erst jetzt erfolgt der Aufbau der neuen TCP-Verbindung 4 an Port 13 mit der Zeitserver-URL. Sollte die Anfrage erfolgreich sein, so antwortet der Server mit einer Zeichenfolge, der 8 Parameter entnommen werden können. Neben einer 5stelligen Zahl sind das die Daten der Zeit - wie im Format-String zu erkennen. Der Rest der Zeile wird einfach in der Zeichenkette *t* abgelegt. Dort findet man auch die Zeichenfolge UTC.

```
...
//Check TimeStamp Daylight
```

```
k=sscanf(s,"%5d %2d-%2d-%2d %2d:%2d:%2d %s",
&r5,&y,&m,&d,&hh,&mm,&ss,t);
if(k==8)
{setTime(hh,mm,ss,d,m,y);
 tc=millis();// next hour automatic sync if needed
 tf=0; //sync
 }
//TimeClock UTC to CET
cet=CE.toLocal(now(),&tcr)+2;
...
```

Mit `settime()` aus der Bibliothek `Time.h` wird die 'Unix-Uhr' im Arduino vom 01.01.1970 auf die aktuelle UTC-Zeit gestellt, mit *tc=0* eine erneute automatische Zeitabfrage im 30-Sekunden-Takt unterbunden. Um von UTC nach CET zu kommen ist eine weitere Zeit-Bibliothek `timezone.h` erforderlich, die diese Konvertierung vornimmt. Die Umrechnung in mitteleuropäische Zeit unter Berücksichtigung von Sommer- und Winterzeit erfolgt mit `CE.toLocal()`, wobei CE eine Zeitzone ist und cet eine Zeitstruktur, die als weitere Variable neben der Systemzeit in UTC, die CET-Zeit enthält. Die Zeilen stammen aus dem WorldClock-Beispiel der Timezone-Library, welches den Bedürfnissen entsprechend gekürzt und angepasst wurde. Dort findet man auch die Sommerzeit-Regeln anderer Regionen.

```
#include <Time.h>
#include <Timezone.h>
//https://github.com/JChristensen/Timezone
//From WorlClock Example
//Central European Time (Frankfurt, Paris)
TimeChangeRule CEST = {"CEST", Last, Sun, Mar, 2, 120};
TimeChangeRule CET = {"CET ", Last, Sun, Oct, 3, 60};
Timezone CE(CEST, CET);
TimeChangeRule *tcr;
time_t cet;
```

Der folgende 130-Zeilen-Sketch hat keine direkte Ausgabe, sondern kommuniziert nur über TCP/IP mit einem verbundenen Gerät. Dynamische IP und Routeranbindung ist hier nicht enthalten, trotzdem ist der Sketch in Verbindung mit einem 'eingestellten' ESP8266 lauffähig. Diese Einschränkung erfolgt aus Gründen der Übersichtlichkeit. Mit den ASCII-Zeichen '*0*' und '*1*' kann weiterhin ein Relais oder eine LED geschaltet werden. Mit 'z' wird die Uhrzeit erfragt, mit 't' eine unplanmäßige Zeit-synchronisation gestartet. Zeichen '8' liefert das aktuelle Betriebssystem und mit 'T' kann die Zeit (UTC) manuell gesetzt werden im Format, wie es 'd' als Zeit und Datum zurück liefert. Am Ende der loop() könnte eine Zeitanzeige eingebaut werden, die aufgrund des seriellen Timeouts etwa jede Sekunde aktualisiert würde.

```
// ------------------------------------------------
// ESP8266  - Internet-Time
// Daylight - Timestamp
// Steuern mit WLAN III
// Bezug: http://hjberndt.de/soft/ardesp8266time.html
// ------------------------------------------------
#include <Time.h>
#include <Timezone.h>
//https://github.com/JChristensen/Timezone
//From WorlClock Example
//Central European Time (Frankfurt, Paris)
TimeChangeRule CEST = {"CEST", Last, Sun, Mar, 2, 120};
TimeChangeRule CET = {"CET ", Last, Sun, Oct, 3, 60};
Timezone CE(CEST, CET);
TimeChangeRule *tcr;
time_t cet;

#define LED 7  // Relais/Relay
#define RTIME   180000 //TRIGGER ESP every RTIME ms
#define RRTIME  900000 //RESTART ESP every RRTIME ms
#define CETIME  (3600000)
char *startup[]={"ATE0","AT+CWMODE=3","AT+CIPMUX=1",
                "AT+CIPSERVER=1","AT+CIPSTATUS"};

volatile int last_id; //sender id for message
unsigned long t0,t1,tc,tf=30000;//first sync after boot

void time()
{String cmd="AT+CIPCLOSE=4";
 Serial.println(cmd);espReadLine(1000);
 cmd="AT+CIPSTART=4,\"TCP\",\"";
 cmd+="time.nist.gov";cmd+="\",13";
 Serial.println(cmd);
}

void setup()
{pinMode(LED,OUTPUT); Serial.begin(9600);
 t0=millis();t1=t0;tc=t0; espReset();
```

```
}

void loop()
{int id,len,ix;char t[80],s[80],p[80];
 strcpy(p,espReadLine(0));
 ix=sscanf(p,"+IPD,%d,%d:%s",&id,&len,s);
 if(3==ix)
 {last_id=id;
  switch (s[0])
   {case '0':digitalWrite(LED,LOW);showLed(id);break;
    case '1':digitalWrite(LED,HIGH);showLed(id);break;
    case '8':espSendLine(id,"show os version");
             Serial.println("AT+GMR");break;
    case 'T'://Settime "T00:00:00D01.01.2000" UTC
             {int y,m,d,hh,mm,ss;
               ix=sscanf(s,"T%2d:%2d:%2dD%2d.%2d.%4d",
                          &hh,&mm,&ss,&d,&m,&y);
               if(ix==6)
               {setTime(hh,mm,ss,d,m,y);
                espSendLine(id,"UTC Time Set.");
               }
             }
             break;
    case 't':espSendLine(id,"try sync.");time();break;
    case 'z':sprintf(t,"%02d:%02d:%02d",
             hour(cet),minute(cet),second(cet));
             espSendLine(id,t);
             break;
    case 'd':sprintf(t,"T%02d:%02d:%02dD%02d.%02d.%04d",
             hour(cet),minute(cet),second(cet),
             day(cet),month(cet),year(cet));
             espSendLine(id,t);
             break;
    default:showLed(id);
   }
 }
 //Check prompt
 len=strlen(p);
 if(p[0]=='>' && len>5)
 {for(int i;i<len;i++)if(p[i]<32)p[i]=0;
  espSendLine(last_id,p);//reply to last sender
 }
 if(millis()>(t0+RTIME)){espReset();t0=millis();}
 if(millis()>(tc+CETIME))
 {if(timeStatus()<2)time();//ONE SYNC
  else adjustTime(6);       // sec per hour
```

```
  tc=millis();                    //next hour
 }
 if(tf>0)if(millis()>(t0+tf))
 {tf+=tf; time();}//first sync after tf
 // CLOCK
 // drawClockHands(cet); //not included
}

void showLed(int id)
{ char s[80];
  sprintf(s,"AT+CIPSEND=%d,12",id);// Message to id
  Serial.println(s);espReadLine(0);
  Serial.println(digitalRead(LED)?"LED is ON ":"LED is
OFF");
}

void espSendLine(int id, char *t)
{char s[80];
 sprintf(s,"AT+CIPSEND=%d,%d",id,strlen(t)+2);
 Serial.println(s); Serial.println(t);// Message to id
}

char *espReadLine(int ms)
{int k,r5,y,m,d,hh,mm,ss;char t[80],s[80]; //buffer
 if(ms)delay(ms);
 int len=Serial.readBytesUntil('\n',s,sizeof(s)-4);
 s[len]=0;
 //Check TimeStamp Daylight
 k=sscanf(s,"%5d %2d-%2d-%2d %2d:%2d:%2d %s",
          &r5,&y,&m,&d,&hh,&mm,&ss,t);
 if(k==8)
 {setTime(hh,mm,ss,d,m,y);
  tc=millis();// automatic sync if needed
  tf=0;
 }
 //TimeClock UTC to CET
 cet=CE.toLocal(now(),&tcr)+2;
 return s;
}

void espReset()
{if(analogRead(A0)==0 || millis()>(t1+RRTIME))
 {Serial.println("AT+RST");delay(2000);
 espReadLine(1000); t1=millis();}
 for(int i=0;i<5;i++)
 {Serial.println(startup[i]);espReadLine(0);}
```

```
}
```

Bei dieser einfachen Lösung wird das Ergebnis immer nur an die letzte ID zurückgegeben, also nicht an alle verbundenen Steuergeräte.

1.4 DIGISPARK

„Der kleinste Arduino" wird diese Platine manchmal genannt. Mit seinem
Attiny85 als Mikrocontroller und einer
geschickt aufgebauten Platine, die auf
einer Seite als USB-Stecker ausgelegt

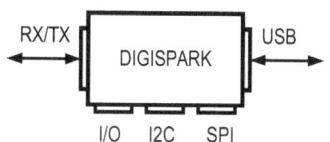

ist, lassen sich bereits viele Aufgaben oder Probleme lösen, ohne den
„großen" kleinen Arduino aus der Schublade holen zu müssen. Auf „di-
gistump.com" werden die Details und Spezifikationen dieses Kickstarter-
Projekts genannt:

- Unterstützung der Arduino IDE 1.0+ (OSX/Win/Linux)
- Spannungsversorgung via USB oder externer Quelle:
  5 V oder 7 – 35 V
- 5 V (500 mA) Spannungsregler an Bord
- Eingebauter USB
- 6 I/O Pins (2 werden von USB benutzt, wenn der Sketch via
  USB kommuniziert, sonst können alle 6 Anschlüsse für eigene
  Aufgaben herangezogen werden)
- 8 kB Flash Memory (etwa 6 kB mit Bootloader)
- I^2C und SPI (vis USI)
- PWM an 3 Pins (mehr möglich mit Software PWM)
- ADC an 4 Pins
- Power LED und Test/Status LED

*Abbildung 62: USB-Hostkabel
(OTG) und Digispark*

1.4.1 DIGISPARK: IDE

Ab der IDE 1.6 für den Arduino werden auch andere Boards auf einfache Weise eingebunden. Dazu wird bei den Einstellungen im Dateimenü eine URL eingetragen und anschließend unter Werkzeuge/Boards der Board-verwalter aufgerufen. Dort können dann die erforderlichen Dateien heruntergeladen und installiert werden.

Für den Digispark war das zum Zeitpunkt der Niederschrift z. B.

https://raw.githubusercontent.com/digistump/arduino-boards-index/master/package_digistump_index.json

Es kann Gründe geben, dass es sinnvoller ist für den Digispark eine eigene (Arduino-) IDE zu installieren. Digistump liefert(e) ab der Pro-Version die Datei

https://github.com/digistump/DigistumpArduino/releases/download/v1.5.8C/DigistumpArduinoInstall1.5.8C.exe.

Diese Installation bringt auch alle benötigten Treiber mit, auch für den Arduino.

Weitere Ausführungen zu dieser Thematik findet/fand man unter

http://www.cboden.de/mikro-controller/digispark/20-mikrocontroller/43-erste-schritt-mit-dem-digispark

in deutscher Sprache. Aus erster Hand wird man in englischer Sprache unter

https://digistump.com/wiki/digispark/tutorials/connecting

informiert.

Nachdem die erforderlichen Vorbereitungen erfolgt sind, kann nun ein erster Test erfolgen. Unter "Werkzeuge" sollte das "Board" Digispark 16,5 MHz /intern eingestellt sein. Alle anderen Einstellungen sind nicht relevant.

1.4.2 DIGISPARK: BLINK

Wie bei einem Arduino soll mit dem ersten Sketch die LED auf dem Digispark zum Blinken gebracht werden. Dazu bedient man sich des Beispiels Blink im Menü *Datei/Beispiele/Basics*. Dieses Urbeispiel für den Arduino benutzt noch den Ausgang 13 als feste Zahl im Sketch. Die ON-BOARD-LED ist beim Digispark jedoch über den Pin 1 erreichbar. Ändert man die 13 zur 1 an allen drei Stellen, so kann mit dem Haken-Icon unter dem Menüpunkt *Datei* geprüft werden, ob die Übersetzung funktioniert.

```
/*
Blink
Turns on an LED on for one second, then off for one se-
cond, repeatedly.
Most Arduinos have an on-board LED you can control. On
the Uno and Leonardo, it is attached to digital pin 13.
If you're unsure what pin the on-board LED is connected
to on your Arduino model, checkthe documentation at
http://arduino.cc

This example code is in the public domain.

modified 8 May 2014
by Scott Fitzgerald
*/


// the setup function runs once when you press reset or
power the board
void setup() {
  // initialize digital pin 13 as an output.
  pinMode(1, OUTPUT);
}

// the loop function runs over and over again forever
void loop() {
  digitalWrite(1, HIGH);
// turn the LED on (HIGH is the voltage level)
  delay(1000);
// wait for a second
  digitalWrite(1, LOW);
// turn the LED off by making the voltage LOW
  delay(1000);
// wait for a second
}
```

Falls die folgende oder eine ähnliche Ausgabe im unteren IDE-Fenster erscheint, gab es keine Probleme.

Der Sketch verwendet 650 Bytes (10%) des Programmspei-
cherplatzes. Das Maximum sind 6.012 Bytes.

Globale Variablen verwenden 9 Bytes des dynamischen Speichers.

Drastisch wird klar, dass hier nur knapp 6K Speicherplatz vorhanden ist. Erinnerungen an den ZX81 werden wach. Nun folgt die Übertragung des Programms in den Digispark. Mit Strg+R wird kompiliert/überprüft und übertragen. Dabei sollte der Digispark *nicht* mit dem Rechner verbunden sein. Wenn die IDE bereit zur Übertragung ist, wird im Meldungsfenster folgender zusätzlicher Text stehen:

Running Digispark Uploader...

Plug in device now... (will timeout in 60 seconds)

Jetzt kann der Digispark via USB verbunden werden. Unter Windows erklingt nach einer Weile der Klang eines hinzugefügten USB-Gerätes, danach erfolgt die schnelle Übertragung. Abschließend meldet sich der Treiber selber wieder ab. Die Programmierung ist damit abgeschlossen und die Leuchtdiode sollte im Sekundentakt blinken!

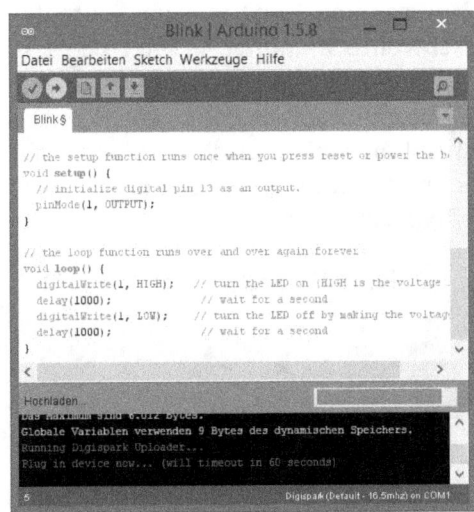

*Abbildung 63 Digispark ver-
steht Arduino-Programme*

1.4.3 DIGISPARK: USB-KEYBOARD

Die Besonderheit des Digispark ist die Platinenform mit USB-Anschluss und die Fähigkeit sich darüber als HID-USB-Gerät zu verhalten. Human-Interface-Devices benötigen auf den gängigen Betriebssystemen keinerlei Treiber und sind somit überall sofort einsetzbar. Der Digispark kann als Joystick, Maus oder als Tastatur programmiert werden. Im folgenden Beispiel sollen am Ende analoge Spannungsmesswerte in eine beliebige Anwendung automatisch eingegeben werden.

Unter *Beispiele/Digispark/DigisparkKeyboard* trifft man auf den Sketch „*Keyboard.ino*". Entfernt man alle Kommentare, so bleiben drei wesentliche Teile übrig.

```
void loop() {
  DigiKeyboard.sendKeyStroke(0);
  DigiKeyboard.println("Hello Digispark!");
  DigiKeyboard.delay(5000);
}
```

In dieser Endlosschleife wird der Digispark zunächst wach gerüttelt, dann schreibt er als USB-Tastatur das angepasste "Hallo Welt", um danach 5 Sekunden zu warten.

Um den Sketch zu testen, muss er, wie weiter oben das Blink-Beispiel, übertragen werden. Während der Übersetzung/Kompilierung sollte der Schreibcursor hinter die letzte geschweifte Klammer gesetzt werden. Nach der Übertragung meldet sich der Treiber wie gewohnt ab. Bleibt der Digispark unverändert am USB-Anschluss, so erkennt der PC nach einer Weile den Digispark als Tastatur. Daraufhin startet der Sketch und falls der Schreibcursor noch hinter der letzten Klammer stand, erscheint nun dort im 5. Sekundentakt "Hello Digispark".

Dies alles kann nun an verschiedenen anderen USB-Host-fähigen Geräten getestet werden.

1.4.4 DIGISPARK: ADC - SPANNUNGSMESSUNG

Der Attiny85 des Digispark verfügt auch über Analog/Digital-Wandler. Die Nummerierung der Analogeingänge weicht von denen der Digital-Anschlüsse ab. Unter

https://digistump.com/wiki/digispark/quickref heist es:

Digital 2 is analog (ADC channel) 1
Digital 3 is analog (ADC channel) 3
Digital 4 is analog (ADC channel) 2
Digital 5 is analog (ADC channel) 0

Durch sein kompaktes Auftreten muss ab und zu die Doppelfunktion der Anschlüsse beachtet werden. Dadurch verhalten sich die Anschlüsse je nach Funktion unterschiedlich.

All pins can be used as Digital I/O
Pin 0 → I2C SDA, PWM (LED on Model B)
Pin 1 → PWM (LED on Model A)
Pin 2 → I2C SCK, Analog In
Pin 3 → Analog In (also used for USB+ when USB is in use)
Pin 4 → PWM, Analog (also used for USB- when USB is in use)
Pin 5 → Analog In

Unter diesen Vorgaben kann ein USB-Messgerät bzw. die Messwerteingabe über USB-Tastatur nicht den Pin 3 benutzen (ADC 3). Es bietet sich Pin 2 an. Soll jedoch, wie weiter unten, ein OLED-Display via I2C angeschlossen werden, wird dieser Anschluss als serieller Takt (SCK) benutzt.

Mit sehr wenigen Änderungen wird im folgenden Sketch der Analogwert von Pin 2 im Bereich 0 bis 1023 ausgegeben. Die Spannung am ADC wird mit einer 10bit-Auflösung digitalisiert.

```
#include "DigiKeyboard.h"
#define LED 1
#define ADC 2

void setup()
{pinMode(ADC, INPUT);
}

void loop()
```

```
{DigiKeyboard.sendKeyStroke(0);
 DigiKeyboard.println((int)analogRead(1));
 DigiKeyboard.delay(5000);
}
```

Und in der Aduino-IDE:

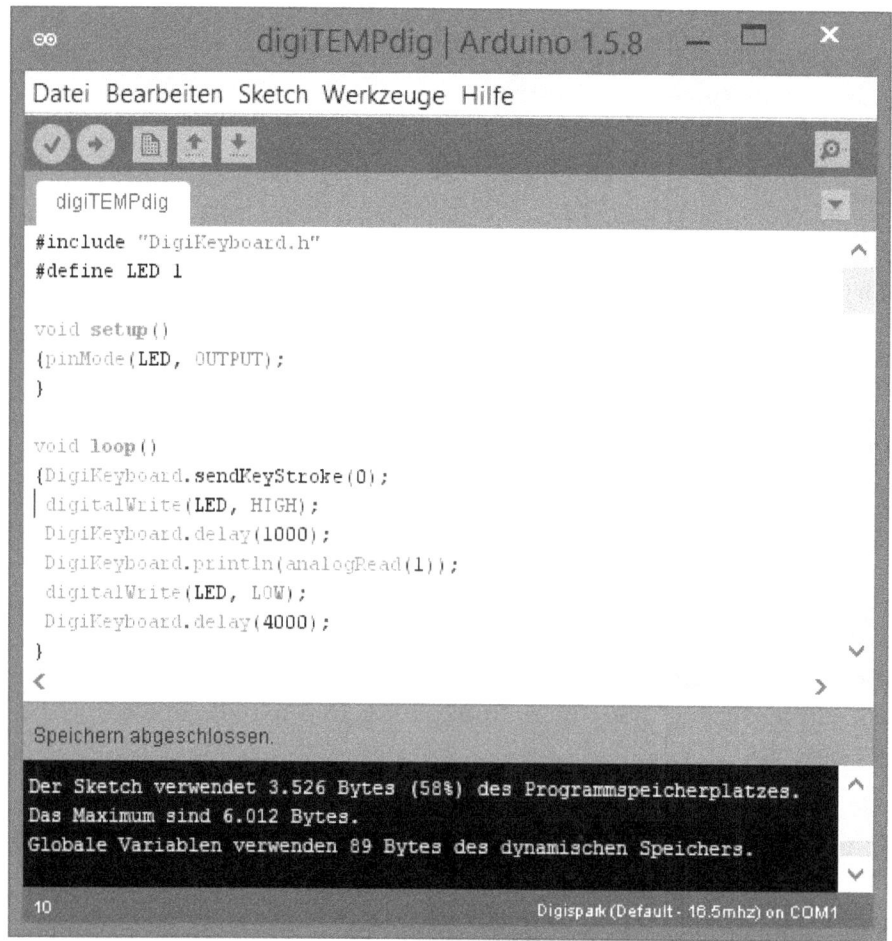

Abbildung 64: Digispark als Tastatur liefert analoge Spannungswerte

Das Schalten der LED ist optional. Die Umrechnung in einen Spannungs-wert könnte in einer Tabellenkalkulation (OpenOffice in der Onlinever-sion) erfolgen. So lassen sich zum Beispiel Spannungswerte in OpenOf-fice in der Onlineversion darstellen.

1.4.5 DIGISPARK: SPANNUNGEN MIT PUNKT UND KOMMA

Steht keine externe Umrechnungsmöglichkeit zur Verfügung, kann dies auch im Sketch erfolgen. Je nach Zielanwendung sind Punkt oder Komma gefragt. Die Umrechnung für einen 5-Volt-Spannungsbereich an Pin 2 wäre

```
x = adc/1023 mal 5
```

Das könnte folgende Zeile bewerkstelligen:

```
DigiKeyboard.println(analogRead(1)/1023*5);
```

Um bei dieser Rechnung in Hinblick auf den geringen Speicherplatz auf Fließpunktarithmetik zu verzichten, wird besser mit Ganzzahloperationen gerechnet. Die mittlere Zeile wird ersetzt mit

```
long l=analogRead(1)*5;
DigiKeyboard.print(l/1023);
DigiKeyboard.print(',');
DigiKeyboard.println(l%1023);
```

Mit Division und Modulo bekommt man die Spannung mit Nachkommastellen. Das Zeichen dazwischen ist hier das Komma, was aber bei Bedarf in einen Punkt geändert werden kann.

1.4.6 DIGISPARK: SPANNUNGS-ZEIT-MESSWERTE

Für ein Spannungs-Zeit-Diagramm kann zusätzlich die verstrichene Zeit registriert werden. Die Funktion *millis()* liefert die Zeit in Millisekunden, die nach dem Start des Programms verstrichen ist. Die einfachste Implementierung wäre somit:

```
long l=analogRead(1)*5;
DigiKeyboard.print(millis()/1000);
DigiKeyboard.print("\t");
DigiKeyboard.print(l/1023);
DigiKeyboard.print(',');
DigiKeyboard.println(l%1023);
```

Direkt nach der Spannungsmessung erfolgt die Zeitausgabe in Sekunden. Die Sequenz "\t" gibt ein Tabulatorzeichen aus. Im Anschluss erfolgt die Umrechnung, wie oben bereits geschehen. Jetzt können entsprechende Tabellen "geschrieben" - und bei Bedarf mit einer beliebigen Anwendung graphisch dargestellt werden.

Abbildung 65: Nachkommastellen der Spannungsmessung

1.4.7 DIGISPARK: TEMPERATUR MIT LM35

Eine einfache Temperaturmessung ist mit dem Sensor LM35 möglich. Seine drei Anschlüsse sind Spannungsversorgung Vcc, Masse Gnd und der Messwertausgang. Der einfachste Fall liegt vor, wenn nur positive Temperaturen in °C gemessen werden sollen. Dann reicht die einfache Verschaltung der drei Anschlüsse.

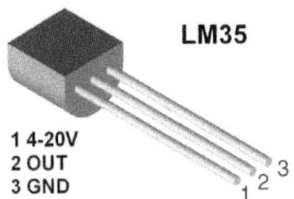

1 4-20V
2 OUT
3 GND

Abbildung 66: Analoger Temperatursensor LM35

Da der Sensor nur eine geringe Stromaufnahme erzeugt, soll die Spannungsversorgung mittels Digitalausgang am Digispark erfolgen. Auch die Massenverbindung soll in diesem Beispiel schaltbar gestaltet werden. Entsprechende Leitungen bzw. Anschlüsse sind im Listing definiert:

```
#include "DigiKeyboard.h"
#define LED 1
#define VCC 1
#define ADC 2
#define GND 0
```

Pin 0 soll die Masse liefern, Pin 1 die Versorgungsspannung mit gleichzeitiger Anzeige des Zustandes per eingebauter LED. Die Messung erfolgt wieder an Pin 2. Durch diese Anordnung lässt sich der LM35 mit nur geringem Verbiegen der Beinchen direkt an den Digispark anschließen. Im Setup erfolgen die Festlegung der Ein- und Ausgänge, sowie das Setzen der Versorgungsspannung für den Sensor. Außerdem erfolgt die Umschaltung auf die interne Referenz von 1,1 Volt. Somit entspricht der Digitalwert 1024 einer Spannung von 1,1 Volt. Berücksichtigt man die Ungenauigkeit der Referenz und die Tatsache, dass hier keine Eichung erfolgen soll, könnte die Genauigkeit für viele Anwendungen ausreichen. Ein Digitalwert von z. B. 256 entspräche dann 25,6 °C.

```
void setup()
{pinMode(VCC, OUTPUT);
 pinMode(ADC, INPUT);
 pinMode(GND, OUTPUT);
```

```
digitalWrite(VCC, HIGH);
digitalWrite(GND, LOW);
analogReference(INTERNAL1V1);
}
```

Es soll weiterhin etwa alle 5 Sekunden eine Messung erfolgen. In der Schleife erfolgt nun eine sensorabhängige Umrechnung der Analogspannung, da die Temperatur in °C der Spannung in mV entspricht.

```
void loop()
{DigiKeyboard.sendKeyStroke(0);
 digitalWrite(VCC, HIGH);
 DigiKeyboard.delay(1000);
 unsigned long l=analogRead(1);
 DigiKeyboard.print(l/10);
 DigiKeyboard.print(',');
 DigiKeyboard.println(l%10);
 digitalWrite(VCC, LOW);
 DigiKeyboard.delay(4000);
}
```

1.4.8 DIGISPARK: TEMPERATUR INTERN

Die Elektronik des Digispark mit dem Attiny85 enthält einen internen Temperatursensor, der sehr gut für kleinere Experimente geeignet ist. Dadurch, dass sich die Elektronik betriebsbedingt erwärmt, sind eventuell kleinere Korrekturen nötig. Wie der Sensor angesprochen wird, steht auf *https://digistump.com/wiki/digispark/quickref.*
Die Routine temp() liefert die Temperatur in °C.

```
int temp()
{analogReference(INTERNAL1V1);
 int raw = analogRead(A0+15);
 raw -= 7; // used to calibrate
 int in_c = raw - 273; // celcius
 analogReference(DEFAULT);
 return in_c;
}
```

Die Referenz wird umgeschaltet und anschließend ein Temperaturwert in Kelvin aus Analoganschluss A0+15 gelesen, entsprechend dem benutzen Chip mit -7 K kalibriert und als ganzzahliger Temperaturwert in Celsius zurückgegeben. Die Messschleife sieht dann wie folgt aus:

```
void loop()
{DigiKeyboard.sendKeyStroke(0);
 digitalWrite(LED, HIGH);
 DigiKeyboard.println(temp());
 DigiKeyboard.delay(1000);;
 digitalWrite(LED, LOW);
 DigiKeyboard.delay(4000);
}
```

Die LED zeigt am Digispark an, wenn gemessen wird. Nach dem Start des Programms wird die On-Board-Temperatur über den USB-Anschluss dem Smartphone oder Tablet als Tastatureingaben übermittelt. Es steht noch genügend Speicher zur Verfügung, um gegebenenfalls auch hier die Messzeit mit zu übertragen.

1.4.9 DIGISPARK: AUFHEIZKURVE/AUFLADEKURVE

Temperaturstrecken bzw. Regelstrecken verschiedener Ordnung lassen sich elektrisch durch entsprechende Kapazitäten und Widerstände nachbilden. Die Wärmekapazität findet ihre elektrische Analogie in Form eines Kondensators und der Wärmewiderstand als Übergangswert findet durch einen elektrischen Widerstand die entsprechende Analogie. Der Spannungsverlauf der Aufladekurve eines elektrischen Kondensators entspricht der Aufheizkurve einer Temperaturstrecke 1. Ordnung und wird durch folgende Gleichung beschrieben:

$$u(t) = u_0\left(1 - e^{-t/\tau}\right)$$

Stellt man eine solche Funktion mit $\tau = 1$ über 5 Sekunden graphisch dar, so entsteht zum Beispiel ein solcher Graph:

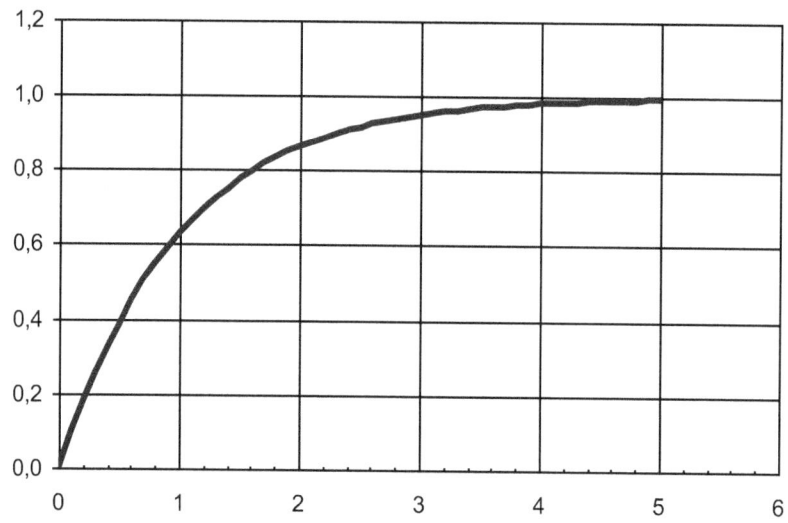

Abbildung 67: Aufheiz- oder Aufladekurve

In der Praxis weicht der Verlauf üblicherweise durch verschiedene Mess-fehler mehr oder weniger von dieser theoretisch idealen Kurve ab. Den-noch soll versucht werden, mit diesem "kleinsten Arduino der Welt" eine solche Kurve zu messen und zu übertragen. Eine Darstellung und Aus-wertung sollte dann, falls nötig, aus Gründen des Speicherplatzes im empfangendem Smartphone oder Tablet erfolgen.

Wie bereits weiter oben beim Temperatursensor LM35 gezeigt, soll ein Digitalausgang, der von 0 Volt auf 5 Volt umgeschaltet wird, als steuer-bare Spannungsquelle dienen. Die Masse wird hier einmalig auf 0 Volt gesetzt, könnte aber auch fest mit GND verbunden werden. Der Ana-logeingang von Pin 2 (ADC 0) nimmt die Spannung am Kondensator auf. Das Listing weiter unten enthält die konkreten Anschlüsse.

Um Messdaten als Spannungswert mit Nachkommastellen im USB-Keyboard-Modus zu übertragen wird die Routine *Key*() benutzt, um den Sketch übersichtlicher zu gestalten. Weiterhin kommt keinerlei Fließ-punktarithmetik zum Einsatz. Der Gesamtablauf hat folgenden Aufbau:

- Spannung einschalten
- Wiederhole
  - Spannung messen
  - Messwert übertragen
  - Etwas warten
- solange der Kondensator nicht fast voll ist
- Spannung ausschalten
- Wiederhole
  - Spannung messen
  - Etwas warten
- solange der Kondensator nicht fast leer ist
- 5 Sekunden warten/entladen

Als Sketch/Programm für den Digispark gestaltet sich die Umsetzung in folgender Syntax:

```
#include "DigiKeyboard.h"
#define VCC 1
#define ADC 2
#define GND 0

void setup()
{pinMode(VCC, OUTPUT);
 pinMode(ADC, INPUT);
 pinMode(GND, OUTPUT);
 digitalWrite(GND, LOW);
}

void Key(long value)
{DigiKeyboard.print(value/1023);
 DigiKeyboard.print(',');
 DigiKeyboard.println(value%1023);
}

void loop()
{long wert;
 DigiKeyboard.sendKeyStroke(0);
 digitalWrite(VCC, HIGH);
 do
  {wert=analogRead(1)*5;
   Key(wert);
   DigiKeyboard.delay(500);
  }while (wert/5>50);
 DigiKeyboard.sendKeyStroke(0);
```

```
digitalWrite(VCC, LOW);
do
  {wert=analogRead(1)*5;
   DigiKeyboard.delay(200);
  }while (wert/5<985);
 DigiKeyboard.delay(5000);
}
```

Während der Auflade-Phase, also während Pin 1 auf 5 Volt gelegt ist, leuchtet auch die daran angeschlossene LED. Ohne Messwertabnahme verhält sich das Programm wie ein Blink-Sketch, bei dem die Frequenz durch das Produkt aus R mal C (tau) festgelegt wird. Mit den Bauteilen C = 1000 µF und R = 3 kΩ entstehen dann entsprechende Verläufe.

1.4.10 DIGISPARK: ENTLADEKURVE/ABKÜHLKURVE

Wird eine Wärmequelle abgeschaltet, so folgt der Temperaturverlauf oft einer Exponentialfunktion. Genauso verhält es sich auch, wenn die Spannungsquelle der R/C-Kombination abgeschaltet wird. Um nur die Abklingkurve zu registrieren, muss lediglich die Key(wert)-Anweisung in die untere Wiederholung verschoben werden. Das Ergebnis bei 1000 µF und 2000 Ω und einem Messintervall von grob 0,5 Sekunden hat folgenden Verlauf:

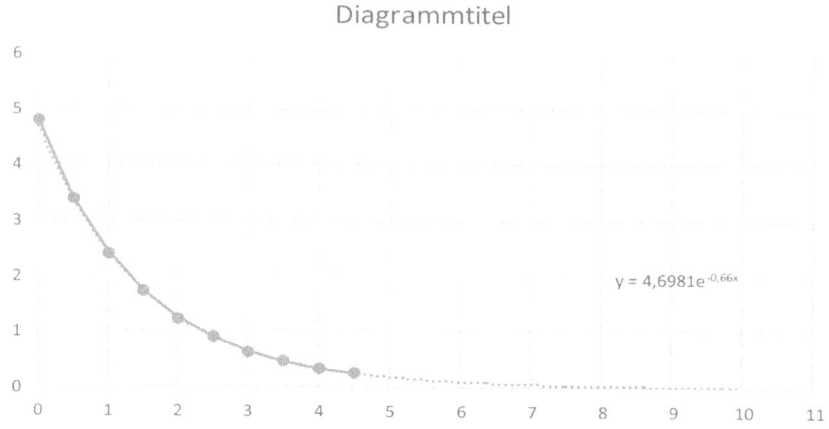

Abbildung 68: Abkühlkurve oder Entladeverlauf

1.4.11 DIGISPARK: SOFTSERIAL

Mit dem Digispark lassen sich auch Daten seriell übertragen. Beim Arduino ist *Serial.print* ein beliebtes Hilfsmittel, um Ergebnisse des Pro-
grammablaufs sichtbar zu machen. Auf diese Art funktioniert das beim
Digispark nicht, da dort kein USB zu Seriell-Baustein vorhanden ist. Den-
noch können die Digitalanschlüsse als Rx/Tx-Leitungen mit TTL-Pegel
geschaltet bzw. programmiert werden. Somit kann sich der Digispark
auch über diesen Weg mit entsprechenden Komponenten verbinden.
Einige Module mit TTL-Serial sind:

- Arduino
- Esp8266
- FTDI-Adapter
- GPS-Empfänger
- HC-Bluetooth-Adapter

1.4.12 DIGISPARK: BLUETOOTH

In [2] wurde gezeigt, wie mit einem Arduino eine LED vom Smartphone
aus via Bluetooth geschaltet werden kann. Dieses Programm für den
Arduino soll mit minimalen Anpassungen mit dem Digispark zum selben
Ergebnis führen. Dazu soll auf Seiten des Smartphones keinerlei Änderung erfolgen. Der damals verwendete Bolutek-Bluetooth-Adapter wird
durch den weit verbreiteten HC06 ersetzt.

Zunächst soll die Verbindung mit einem „Hallo Digispark" getestet werden. Wenn diese Meldung auf dem Smartphone via Bluetooth drahtlos
empfangen werden kann, ist die Anpassung des alten Arduino-Sketches
an der Reihe. Mit RX an Pin 2 und TX an Pin 3 ist USB nicht mehr möglich, aber auch nicht mehr gewünscht. Wie beim Arduino wird die Bibliothek „SoftSerial" eingebunden. Nun folgt die besonders für den Digispark
benötigte „TinyPinChange"-Bibliothek. Nach Festlegung der Anschlüsse
wird ein SoftSerial-Objekt angelegt.

```
#include <SoftSerial.h>
#include <TinyPinChange.h>
#define   RX    2
#define   TX    3

SoftSerial mySerial(RX, TX);
```

```
#define Serial mySerial

void setup()
{Serial.begin(9600);
}

void loop()
{Serial.println("Hallo Digispark");
 delay(1000);
}
```

Der *HC06* ist per Voreinstellung auf 9600 Baud eingestellt und darum wird hier die serielle Schnittstelle mit dieser Geschwindigkeit betrieben. Der Rest ist eine wiederholte Ausgabe im Sekundentakt. Wird der Digispark per USB mit Spannung versorgt, so kann auch der HC06 seine Versorgung darüber beziehen. Für den Sende- und Empfangsbetrieb sind also vier Verbindungen zwischen Digispark und HC06 notwendig.

Digispark	HC06
5V	Vcc
Gnd	Gnd
Pin 2 (RX)	TX
Pin 3 (TX)	RX

1.4.13 DIGISPARK: STEUERN MIT BLUETOOTH AN/AUS

Im Jahr 2014 entstand der Beitrag mit dem Arduino und einem Bolutek-Bluetooth-Adapter. Dieser Abschnitt http://www.hjberndt.de/soft/android/indexbolu.html wurde später in [2] aufgenommen. Hier wird also nur die Hardware nochmals drastisch im Preis reduziert. Der Sketch für den Arduino kann nun im Wesentlichen übernommen werden. Die ursprüngliche Quelle war damals http://english.cxem.net/arduino/arduino5.php. Lediglich die LED wird beim Digispark über Pin 1 angesprochen.

```
#include <SoftSerial.h>
#include <TinyPinChange.h>
#define RX   2
#define TX   3

SoftSerial mySerial(RX, TX);
#define Serial mySerial
```

```
char incomingByte; // incoming data
int LED = 1; // LED pin

void setup()
{Serial.begin(9600); // initialization
 pinMode(LED, OUTPUT);
 Serial.println("Press 1 to LED ON or 0 to LED OFF...");
}

void loop()
{if (Serial.available() > 0)
 {// if the data came
  incomingByte = Serial.read(); // read byte
  if(incomingByte == '0')
  {digitalWrite(LED, LOW); // if 1, switch LED Off
    Serial.println("LED OFF. Press 1 to LED ON!"); //
print message
   }
  if(incomingByte == '1')
  {digitalWrite(LED, HIGH); // if 0, switch LED on
   Serial.println("LED ON. Press 0 to LED OFF!");
  }
 }
}
```

Im Originalquelltext musste nur durch das Löschen eines Zeichens aus der 13 eine 1 gemacht werden. Die sechs ersten Zeilen sorgen für die serielle Kommunikation und Kompatibilität des Digispark.

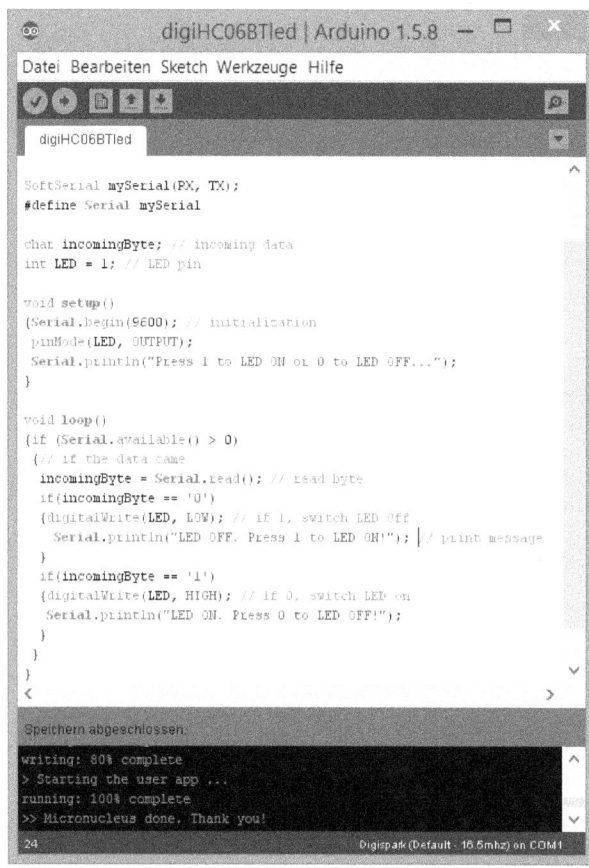

Abbildung 69:
Schalten einer LED über
Bluetooth mit Digispark

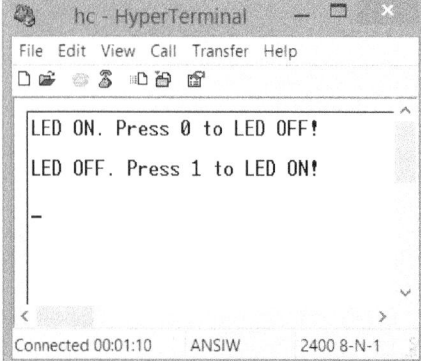

Abbildung 70: Hyperterminal mit
Digispark-Bluetooth

Das alte Hyperterminal funktioniert auch mit Bluetooth. Die Übertragungsrate wird automatisch erkannt, sie wurde hier nicht eingestellt.
Lediglich die Nummer des COM muss bekannt sein. Diese erhält man

unter Win 8.1 bei den Bluetooth-Einstellungen. Windows 8.1 tut sich manchmal etwas schwer mit dem HC06. Der erste Verbindungsversuch liefert nicht immer sofort das gewünschte Ergebnis. Bei *RealTerm* funktioniert das meist beim ersten Versuch, wenn auch nach einer gewissen Gedenkpause.

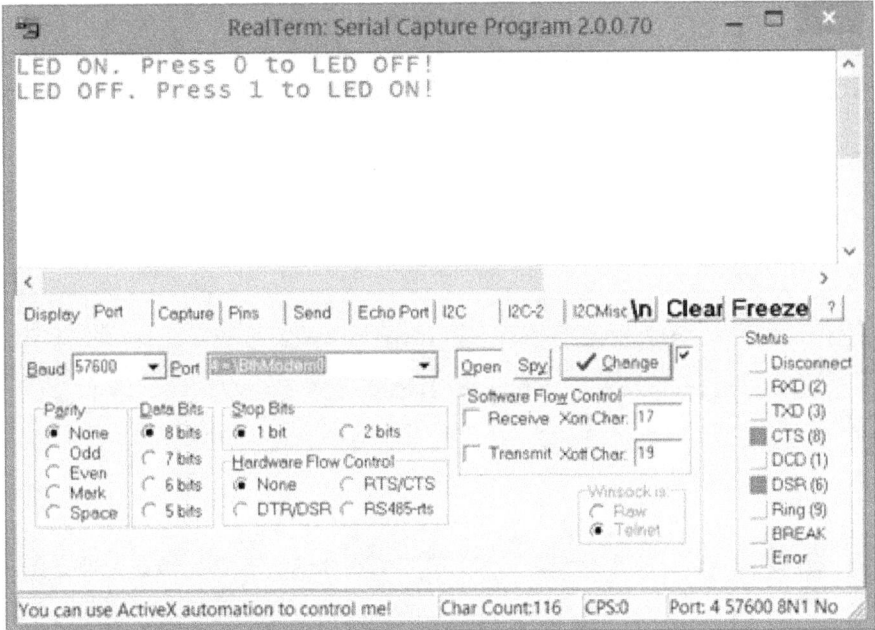

Abbildung 71: Digispark mit Bluetooth in RealTerm

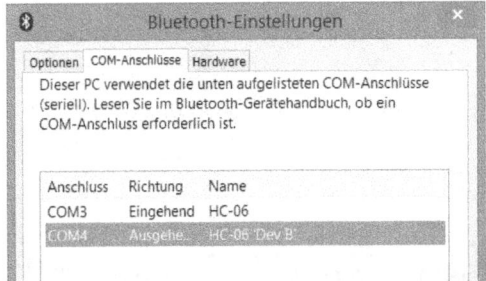

Abbildung 72: COM-Verbindung via Bluetooth finden in Win 8.1

RealTerm unter Windows kommt auch mit Bluetooth zurecht, kann aber noch viel mehr. Ein sehr kurzer Abriss findet man im Abschnitt 2 „Softwareelemente" in diesem Buch. Auch zu VBS gibt es dort einige Erläuterungen.

Auf dem Android Smartphone oder Tablet gibt es viele gratis Applikatio-nen, die die Steuerung auf diese Art erlauben. Einige kamen bereits in [2] zum Einsatz.

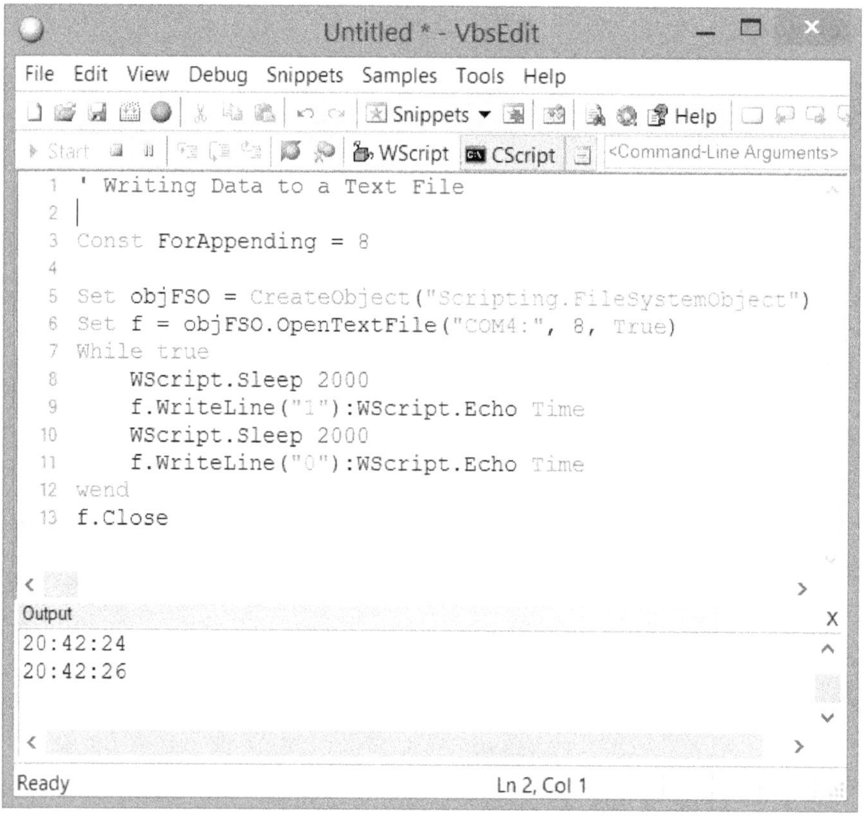

```
' Writing Data to a Text File

Const ForAppending = 8

Set objFSO = CreateObject("Scripting.FileSystemObject")
Set f = objFSO.OpenTextFile("COM4:", 8, True)
While true
    WScript.Sleep 2000
    f.WriteLine("1"):WScript.Echo Time
    WScript.Sleep 2000
    f.WriteLine("0"):WScript.Echo Time
wend
f.Close
```

Output
```
20:42:24
20:42:26
```

Abbildung 73: Blink-Steuerung in VBScript

```
' Writing Data to a Text File

Const ForAppending = 8

Set objFSO = CreateObject("Scripting.FileSystemObject")
Set f = objFSO.OpenTextFile("COM4:", 8, True)
While True
    WScript.Sleep 2000
    f.WriteLine("1"):WScript.Echo Time
    WScript.Sleep 2000
    f.WriteLine("0"):WScript.Echo Time
Wend
```

```
f.Close
```

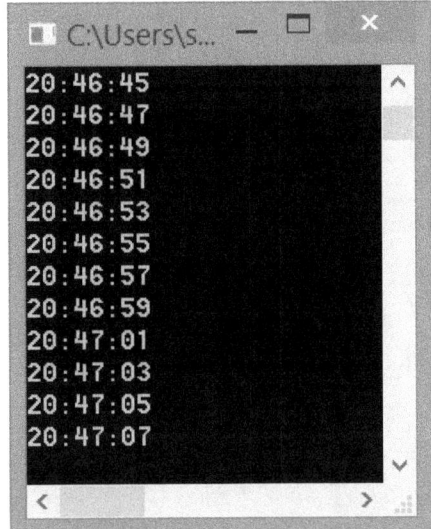

*Abbildung 74: VBS und Konsolen-
fenster*

1.4.14 DIGISPARK: STEUERN MIT BLUETOOTH PWM

Ein Auszug der Dokumentation auf Digistump sagt:

*All pins can be used as Digital I/O
Pin 1 → PWM (LED on Model A)*

Also kann die LED auch in ihrer Helligkeit stufenlos gesteuert werden.
Ein erster Test soll die Helligkeit langsam ansteigen lassen. Der Sketch
kann kurz bleiben.

```
void setup() {} // nichts zu tun

void loop()
{for (int i=0;i<256;i++)analogWrite(1,i);
}
```

Der Sketch verwendet 606 Bytes (10%) des Programmspeicherplat-
zes. Das Maximum sind 6.012 Bytes.

Globale Variablen verwenden 9 Bytes des dynamischen Speichers.

Das hätte auch in den 1k-ZX81 gepasst - rein von der Größe. Allerdings ist das Ergebnis enttäuschend. Scheinbar funktioniert der Sketch nicht so wie erwartet. Dem ist jedoch nicht so, der Digispark ist einfach zu schnell!

Mit einer Verzögerung von 10 ms läuft alles wie erwartet.

```
void loop()
{for (int
i=0;i<256;i++){analogWrite(1,i);delay(10);}
}
```

oder damit alles etwas flüssiger aussieht ein Auf und Ab mit folgender Variante

```
void loop()
{for (int i=0; i<256; i++)
 {analogWrite(1,i);delay(10);}
 for (int i=254;i>0;i--)
 {analogWrite(1,i);delay(10);}
}
```

Eine Steuerung über Smartphone oder Tablet erfordert irgend eine Verbindung zwischen den beiden Geräten. Als einfachste drahtlose Verbindung bietet sich beim Digispark SoftSerial und der HC-06 Bluetooth-Adapter an. Auf Seiten des Digispark erfordert dies die Einbindung der seriellen Routinen zum Empfang der Steuerbefehle. Auf dem Smartphone/Tablet kann ein Bluetooth-Terminal als fertige App - wie schon an anderer Stelle - zum Ziel führen. Da für diese Steuerung nicht mehr nur zwei Zeichen ausreichen, muss eine andere Empfangstechnik her. Die Helligkeit soll mit 3 Ziffern gesteuert werden, es werden Werte im Bereich 000 bis 255 entgegen genommen. Der Grund für diese Wahl ist die kostenlose Android-App BlueTooth Serial Commander aus dem Play-Store, die auf dem Smartphone zum Einsatz kommt.

Im Abschnitt Regelung mit dem Digispark wird eine Methode vorgestellt per Eingabe Werte zu übergeben, die mit einem Zeilenvorschub abgeschlossen werden. Die Android-App sendet jedoch bei Benutzung des Sliders kein Zeilenende-Zeichen.

1.4.15 DIGISPARK: CDC: SERIALUSB

Mit dem Digispark ist es auch möglich eine virtuelle serielle Schnittstelle über USB zu realisieren. Unter

```
https://digistump.com/wiki/digispark/tutorials/digicdc
```

findet man die entsprechenden englischen Ausführungen: *"The DigiCDC library allows the Digispark or Digispark Pro to appear to a computer as a Virtual Serial Port when connected by USB. This makes it appear just like a standard Arduino and allows the use of the Serial Monitor built into the Arduino IDE."*

Somit soll sich ein Digispark quasi wie eine Art FTDI-Adapter verhalten und wie ein Arduino seriell über eine USB-Schnittstelle kommunizieren können. Dies funktioniert nach eigenen Versuchen unter Windows 7/32 gut, nicht jedoch unter Winows 8.1/32. Das Smartphone mit Android 4.x macht keine Probleme, weshalb hier ein entsprechendes Testprogramm aufgeführt wird.

Unter *Datei/Beispiele/DigisparkCDC/* findet man das Beispiel CDC_LED, welches hier ohne Kommentare übernommen wird.

```
#include <DigiCDC.h>
#define LED 1
void setup()
{SerialUSB.begin();
 pinMode(LED,OUTPUT);
}

void loop()
{if(SerialUSB.available())
 {char input = SerialUSB.read();
  if(input == '0') digitalWrite(LED,LOW);
  else if(input == '1') digitalWrite(LED,HIGH);
 }
 SerialUSB.delay(100);
}
```

Das Programm schaltet wieder die LED des Digispark und zeigt somit eine dritte Variante mit der kleinen Platine in Verbindung zu treten. Die

serielle Schnittstelle nennt sich SerialUSB und soll sich wie die ursprüngliche Schnittstelle verhalten. Eine Übertragungsrate wird nicht benötigt,
darum fehlt der Übergabeparameter bei *SerialUSB.begin()*. Ansonsten
wird im Beispiel nur abgefragt, ob eine "1" oder eine "0" empfangen
wird, um die LED entsprechend an- oder auszuschalten.

Wenn nun noch der *Android USB Serial Monitor Lite* aus dem Play-Store
auf dem Smartphone installiert wird, kann der Test erfolgen. Der
Hostadapter verbindet den Digispark mit dem USB-Anschluss des
Smartphones.

*Abbildung 75: Wird im Dialog
zugestimmt, kann die LED durch
die Eingabe einer 0 oder einer 1
geschaltet werden.*

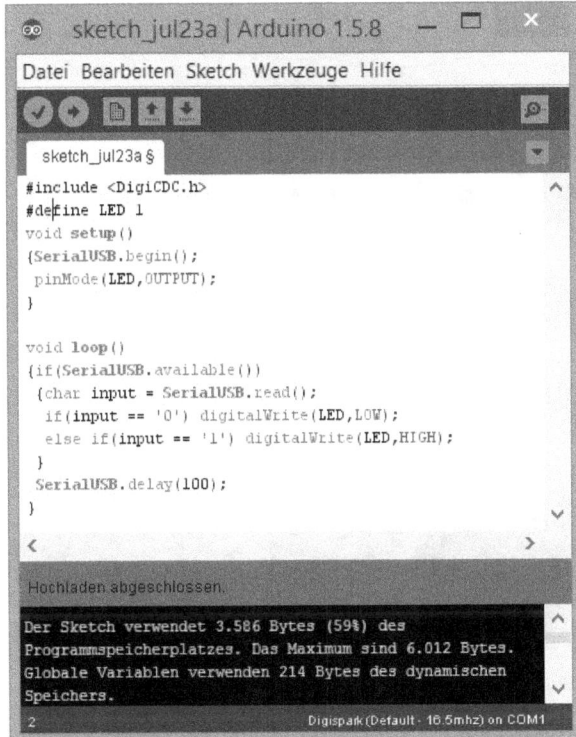

Abbildung 76:
Virtuelle Digispark-
USB-Schnittstelle in
der Arduino IDE

Die Grenzen dieses Verfahrens bei gegebener Hardware kann bei der Ausgabe im Sekundentakt beobachtet werden. Die zweistelligen Sekunden treffen langsam ein. Bei einem zusätzlichen Zeilenvorschub verweigerte sich die Ausgabe.

Abbildung 77:
USB/Smartphone empfängt sekunden-
weise Daten des Digispark

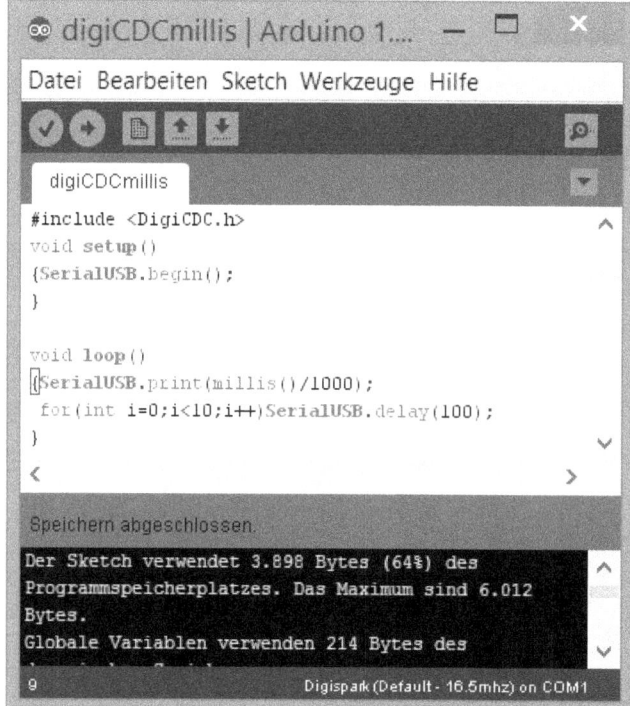

Abbildung 78:
Ausgabetest mit Zeit-
angaben

Das Smartphone konnte nach 9 Sekunden in Verbindung treten, wegen der notwendigen manuellen Bedienung der App. Danach laufen die Sekunden hintereinander ein.

Aufgrund der technischen und praktischen Randbedingungen wird dieser Weg der Kommunikation mit dem Digispark1 nicht weiter verfolgt.

1.4.16 DIGISPARK: BLUETOOTH-KEYBOARD

Betrachtet man die Möglichkeiten des Digispark, so kommt man vielleicht auf die Idee die USB-Keyboard-Möglichkeiten mit denen der SoftSerial-Möglichkeiten zu kombinieren. Zumindest zwei Personen hatten diesen Einfall und wollten über Bluetooth (HC-Modul) und SoftSerial den Digispark quasi als Bluetooth-Tastatur mit USB-Anschluss betreiben. Dabei stellten sich jedoch Probleme bezüglich der Interrupt-Anschlüsse bei beiden Verfahren ein. Die Originalbibliotheken erlaubten nur entweder USB-Keyboard oder *SoftSerial*. Im Forum (JRios « Reply #7 on: February 05, 2016, 02:02:52 pm »)

https://digistump.com/board/index.php?topic=1956.0

traf man sich und es entstand eine neue Bibliothek für genau dieses Problem. Dieses Werk namens SoftSerial-INT0 ist bei *github* unter

https://github.com/J-Rios/Digispark_SoftSerial-INT0

erhältlich. Wenn diese Bibliothek unter *libraries* (z. B. `C:\Users\...\Documents\Arduino\libraries`) hinzugefügt wird, kann eines der Beispiele ausprobiert werden. Hier ein einfaches Bluetooth-Echo:

```
#include <SoftSerial_INT0.h>
#define P_RX 2
#define P_TX 1
SoftSerial Bluetooth(P_RX, P_TX);

void setup()
{Bluetooth.begin(9600);
}

void loop()
{if(Bluetooth.available())
 Bluetooth.write(Bluetooth.read());
 delay(100);
}
```

Eine TinyPinChange-Bibliothek entfällt. Dieser einfache Test überprüft nur die Funktionalität der modifizierten *SoftSerial-Library*. Als Anschluss für RX wird hier Pin 2 benutzt, Pin 1 ist als TX geschaltet. Verbindet man Digispark und das *HC-06* Modul über Kreuz, also TX mit RX und umgekehrt, sollten alle Zeichen in einer Terminal-App doppelt erscheinen.

Abbildung 79: Eigenes Echo im BlueTerm (Android) auf dem Smartphone

Nun stören sich die Anschlüsse nicht mehr und das zweite Beispiel mit dem Namen Bluetooth-Keyboard kann geladen werden. Als zweite Bibliothek wird die unveränderte "DigiKeyboard" für die USB-Tastatur eingebunden.

Nach der Übertragung, der Keyboarderkennung und der Bluetooth-Verbindung, lassen sich nun einem Gerät, welches USB-Tastaturen erlaubt (z. B. ein Windows-Tablet) von einem anderen Gerät (z. B. einem Smartphone) über Bluetooth Tastaturanschläge zwecks Steuerung zusenden. Im Beispiel werden die drei Großbuchstaben A, B und C abgefangen und entsprechende Sequenzen geschrieben.

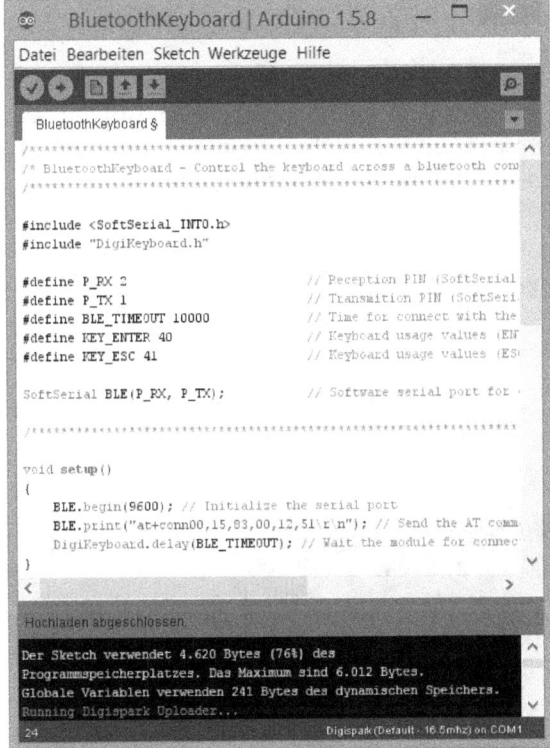

Abbildung 80:
Digispark-
Blauzahntastatur in
der IDE

1.4.17 DIGISPARK: I²C-OLED-ANZEIGE

Eine kleine OLED-Anzeige mit I2C-Ansteuerung passt nicht nur qua Geometrie gut zum Digispark. Die Ansteuerung mit nur zwei Leitungen lädt quasi dazu ein, einfache Ausgaben direkt auch ohne Smartphone oder Tablet zur Anzeige zu bringen. Als erster Test soll die Spannungsanzeige von Pin 2, sowie die verstrichene Zeit zur Anzeige gebracht werden. Teile des Quelltextes sind identisch mit der Ausgabe via USB-Keyboard. Die OLED- Anpassungen kommen aus dem Beispielsketch DigisparkOLED.

Abbildung 81: OLED-Anzeige am Digispark (Funkuhrprojekt)

Die einzubindenden Bibliotheken nennen sich

```
#include <DigisparkOLED.h>
#include <Wire.h>
```

Nun müssen noch Überlegungen zu den zu benutzenden Pins (Anschlüssen) gemacht werden. Für die I²C Leitungen wird Pin 0 für *SDA* (data) und Pin 2 für *SCL* (clock) durch die Bibliothek festgelegt. An Pin 3 (ADC3) soll die Spannung gemessen werden. Damit sieht das Setup wie folgt aus.

```
void setup()
{oled.begin();
 oled.setFont(FONT8X16);
 oled.clear(); //all black
 pinMode(3, INPUT);
}
```

Die Messschleife kombiniert verschiedene Quelltexte neu

```
void loop()
{delay(500);
 oled.setCursor(0,0);
 oled.print(millis()/1000);
 delay(500);
 oled.setCursor(0, 4);
 long l=analogRead(3)*5; //ADC3
 oled.print(l/1023);
 oled.print(',');
 oled.print(l%1023);
 oled.print(" V");
}
```

Die Verbindung zum 1306er OLED ist dann mit vier Drähten sehr überschaubar:

Digispark	Oled1306 I2C
Masse	Masse
5 Volt	Vcc
Pin 0	SDA
Pin 2	SCL
Pin 3	Messeingang

In der ersten Zeile wird im Sekundentakt hoch gezählt, die zweite Zeile bleibt leer, in der dritten Zeile wird die Spannung an Pin 3 in Volt angegeben. Als Messbereich wird 5 Volt bei einer Auflösung von 10 Bit (ca. 5 mV) fest vorgegeben.

Da noch etwas Platz im Digispark-Speicher übrig ist, könnte in einer anderen Variante die interne Temperatur in °C angezeigt werden. Allerdings geht das alles etwas am Titel dieses Buches vorbei, denn das Smartphone bleibt außen vor. Mit den Ausführungen zum Digispark als USB-Keyboard sollte das bei Bedarf aber auch möglich sein, obwohl beides in einem Sketch hier bei der internen Temperaturmessung zu Problemen führte.

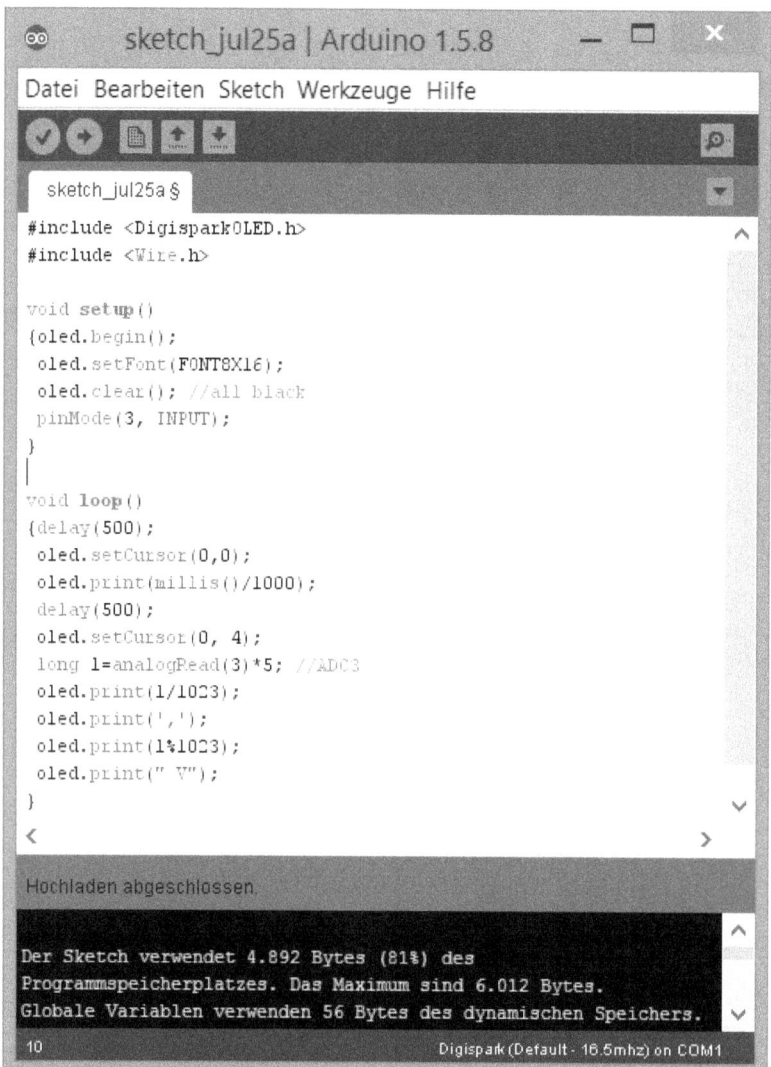

Abbildung 82: OLED-Ansteuerung mit I2C-Verbindung

Auch das Gesamt-Listing in der Arduino-IDE ist noch gerade übersichtlich.

1.4.18 DIGISPARK: REGELUNG

Soll eine Größe, wie zum Beispiel eine Temperatur, auf einem gewünschten vorgegebenen Wert gehalten werden, so spricht man von einer Regelung. Dabei muss die aktuelle Temperatur gemessen und mit dem gewünschten Wert verglichen werden. Bei einer Abweichung greift ein Regler entsprechend ein. Dieses Eingreifen kann stufenlos bzw. stetig, oder stufig bzw. unstetig erfolgen. Obwohl für die Arduino-IDE eine PID-Bibliothek existiert, die stetige Regelungen erlaubt, wird hier - auch aus Speicherplatzgründen - die einfache unstetige Zweipunktregelung angewandt.

Das Prinzip des Zweipunktreglers ist in einfachen Backöfen, Kochplatten oder Bügeleisen zu finden. Auch so mancher Laptop-Lüfter kennt nur an und aus. Es wird zwischen zwei Punkten hin- und her geschaltet, wobei der sich einstellende Mittelwert dem gewünschten Sollwert entsprechen soll. Da sich eine Temperaturregelstrecke - wie weiter oben beschrieben - wie eine elektrische R/C-Kombination verhält, sehen die Aufheiz- und Abkühlkurven den Auf- und Entladekurven sehr ähnlich.

In einem ersten Versuch soll der Zweipunktregler ohne Lüfter programmiert werden. Dabei gibt es einen gewünschten Sollwert und zwei Schaltschwellen, die jeweils oberhalb und unterhalb des Sollwerts liegen. Diese Schaltdifferenz wird auch als Hysterese bezeichnet. Wird ein Sollwert von z. B. 28 °C gewählt, könnten die Schaltschwellen bei 30 °C (Lüfter an) und bei 26 °C (Lüfter aus) liegen. Die Hysterese wäre dann 4 Grad. Als Sensor dient der interne Temperaturgeber. Je nach Schaltschwelle soll zunächst nur die LED geschaltet werden und die Kühlung dann manuell erfolgen. Bei erfolgreichem Vorversuch kann dann ein Lüfter zum Einsatz kommen.

1.4.19 DIGISPARK: ZWEIPUNKTREGLER-BLUETOOTH

Bei der Entwicklung sind Statusinformationen der Regelung hilfreich. Da die direkte serielle Anbindung an die IDE beim Digispark nicht gegeben ist, soll zunächst die Kontrolle über Bluetooth/Smartphone erfolgen. Die OLED-Variante ist ebenfalls möglich, ist jedoch im Quelltext etwas unübersichtlicher. Der Quelltext gliedert sich in drei wesentliche Bereiche: Die Initialisierung, die Temperaturmessung und die Hauptschleife.

Die Hauptschleife ist der eigentliche Regler:

- Temperatur messen
- Wenn größer als die obere Schwelle, dann Lüfter an
- Wenn kleiner als die untere Schwelle dann Lüfter aus
- Kontrollausgaben
- Etwas warten

Umgesetzt in C sieht das dann in der Schleife wie folgt aus:

```c
void loop()
{int t= temp();
 if(t>hi)digitalWrite(OUT,HIGH);
 if(t<lo)digitalWrite(OUT,LOW);
 Serial.print(lo);Serial.print("\t");
 Serial.print(t); Serial.print("\t");
 Serial.print(hi);Serial.print("\t");
 Serial.println(digitalRead(OUT));
 delay(1000);
}
```

Die interne Temperaturmessung des Digispark wurde weiter oben bei der USB-Keyboard-Messung bereits benutzt und liefert unverändert die Temperatur in °C.

```c
int temp()
{analogReference(INTERNAL1V1);
 int raw = analogRead(A0+15);
 raw -= 7; // used to calibrate
 int in_c = raw - 273; // celcius
 analogReference(DEFAULT);
 return in_c;
}
```

Mit der entsprechenden Initialisierung am Anfang entsteht der erste Regelsketch.

```
#include <SoftSerial.h>
#include <TinyPinChange.h>
#define hi 30      //obere Schwelle
#define lo 26      //untere Schwelle
#define   RX   2   //BluetoothSerial
#define   TX   3 //BluetoothSerial
#define   OUT  1 //Lüfter/LED

SoftSerial mySerial(RX, TX);
#define Serial mySerial

void setup()
{Serial.begin(9600); //HC06 mit 9600
 pinMode(OUT, OUTPUT);
```

In der richtigen Reihenfolge und der richtigen Umgebung entsteht dann Abbildung 83.

Im Bluetooth-Terminal können die *Serial*-Ausgaben am Smartphone oder Tablet beobachtet werden, wenn ein HC06-Bluetooth-Adapter an Pin 2/3 des Digisparks verbunden ist.

Durch Pusten oder Wedeln kann die Temperatur von Hand eingestellt werden, eigentlich sollte dies ja ein Lüfter übernehmen. Mit einem ausgedienten CPU-Lüfter, einer Powerbank und einem Relais lässt sich nun eine kleine Lüfterregelung mit dem Digispark bauen. Die Wahl der Komponenten richtet sich nach deren Verfügbarkeit. Dabei steuert der Pin 1 (LED) vom Digispark ein 5 Volt-Relais. Dieses wiederum steuert den Lüfterstromkreis, der mit der einstellbaren Powerbank je nach gewünschter Lüfterleistung mit 5 bis 12 Volt betrieben wird. Bei einem geringen Strom kann ein Lüfter auch ohne Relais an Pin 1 betrieben werden, was hier allerdings wegen einer zu geringen Drehzahl nicht zum Ziel führt.

Abbildung 83: Sketch Digispark als Regler in der IDE

Abbildung 84: OLED-Digispark-Relais-Lüfter

1.4.20 DIGISPARK: ZWEIPUNKTREGLER-OLED

Ein Regler kommt eigentlich auch ohne Anzeige aus. Wenn aber zufällig ein kleines OLED-Display verfügbar ist, so können die Informationen und evtl. veränderte Einstellungen darauf angezeigt werden.

```
#include <DigisparkOLED.h>
#include <Wire.h>

#define hi 30      //obere Schwelle
#define lo 26      //untere Schwelle

void setup()
{oled.begin();
 oled.setFont(FONT8X16);
 oled.clear();
 pinMode(1, OUTPUT);
}

int temp()
{analogReference(INTERNAL1V1);
 int raw = analogRead(A0+15);
 raw -= 6;
 int in_c = raw - 273; // celcius
 analogReference(DEFAULT);
 return in_c;
}

void loop()
{delay(1000);
 int t= temp();
 oled.setCursor(0, 0);
 oled.print(millis()/1000);
 oled.setCursor(0, 2);
 oled.print(t);oled.print(" C");
 if(t>hi)digitalWrite(1,HIGH);
 if(t<lo)digitalWrite(1,LOW);
 oled.setCursor(0, 4);
 oled.print(lo);oled.print("\t");
 oled.print(t); oled.print("\t");
 oled.print(hi);oled.print("\t");
 oled.println(digitalRead(1));
}
```

1.4.21 DIGISPARK: ZWEIPUNKTREGLER EINSTELLBAR

Oder „Der gesteuerte Regler". Je nach Umgebungstemperatur kann sich der Testlauf umständlich gestalten, da während der Laufzeit keine Parameter geändert werden können. Via Bluetooth ist die Änderung von Sollwert und Hysterese programmtechnisch einfacher lösbar als über Drehschalter oder Taster auf einer Platine bzw. einem Breadboard. Zu diesem Zweck wird in der Hauptschleife nachgefragt, ob serielle Daten von außen verfügbar sind. Stimmen sie mit dem erwarteten Format überein, so wird der entsprechende Parameter bzw. die entsprechende Variable geändert. Im Regler-Beispiel sollen dies der Sollwert und die Hysterese sein. Um den Sketch hier nicht zu lang werden zu lassen, findet keine Überprüfung der Plausibilität statt. Der Benutzer trägt also die volle Verantwortung. Wegen der besseren Übersicht findet dies alles in einer eigenen Routine statt.

```
void processSerial()
{if(!Serial.available())return;
 if(Serial.find("S"))soll=Serial.parseInt();
 if(Serial.find("H"))hyst=Serial.parseInt();
}
```

Wird via Bluetooth, oder einem anderen seriellen Gerät eine Zeichenkette gesendet, die mit "S" beginnt, so wird der Sollwert gesetzt, bei einem "H" die Hysterese. Ein "S40" setzt einen Sollwert von 40 °C, ein "H2" die Hysterese auf 2 Grad. Damit ergeben sich die Schaltschwellen zu 41 °C und 39 °C.

Die beiden konstanten Definitionen lo/hi entfallen und werden durch soll/hyst-Variablen ersetzt. Damit ergibt sich ein veränderter Sketch.

Leider sind die beiden Methoden *find* und *parseint* bei *SoftSerial* nicht implementiert, so dass dieser einfache Weg nicht gangbar ist. Auch die Methode *readuntil* ist nicht verfügbar. Darum werden zwei eigene Routinen konstruiert, die Abhilfe schaffen sollen. Ein einfaches eigenes *readuntil* soll Zeichen von der Schnittstelle lesen und in ein Array schreiben bis ein definiertes Endzeichen auftritt. Ein Timeout ist nicht vorgesehen. Die Routine reagiert ähnlich, wie ein Input in alten Basic-Systemen. Der Sketch hält an, bis die Eingabe erfolgt ist. Übergabeparameter sind das Endzeichen, das Array und die Größe des Arrays. Zurückgeliefert wird die Anzahl der im Array abgelegten Zeichen, ohne das Endzeichen. Die Zeichenkette ist nullterminiert. Das eigene *processSerial* prüft, ob Zeichen vorliegen. Falls dies der Fall ist, werden mit Hilfe von *readuntil* maximal 20 Zeichen mit einem abschließenden "Return" (Linefeed) eingelesen und analysiert. Wird ein korrekter Parameter erkannt, so wird die entsprechende Variable (z. B. soll) neu gesetzt. Die komfortable Methode *sscanf* benötigt überraschend wenig Speicherplatz und wird hier aus Bequemlichkeit als *parseint*-Ersatz eingesetzt.

```
#include <SoftSerial.h>
#include <TinyPinChange.h>

#define   RX    2 //BluetoothSerial
#define   TX    3 //BluetoothSerial
#define   OUT   1 //Lüfter/LED

SoftSerial mySerial(RX, TX);
#define Serial mySerial

int soll=28;
int hyst=04;

void setup()
{Serial.begin(9600); //HC06 mit 9600
 pinMode(OUT, OUTPUT);
}

void loop()
{processSerial();
 int t= temp();
 int lo=soll-hyst/2;
 int hi=soll+hyst/2;
 if(t>=hi)digitalWrite(OUT,HIGH);
 if(t<=lo)digitalWrite(OUT,LOW);
 Serial.print(lo);Serial.print("\t");
 Serial.print(t); Serial.print("\t");
 Serial.print(hi);Serial.print("\t");
 Serial.println(digitalRead(OUT));
 delay(1000);
}

int temp()
{analogReference(INTERNAL1V1);
 int raw = analogRead(A0+15);
 raw -= 6;
 int in_c = raw - 273; // celcius
```

```
 analogReference(DEFAULT);
 return in_c;
}


//------ Erastzroutinen ---------------

int readuntil (char ct,char *s, int len)
{int ix=0;char c;
 do
 {c=Serial.read();
  if(c!=-1)s[ix++]=c;
  if (ix>=len)return ix;
 }while(c!=ct);
 if(ix>0)ix--;
 s[ix]=0;
 return ix;
}

void processSerial()
{char s[20];int i;
 if(!Serial.available())return;
 readuntil('\n',s,20);
 if(1==sscanf(s,"S%d",&i))soll=i;
 if(1==sscanf(s,"H%d",&i))hyst=i;
}
```

Der Sketch zeigt nach dem Start in einer Zeile folgende Daten an:

```
Untere Schaltschwelle
Istwert
Obere Schaltschwelle
Pin 1
```

In Zahlen ausgedrückt sieht das dann nebeneinander beispielsweise aus wie:

```
22    20    24    0
```

Hier wäre die untere Schwelle 22 °C, die gemessene Temperatur 20 °C und die obere Schaltschwelle 24 °C. Da die obere Schwelle noch nicht erreicht ist, bleibt der Lüfter an Pin 1 aus (0).

Ist nun das Smartphone oder Tablet mit dem *HC06-Bluetooth-Adapter* am Digispark verbunden, kann der Sollwert von dort aus geändert werden. Mit der Eingabe "S15" und Return wird der Sollwert auf 15 °C gesetzt. Ein "H2" setzt eine Hysterese von 2 Grad, wodurch die Schaltschwellen jeweils ein Grad über und unter dem Sollwert gelegt werden:

```
14    20    16    1
```

Ausgehend von einem unveränderten Istwert von 20 °C sollte nun der Regler den Lüfter an Pin 1 anschalten, da die gemessene Temperatur über dem oberen Schaltpunkt von 16 °C liegt. Auf diese Art und Weise lässt sich spielerisch der Einfluss der Hysterese auf die Schaltfrequenz untersuchen.

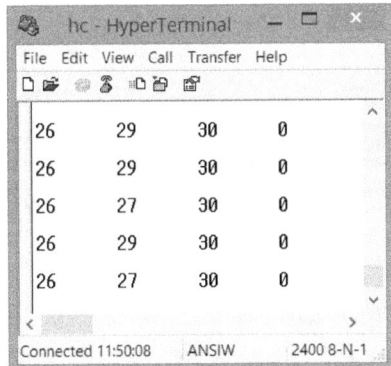

Abbildung 85: Regelungsüberwachung in Hyperterminal

Hier die Abbildungen von *Hyperterminal* unter Win8.1/32 auf einem *Venue Pro 8 Tablet* an COM4: mit automatischer Baudrate in Verbindung mit dem *Bluetooth-Adapter HC06*. Die Übertragung vom Terminal muss mit einem Linefeed (Zeilenvorschub) abgeschlossen werden, da sonst die Routine *readuntil* im Digispark nicht zurückkehrt. Die entsprechende Einstellung findet man bei der englischen HT-Version unter *File/Properties/Settings/ASCII-Setup*.

Mit dem *Bluetooth-Terminal* aus dem Android PlayStore entstehen auf dem Smartphone ähnliche Screenshots.

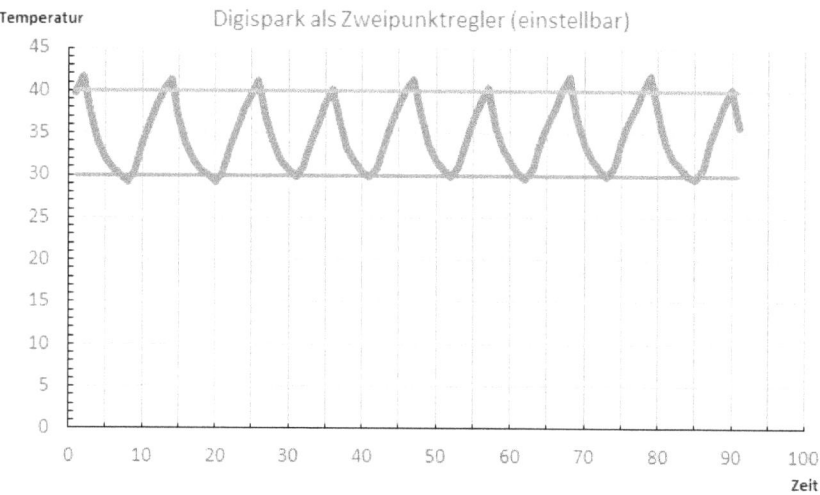

Abbildung 86: Digispark als Zweipunktregler mit einstellbarer Hysterese (Excel-Grafik)

1.4.22 DIGISPARK: MEETS COMPACTDEFINITION

Der Digispark soll mit einer fertigen und für ihn nicht vorgesehenen Software zusammen arbeiten. Mit *CompactDefinition* liegt ein Windows-Programm aus eigener Feder vor, dass zu seiner Zeit mit seriellen Interfaces arbeitete. Als der Arduino sehr verbreitet war, wurde mit diesem Mikrocontroller dieser Software ein altes Interface vorgegaukelt. Den Beitrag findet man noch auf

http://www.hjberndt.de/soft/ardcompact.html.

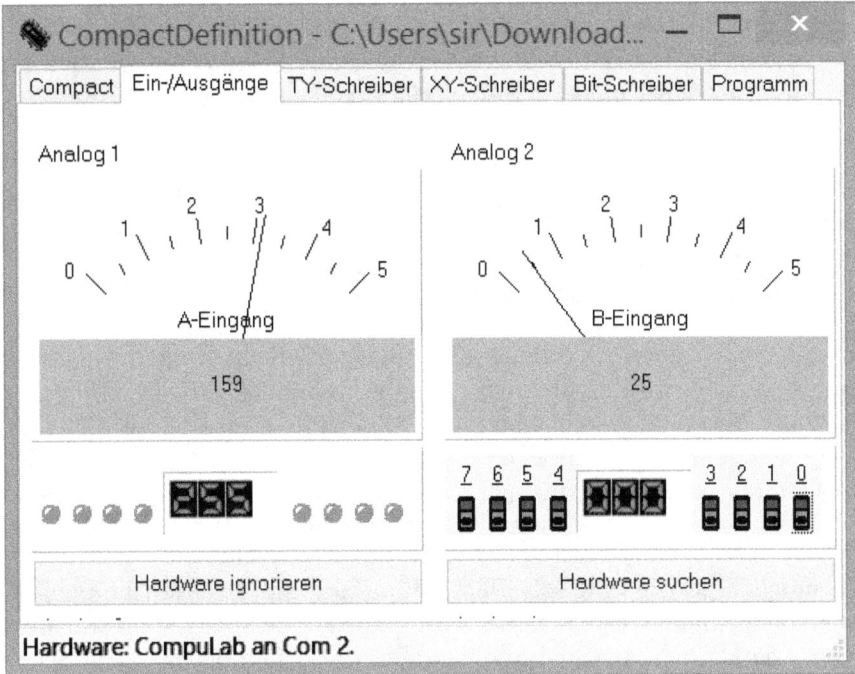

Abbildung 87: Digispark an CompactDefinition: Offene Analogeingänge am Digispark und ein vorgegaukeltes CompuLab an Com2.

Es gilt allerdings ein paar Hürden zu überwinden. Folgende Schritte können zum Ziel führen.

- CompactDefinition 1.75b herunterladen
  `http://www.hjberndt.de/soft/CompactDefinition%201.75.zip`
- Den dortigen Sketch herunterladen und anpassen wie weiter unten
  `http://www.hjberndt.de/soft/sketch_CLAB_v1.zip`
- Einen FTDI-Adapter installieren

Unter aktuellen Windowsversionen verhindert ein ScreenProtect den Start von Compact. Unter Win8.1 reicht ein Klick auf *Details* in dem Warnungsdialog und dann kann die harmlose Software trotzdem gestartet werden.

Der *FTDI-Adapter* sucht sich im Netz den Treiber, wenn er erstmals an den USB-Anschluss geklemmt wird, danach weist Windows ihm eine COM-Schnittstelle zu (z. B. COM16:). In den Eigenschaften unter Verbindungen dieser Schnittstelle sollte nun auf eine möglichst niedrige COM-Schnittstelle (z. B. COM2:) umgestellt werden. Erläuterungen dazu stehen auf *http://www.hjberndt.de/soft/indexcom.htm*.

Der Grund ist der, dass die Hardwaresuche bei dieser Software-Version gebremst abläuft und bei COM1: beginnt. Es wird nacheinander nach einem Gerät gesucht, welches mit 9600 Baud auf das Byte 13 mit einer 2 antwortet. Ist dies der Fall, so glaubt Compact mit dem Arduino zu sprechen, der wiederum ein altes *CompuLab* emuliert.

Der Sketch wird entsprechend den Digispark-Bedingungen angepasst. Die SoftSerial Schnittstelle wird angelegt, wie im Abschnitt *Digispark - Bluetooth-Keyboard* beschrieben, mit RX an PIN 2 und TX an PIN 1. Als zwei Analogeingänge bleiben dann noch PIN 3 und PIN 4. Der PIN 0 kann als Digitalausgang benutzt werden.

Mit zwei Analogeingängen sind zweikanalige vergleichende Zeitmessungen möglich, sowie eine x/y-Darstellung, die die direkte Abhängigkeit der beiden Analogwerte erfasst. Mit dem Digitalausgang steht für Messzwecke eine schaltbare Spannungsquelle zur Verfügung.

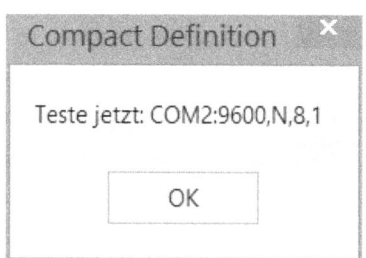 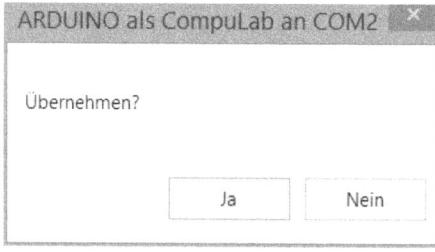

Abbildung 88: Hardwarsuche und Nachfrage bei gedrückter Strg-Taste.

```
#include <SoftSerial_INT0.h>
#define P_RX 2
#define P_TX 1
SoftSerial Bluetooth(P_RX, P_TX);
#define Serial Bluetooth

#define AIN1 60
#define AIN2 58
#define DIN 211
#define DOUT 81
```

```
byte Ains[]  = {3,4}; //ANALOGPINS

void setup()
{ Serial.begin(9600);
  pinMode(0, OUTPUT);
  for(int i= 0;i<2;i++)pinMode(Ains[i], INPUT);
}

void loop()
{ int i,val,inbyte ;byte b;
  val = Serial.available(); //Was da?
  if (val>0)
  {inbyte=Serial.read(); //abholen
   delay(1);
   switch(inbyte)
  { case 13  : Serial.write(2);delay(2);break; //ID
    case DIN : Serial.write(255);break; //FÃ¼r Compact
    case AIN1: Serial.write(analogRead(3)>>2);break;
    case AIN2: Serial.write(analogRead(2)>>2);break;
    case DOUT: b=Serial.read(); //Ausgabebyte holen
               digitalWrite(0,b!=0?HIGH:LOW);
               break;
    default:   break;
  }
 }
 delay(5);
}
```

Es wäre schön, wenn der Digitalausgang an PIN1 die LED steuern könnte. Darum wird nun mit einer anderen Bibliothek für SoftSerial gearbeitet. Die Analogeingänge sind nun Pin 4/5, der Digitalausgang Pin 1
(LED). Der erste Abschnitt ist von *Digispark - Zweipunktregler Einstellbar*
übernommen. Die nachfolgenden Zeilen sind überwiegend gleich geblie-
ben.

```
#include <SoftSerial.h>
#include <TinyPinChange.h>

#define  RX   2 //BluetoothSerial
#define  TX   3 //BluetoothSerial
#define  OUT  1 //Lüfter/LED

SoftSerial mySerial(RX, TX);
#define Serial mySerial
```

```
#define AIN1 60
#define AIN2 58
#define DIN 211
#define DOUT 81

byte Ains[]  = {4,5}; //ANALOGPINS

void setup()
{ Serial.begin(9600);
  pinMode(0, OUTPUT);
  for(int i= 0;i<2;i++)pinMode(Ains[i], INPUT);
}

void loop()
{ int i,val,inbyte ;byte b;
  val = Serial.available(); //Was da?
  if (val>0)
  {inbyte=Serial.read(); //abholen
   delay(1);
   switch(inbyte)
  { case 13  : Serial.write(2);delay(2);break; //ID
    case DIN : Serial.write(255);break; //FÃ¼r Compact
    case AIN1: Serial.write(analogRead(2)>>2);break;
    case AIN2: Serial.write(analogRead(0)>>2);break;
    case DOUT: b=Serial.read(); //Ausgabebyte holen
               digitalWrite(OUT,b==1?HIGH:LOW);
               break;
    default:   break;
  }
 }
 delay(5);
}
```

Wenn der Sketch übertragen -, die RX/TX-Leitungen richtig umgesteckt-, und die Hardware von *CompactDefinition* gefunden wurde, kann mit Bit 0 die LED geschaltet werden.

Weil diese Software auch eine einfache Programmierumgebung enthält, ist nun sogar ein Blink-Programm ohne C und ohne Arduino-IDE möglich.

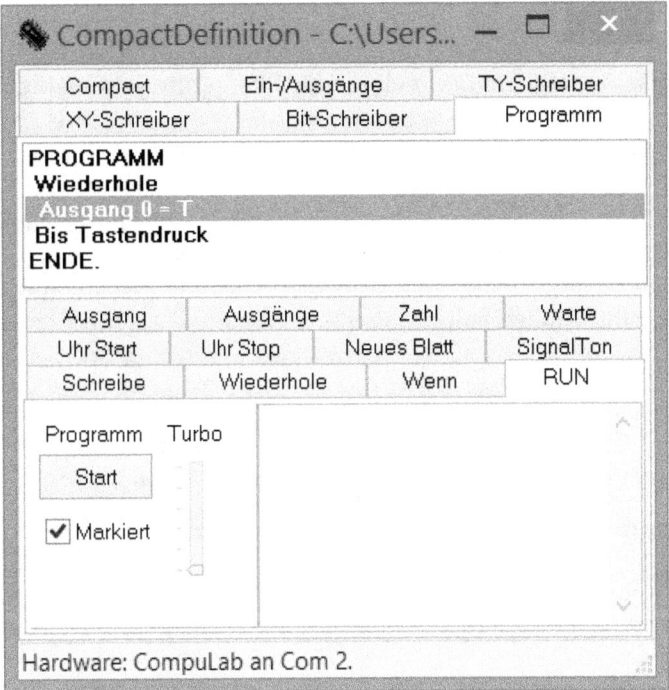

Abbildung 89: Blink mit Digistump programmiert mit CompactDefinition

Das Programm läuft in einer Schleife und kehrt bei jedem Durchlauf den Zustand von Pin 1 um (toggle T). Allerdings funktioniert das nur solange die Verbindung besteht.

1.4.23 DIGISPARK: RHEINTURMUHR MIT 50 LED

Der Rheinturm mit seiner Uhr und den vielen LED kann mit dem kleinen Digispark problemlos zur Anzeige gebracht werden, wenn WS2812b-LED zum Einsatz kommen. Da jede RGB-LED vom Typ WS2812b einen eigenen Controller hat, ist die Ansteuerung über eine einzige Leitung möglich. Um die Details der Ansteuerung muss der Programmierer sich nicht kümmern, da es fertige Bibliotheken für diese auch als Neopixel bekannten LED gibt. Adafruit stellt eine solche *Library* für den Arduino bereit, die hier ohne Änderung ihren Dienst im Digispark verrichtet.

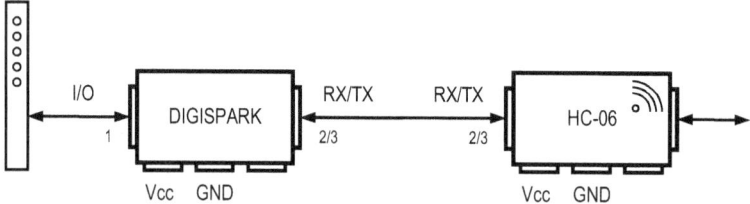

Abbildung 90: Digispark steuert WS2812 mit 50 LED als Rheinturmuhr

Die Besonderheit an diesem Sketch ist, dass er - gerade noch so eben - in den Speicher passt und auch funktioniert. Die Uhr läuft wegen der internen Taktfrequenz beim Digispark etwas ungenau, jedoch ließ sich in den letzten verbleibenden Bytes eine externe Synchronisation unterbringen, die über die serielle Schnittstelle erfolgt. Über *SoftSerial* sind zwei Anschlüsse als RX/TX geschaltet, wodurch die Verbindung zur Außenwelt auf verschiedene Arten erfolgen kann: über ESP8266 und TCP/IP oder FTDI-Adapter über Draht und USB. Hier soll als Hardware das *HC06*-Bluetooth-Modul zum Einsatz kommen, um die Uhr zu stellen bzw. zu synchronisieren.

Wegen der Speicherplatzenge sind die sonst - in anderen Listings zur Rheinturmuhr auf *hjberndt.de* - üblichen *int*-Variablen in *byte*-Variablen geändert worden, was bei den *Serial.print*-Ausgaben zu seltsamen Verhalten führt.

Ansonsten überträgt der Sketch die Uhrzeit im Sekundentakt seriell im Format *hh:mm:ss* und in genau diesem Format wird die Uhr auch in umgekehrter Richtung gestellt. Sobald ein Zeichen seriell verfügbar ist hält die Uhrensketch an und wartet auf die Eingabetaste in Form eines Zeilenvorschubs (Enter, ‚\n'). Eine Überprüfung der Eingabe erfolgt wegen

Speichermangel nicht. Die Eingabe *12:34:56* mit abschließender Eingabe-taste stellt die Zeit ein.

```
#include <SoftSerial.h>
#include <TinyPinChange.h>
#include <Adafruit_NeoPixel.h>
#define PIN   1
#define  RX   2 //BluetoothSerial
#define  TX   3 //BluetoothSerial
#define NUMPIXELS     50
#define ON    Color(31,31,31) // 120 mA max for all
#define OFF   Color(1,0,0)
#define MARK  Color(15,0,0)


//LEDS SEC MIN HOUR
byte oneSecond[] = {0,1,2,3,4,5,6,7,8};          //09
byte tenSecond[] = {10,11,12,13,14};             //15
byte oneMinute[] = {16,17,18,19,20,21,22,23,24}; //25
byte tenMinute[] = {26,27,28,29,30};             //31
byte oneHour[]   = {32,33,34,35,36,37,38,39,40}; //41
byte tenHour[]   = {42,43};                      //44
byte Marker[]    = {9,15,25,31,41,44,45,46};
byte s10=0,s1=0; //ONESECOND TENSECOND
byte m10=5,m1=9;
byte h10=2,h1=3;

Adafruit_NeoPixel pixels = Adafruit_NeoPixel(NUMPIXELS,
PIN, NEO_GRB + NEO_KHZ800);

#define  RX   2 //BluetoothSerial
#define  TX   3 //BluetoothSerial
SoftSerial mySerial(RX, TX);
#define Serial mySerial

void setup()
{pixels.begin();
 // This initializes the NeoPixel library.
 for(int i=0; i<sizeof(Marker); i++) pixels.setPixelColor
(Marker[i], pixels.MARK);
 Serial.begin(9600);
}

void loop()
{static uint32_t prevMillis = 0;
 if (Serial.available())processSyncMessage();
 while (millis() - prevMillis >= 1000)
```

```
 {prevMillis += 1000;
  s1++;                                //clock set      //s++;
  if(s1>=10){s1=0;s10++;}
  if(s10>=6){s10=0;m1++;}      //m1++;
  if(m1>=10){m1=0;m10++;}
  if(m10>=6){m10=0;h1++;}      //h1++;
  if(h1>=10){h1=0;h10++;}
  if(h10>=2 && h1>=4){h10=0; h1=0;}
  digitalClockDisplay();
  digitalRhineTower();
 }
}

void digitalRhineTower()
{int i;
 for(i=0;i<sizeof(oneSecond);i++)
   (s1<=i?pixels.setPixelColor(oneSecond[i], pix-
els.OFF):pixels.setPixelColor(oneSecond[i], pixels.ON));
  for(i=0;i<sizeof(tenSecond);i++)
   (s10<=i?pixels.setPixelColor(tenSecond[i], pix-
els.OFF):pixels.setPixelColor(tenSecond[i], pixels.ON));
  for(i=0;i<sizeof(oneMinute);i++)
   (m1<=i?pixels.setPixelColor(oneMinute[i], pix-
els.OFF):pixels.setPixelColor(oneMinute[i], pixels.ON));
  for(i=0;i<sizeof(tenMinute);i++)
   (m10<=i?pixels.setPixelColor(tenMinute[i], pix-
els.OFF):pixels.setPixelColor(tenMinute[i], pixels.ON));
  for(i=0;i<sizeof(oneHour);i++)
   (h1<=i?pixels.setPixelColor(oneHour[i], pix-
els.OFF):pixels.setPixelColor(oneHour[i], pixels.ON));
  for(i=0;i<sizeof(tenHour);i++)
   (h10<=i?pixels.setPixelColor(tenHour[i], pix-
els.OFF):pixels.setPixelColor(tenHour[i], pixels.ON));
  pixels.show();
}

void digitalClockDisplay()
{Serial.print(h10+0); //...digispark spezifisch?
 Serial.print(h1+0);
 Serial.print(":");
 Serial.print(m10+0);
 Serial.print(m1+0);
 Serial.print(":");
 Serial.print(s10+0);
 Serial.println(s1+0);
}
```

```
//------ serial Hilfsroutinen ----------
int readuntil (char ct,char *s, int len)
{int ix=0;char c;
 do
 {c=Serial.read();
  if(c!=-1)s[ix++]=c;
  if(ix>=len)return ix;
 }while(c!=ct);
 if(ix>0)ix--;
 s[ix]=0;
 return ix;
}

void processSyncMessage()
{char t[20];
 readuntil('\n',t,20);
 //if(3==sscanf(t,"%02d:%02d:02d",&h,&m,&s))
 //TOO BIG
 s1  = t[7]-'0';
 s10 = t[6]-'0';
 m1  = t[4]-'0';
 m10 = t[3]-'0';
 h1  = t[1]-'0';
 h10 = t[0]-'0';
}
```

Kompiliert mit der Digispark-IDE 1.5.8

Ein *VBS*cript mit 7 Zeilen steuert die Uhr Systemzeit vom Win-Tablet aus, wenn der HC-Baustein als *COM4:* angemeldet ist, wie folgt alle 15 Sekunden:

```
Set objFSO = CreateObject("Scripting.FileSystemObject")
Set f = objFSO.OpenTextFile("COM4:", 8, True)
While true
     WScript.Sleep 15000
     f.WriteLine(time)
wend
f.Close
```

Abbildung 91:
time2com4.vbs auf dem Desktop synchronisiert im Hintergrund die Digispark-Uhr

Einmal gestartet, läuft dieses Script im Hintergrund und kommuniziert die Zeit mit dem Digispark. Es ist zur Laufzeit nur im Task-Manager sichtbar. Falls die Schnittstelle nicht mehr antwortet, zeigt dies eine Fehlermeldung an.

Wenn ein Android-Gerät bevorzugt wird, so lauten die entsprechenden 7 *rfo*-Basic-Zeilen:

```
INCLUDE btopen.bas
DO
 TIME hour$, Month$, Day$, Hour$, Minute$, Second$
 A$=hour$+":"+minute$+":"+second$
 BT.WRITE a$
 PAUSE 5000
UNTIL false
```

Das Öffnen der Bluetooth-Schnittstelle befindet sich in der Datei *btopen.bas* und entspricht dem Listing aus [2]. Der Inhalt ist in diesem Buch im Abschnitt *Zusammenspiel* angegeben.

Mit dem Zusammenspiel *Flugfunkuhrzeitansage* oder *Funkuhransage über DCF39* könnte diese Variante der Rheinturmuhr die Zeit auf eine besondere Art synchronisieren. Diese eigensinnige Methode der Steuerung ist im letzten Teil des Kapitels *Zusammenspiel* aufgeführt.

2 SOFTWARE ELEMENTE

Bei der Übertragung von Messwerten ist oftmals Software im Spiel, die möglichst speziellen Anforderungen gerecht werden soll. Da es das Universalprogramm noch nicht gibt, folgt hier die Vorstellung einiger Softwareelemente, die eine Art Werkzeugkasten darstellen könnten. Je nach Problemstellung könnte das eine oder andere Element auf Android oder/und Windows zum Einsatz kommen.

2.1 VBS – VISUAL BASIC SCRIPT

Windows besitzt einen eingebauten Interpreter, der wie Visual Basic programmiert werden kann. Dadurch ergeben sich im Kontext dieses Buchs einige Möglichkeiten. Zwar ist VB um einiges mächtiger, aber den Umgang mit Dateien, sowie die Ausführung von Programmen können manchmal gut gebraucht werden. Besonders interessant dürfte die Tatsache sein, dass Windows serielle RS232-Schnittstellen seit win32 wie Dateien behandelt. Damit ist also *VBScript* in der Lage mit *FTDI/RS232-*Adaptern -, aber auch mit Bluetooth zu kommunizieren, auch wenn manchmal der Eindruck entsteht, dass Windows sich mit Bluetooth etwas schwer tut.

Als Block könnte VBScript wie folgt dargestellt werden:

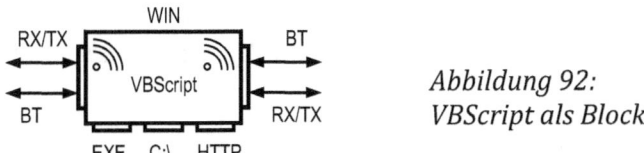

Abbildung 92:
VBScript als Block

Einige grundlegende Programmierkenntnisse werden vorausgesetzt, auch die Vermittlung dieser Sprache ist nicht Gegenstand dieser Ausführungen.

2.1.1 VBS: PROGRAMMIERUNG

Die Programmerstellung kann im Editor (z. B. Notepad) erfolgen. Wer bereits in VB etwas erstellt hat kennt möglicherweise folgende Syntax:

MsgBox "Hallo Welt". Durch einfaches Umbenennen der Dateier-
weiterung führt Windows diese Zeilen entsprechend den Anweisungen
aus. Ein zusätzlicher Compiler oder Interpreter (VB/VBA) zur Ausführung ist nicht erforderlich, da schon längere Zeit, von vielen unbemerkt,
mit Windows ein Script Host von Microsoft ausgeliefert wird. Dadurch
sind quasi Batch-Programme in 'VB' möglich. Der Profi sollte sich der
Windows-Powershell zuwenden, für das kleine Problem reicht oft
CMD.EXE, also das alte Konsolenfenster aka "command.com", was ja
schon vor längerer Zeit zur EXE befördert wurde. Um die verschiedenen
Ausgabemodi zu unterscheiden, nun erst ein winziger Einstieg im Tele-
grammstil.

Erstes Programm "Hallo Welt" ...

* Editor starten (z. B. Desktop, rechte Maustaste, Neu, Textdatei)
* **MsgBox "Hallo Welt, 66"** eingeben
* Datei speichern und anschließend in hallo.vbs umbenennen
  (Icon wechselt).
* Doppelklick auf *hallo.vbs* zeigt das Ergebnis

Abbildung 93:
VBScript Ausgabevariante 1

Zweites Programm "Hallo Welt" ...

* Editor starten
* Wscript.Echo "Hallo Welt" eingeben
* Datei speichern und anschließend in hallo.vbs umbenennen
  (Icon wechselt).
* Doppelklick auf *hallo.vbs* zeigt das Ergebnis

Abbildung 94:
VBScript Ausgabenvariante 2

Zweites Programm ohne Message-Box-Ausgabe

- Editor starten
- `cscript hallo.vbs` eingeben
- Datei speichern und anschließend in `hallo.bat` umbenennen (Icon wechselt).
- Doppelklick auf *hallo.bat* zeigt das Ergebnis sehr kurz.
- In *hallo.vbs* die Zeile `Wscript.sleep 10000` anhängen

Abbildung 95:
VBSript Ausgabenva-
riante 3

Nun kann das Ergebnis für 10 Sekunden betrachtet werden. Oben ist ein Screenshot von einem Windows7-System abgebildet. Dieses Ergebnis wäre auch mit noch älteren Batch-Befehlen möglich, hier sollten jedoch die verschiedenen Ausgaben hervorgehoben werden. Bei vielen Ausgaben via *wscript* und der Fensterausgabe können sich Staus ergeben, da alle Boxen bestätigt werden müssen. Steht schließlich in der Datei *hallo.bat wscript hallo.vbs* erhält man die vierte Variante: Eine *Messagebox* auf dem 'DOS'-Fenster.

2.1.2 VBS: KNOW-HOW HILFE UND BEISPIELE

Bei längeren Scripts und fundiertem Halbwissen ist es hilfreich auf Beispiele und eine interaktive Hilfe zurückgreifen zu können. Mit dem Werkzeug *VbsEdit 7.394 von Adersoft* erhält der Anfänger was er sucht. Auch die unregistrierte Evaluationsversion ist gerade wegen der sehr vielen Beispiele (Samples) ausgezeichnet zum Testen geeignet. Manches Beispiel läuft nur, wenn die Umgebung als Administrator gestartet wurde. Man sollte dann jedoch wissen, was man startet. Viele Lösungen der hier gezeigten Lösungen basieren auf Beispielen aus der Abteilung *Text-Files Menü Scripting Techniques.*

Abbildung 96: Hier wurde die kostenfreie Version von VbsEdit benutzt, um einige Dinge zu realisieren.

2.1.3 VBS: DIGISPARK VIA BLUETOOTH

Wie VBS mit dem Digispark via Bluetooth kommuniziert zeigt folgendes Beispiel, wobei das *HC06-Bluetooth-Modul* mit den Pins 3/4 verbunden ist und im *Digispark* ein Sketch (vgl. Abschnitt *Hardwareelemete*) im Sekundentakt etwas sendet. Als Vorlage dient das Beispiel *Writing Data to a Text File*. Mit entsprechenden Anpassungen erscheinen dann die Mitteilungen des *Digispark* im Ausgabefenster. Das Script öffnet *COM4:* (*HC06*) und liest in einer Endlosschleife einkommende Daten, um sie mit *WScipt.Echo* im Ausgabefenster anzuzeigen.

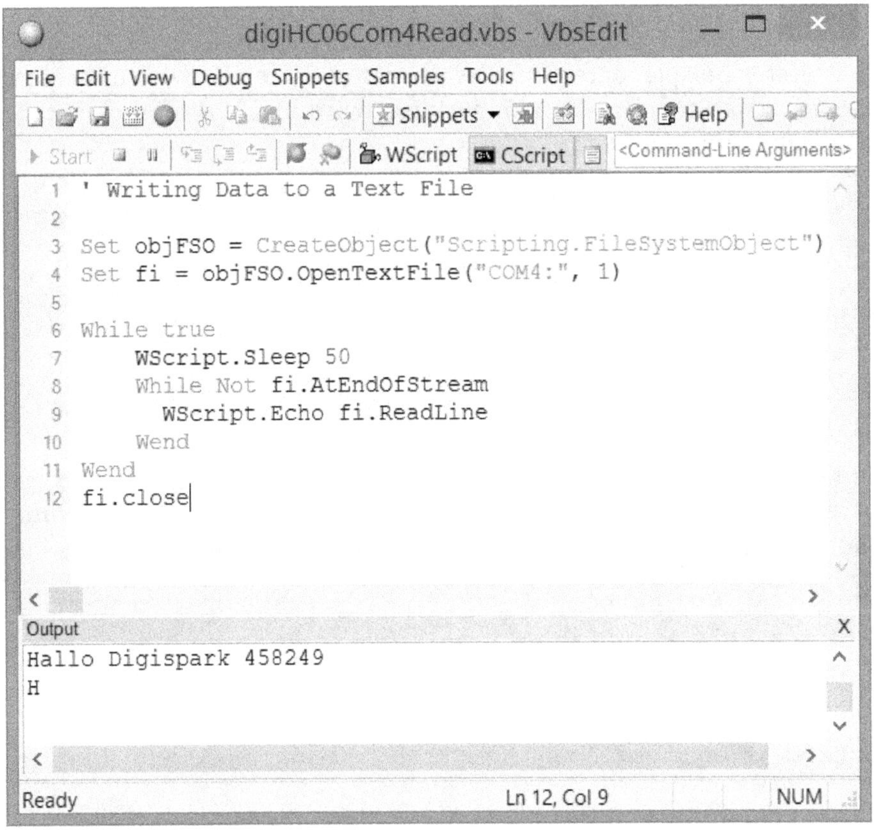

Abbildung 97: Digispark via Bluetooth mit VBScript

```
' Writing Data to a Text File

Set objFSO = CreateObject("Scripting.FileSystemObject")
Set fi = objFSO.OpenTextFile("COM4:", 1)

While true
      WScript.Sleep 50
      While Not fi.AtEndOfStream
            WScript.Echo fi.ReadLine
      Wend
Wend
fi.close
```

2.1.4 VBS: DIGISPARK DRAHTLOS AN EXCEL

Ein weiteres Beispiel unter *Samples/Microsoft Office* zeigt, wie mit einem VB-Script das Programm *EXCEL* gestartet wird und Werte in eine Zelle eingefügt werden können.

```
' Add Data to a Spreadsheet Cell

Set objExcel = CreateObject("Excel.Application")

objExcel.Visible = True
objExcel.Workbooks.Add
objExcel.Cells(1, 1).Value = "Test value"
```

Die Kombination der beiden Skripte könnte wie folgt aussehen und das dargestellte Ergebnis liefern. Was mit dem *Digispark als USB-Tastatur* schon geklappt hat, funktioniert nun auf einem völlig anderen Weg.

```
Set objFSO = CreateObject("Scripting.FileSystemObject")
Set fi = objFSO.OpenTextFile("COM4:", 1)
Set objExcel = CreateObject("Excel.Application")

objExcel.Visible = True
objExcel.Workbooks.Add

While true
     WScript.Sleep 50
     While Not fi.AtEndOfStream
            objExcel.Cells(1, 1).Value = fi.ReadLine
     Wend
Wend
fi.close
```

Mit 12 Zeilen Script erreicht man das gewünschte Ziel. Einmal in *Notepad* kopiert und entsprechend abgespeichert und umbenannt *(*.vbs)* startet ein Doppelklick das obige Script. Danach laufen folgende Dinge ab:

- Der Interpreter führt das Script-Programm aus
- Über *COM4:* erfolgt (zaghaft) die Verbindung zum *Bluetooth-Adapter HC06*, dessen LED kontinuierlich leuchtet, wenn die Verbindung steht. Das kann auch schon einmal misslingen, aber nach einigen Versuchen klappt es meist doch.

- *EXCEL* startet und nach einer Weile öffnet sich ein leeres Tabellenblatt
- Nach einer Weile erscheint die *Digispark*-Meldung in Zelle A1

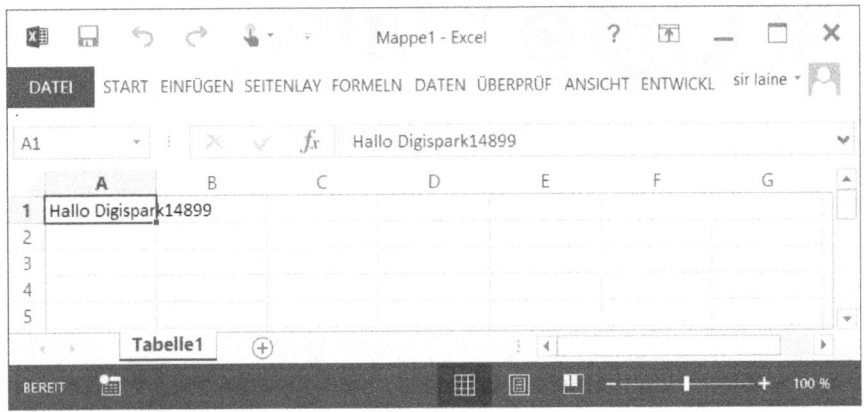

Abbildung 98: Digispark liefert Daten via Bluetooth und VBS direkt an EXCEL

Nach einer weiteren Weile ändert sich der Eintrag, da weitere Daten einlaufen. Sollte etwas schief gehen, erscheinen möglicherweise Fehlermeldungen beim nächsten Versuch. Dann sollte im Task-Manager das Programm Excel und der Microsoft-Scripting-Host manuell beendet werden.

Mit kleineren Änderungen im Script und im Sketch können analoge Messdaten vom *Digispark* automatisiert mit VBS übertragen - und in *EXCEL* zur Anzeige gebracht werden. Die Daten laufen nicht synchron ein, da die Werte vermutlich wie bei einer Datei gepuffert werden. Während des Einlaufs kann in *EXCEL* weiter gearbeitet werden. So kann die Darstellung als einfaches Diagramm erfolgen.

Die ersten 10 Zeilen werden in diesem Script durch die Endlosschleife ständig mit Daten gefüllt, wobei sich die Grafik ständig anpasst. Gesendet werden hier Messwerte der 1,1 Volt-Referenz gegen Masse (siehe LM35-Temperaturmessung).

```
Set objFSO = CreateObject("Scripting.FileSystemObject")
Set fi = objFSO.OpenTextFile("COM4:", 1)
Set objExcel = CreateObject("Excel.Application")

objExcel.Visible = True
objExcel.Workbooks.Add
ix=1
While true
     WScript.Sleep 50
     While Not fi.AtEndOfStream
               objExcel.Cells(ix, 1).Value =
fi.ReadLine
          ix=ix+1
          if ix>10 then ix=1
     Wend
Wend
fi.close
```

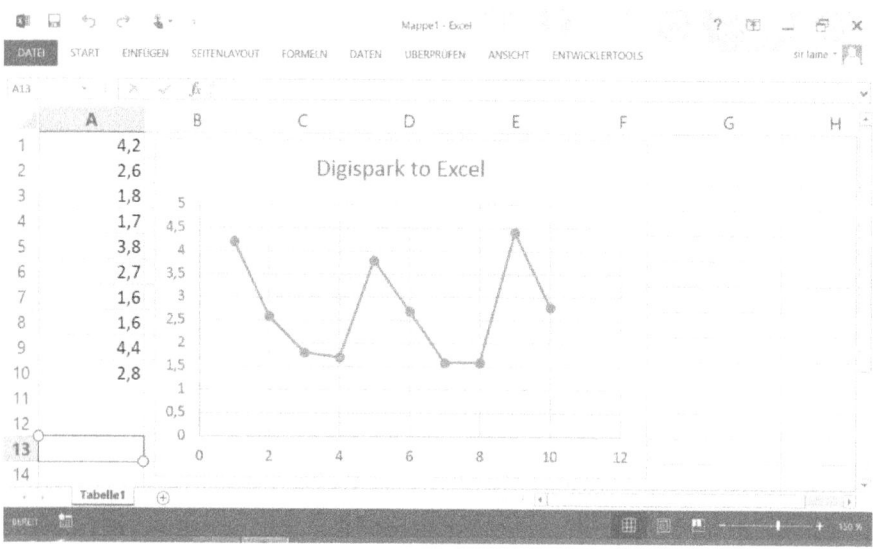

Abbildung 99: Digispark aktualisiert ein EXCEL-Diagramm über Bluetooth

Natürlich kann der *Digispark* auch per Draht mit Excel kommunizieren. Dazu erfolgt ein Austausch von *HC06-* durch den *FTDI- Adapter*, der dann via USB-(Host-)-Kabel mit anderer COM-Nummer in VBS ansprechbar ist.

Ein Hauch des Buches *„Messen Steuern Regeln mit Word und Excel"* [3] weht gerade durch den Raum.

2.1.5 VBS: ZEIT NACH COM2:

Der *USB-FTDI-Adapter* ist im Gerätemanager als *COM2:* aufgeführt. Diese Schnittstelle wurde im Abschnitt *Digispark am CompactDefinition* so eingestellt. Mit Hilfe eines kurzen Skriptes sollen Daten - hier die Uhrzeit - vom Windows-Tablet zu dieser Schnittstelle mit VBS übertragen werden. Die "Datei" wird zum Anhängen (append) geöffnet und dann alle 5 Sekunden die Uhrzeit übertragen, sowie im Ausgabefenster angezeigt.

```
Set objFSO = CreateObject("Scripting.FileSystemObject")
Set f = objFSO.OpenTextFile("COM2:", 8, True)
While true
     WScript.Sleep 5000
     f.WriteLine(time):WScript.Echo time
wend
f.Close
```

Ein erweitertes Beispiel könnte diese Zeit an ein Smartphone übertragen, durch die Verbindung von *FTDI-* mit dem *HC06*-Bluetooth-Adapter. Das Smartphone empfängt dann über Bluetooth, wie an anderer Stelle in diesem Buch. In einem weiteren Schritt könnten diese Zeilen - ohne die Echo-Ausgabe - einfach in *Notepad.exe* eingefügt- und als *time2Com2.vbs* abgespeichert werden, um die Übertragung per Doppelklick zu starten. Mit Hilfe der Ausführungen zu *NetCat* an wieder anderer Stelle hier im Buch besteht die Möglichkeit dieses Script auch von einem Smartphone zu starten und zu stoppen.

2.1.6 VBS: INTERNETDATEN HOLEN: "CQ DX"

Es kann Situationen geben, wo eine automatisierte Abfrage von Daten aus z. B. einer Internet-Datenbank erwünscht ist. In diesem Beispiel geht es darum, Informationen über einen Funkamateur über sein Rufzeichen zu erhalten. Interessant sei vor allem sein Standort. Diese Lösung taucht in einem größeren Zusammenhang im hinteren Teil unter *Zusammenspiel* auf, wo es darum geht, die Signalstärke eines Funkamateur-Senders mit geringer Leistung im HF-Bereich in JT65-Übertragungstechnik zu verorten.

Auf der Web-Seite *http://qrzcq.com/* kann man zum Zeitpunkt der Entstehung dieses Buches diese Daten abrufen, indem man das Rufzeichen in ein Eingabefeld eintippt. Die Ergebnisse erscheinen auf einer entsprechend generierten HTML-Seite.

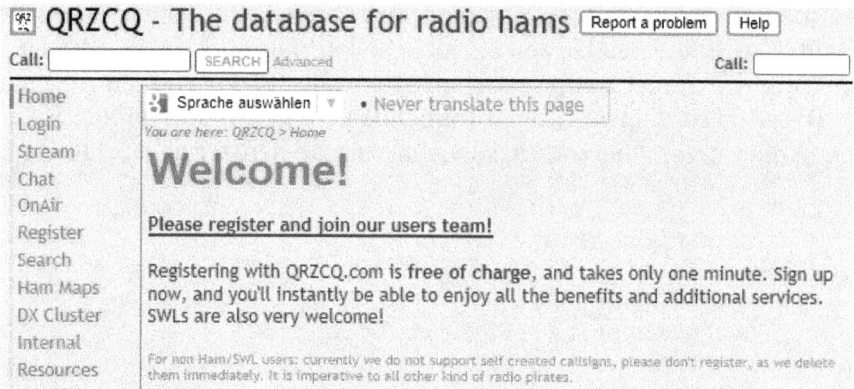

Abbildung 100: Startseite und gefundenes Ergebnis für ein zufälliges Rufzeichen ZS6WB aus der Datenbank im Netz

Schaut man sich den generierten Quelltext an, so findet man die gewünschten Daten ab Zeile 201, wenn auch mit viel HTML-Ballast umgeben. In [1] wird an drei Beispielen gezeigt, wie man mit dem Android-*rfo-Basic* und HTML.GET zum Ziel kommt. Hier erfolgt die Suche in VB-Script und unter Windows.

Der eigentliche Aufruf im Script ist nur die erste Zeile, die die gefundenen Informationen zurück liefert und ausgibt, wenn etwas gefunden wurde. Falls das Rufzeichen unverändert zurückgegeben wird, ist die Suche fehlgeschlagen. Zuvor wird das Suchverhalten im Browser beobachtet und anschließend ausprobiert, ob der direkte Aufruf von http://qrzcq.com/call/ZS6WB in der Adresseingabe auch die gewünschten Daten liefert. Wenn das funktioniert, kann die Suche ohne Tastatureingabe ablaufen.

http://qrzcq.com/call/ZS6WB - Ursprünglicher Quellcode

Datei Bearbeiten Format

title="secure login" /></form> <p class="toplogin">or</p> <form
class="toplogin" method="post" action="https://ssl.qrzcq.com/page/account"><input
type="hidden" name="page" value="account" /><input type="submit" name="action"
class="registerbutton" value="register" title="secure register" /></form></tr>
</table></div>
201 <table cellpadding="2" cellspacing="0" border="0" width="980" class="haminfo">
<tr><td width="326" valign="top"><table cellpadding="0" cellspacing="0"
width="100%" border="0"><tr><td valign="top" align="left" style="height: 69px;">
<font style="font-size: 36pt; font-weight: bold; color: #333; font-family: arial;
text-shadow: 0px 1px 0px #f1f1f1, 0px 1px 3px #999; ">ZS6WB</font>
<p
class="undercall">Passive QRZCQ.com data</p></td><td valign="top" align="right"
rowspan="2" style="white-space: nowrap; padding-top: 10px;" width="30%"></td>
</tr><tr><td valign="top" align="left" style="padding-top: 10px;"><p
class="haminfoaddress"><b style="text-shadow: 0px 1px 0px #f1f1f1, 0px 1px 3px #
999; ">HAL LUND</b>

SUNNYSIDE 0132
South Africa</td></tr><tr><td
valign="top" align="left" style="white-space: nowrap; padding-top: 10px;"><table
cellpadding="2" cellspacing="0" border="0" width="100%"><tr><td width="32"><div
class="continent">AF</div></td><td width="32"><img
src="data:image/gif;base64,R0lGODlhIAAWAPYAAAAAAIveAOn2AAW2AHfVd3bVdpOQ3ExGyNbW7N
XW619fANTW6nDTcJWVANLyAGnRaQy5AMoUFBUVAEtLAB29AGfTAFPNADzFPBQMuMLtAJSR3C3BLdTt1R+
9H4KCALi4AAm3CQe3BwICAAG1AQC1AOv0AEU/xgkJAM3xADbFACzCAJWS3AgtejsAOakpMjqyMfqx2ho

Abbildung 101: HTML-Quelltext des Suchresultats

Nach der Erzeugung des HTTP-Objekts erfolgt der GET-Aufruf. Die generierte Seite liefert `ResponseText` und speichert sie in der Zeichenkette *s*. Die Suche `InStr` sucht in der Antwort nach der in der Konstanten `find` angegebenen Zeichenfolge (wegen der Gänsefüßchen-Basic-Syntax etwas unübersichtlich) <p class="haminfoaddress"><b style="text-shadow: 0px 1px 0px #f1f1f1, 0px 1px 3px #999; ">. Die, in den nächsten 100 Zeichen, gewünschten Informationen des Landes liefert dann der 4. Array-Eintrag nach `Split`.

```
WScript.echo GetCallsign("ZS6WB")

Function GetCallsign(sign)
 Const find="<p class=""haminfoaddress""><b style=""text-
shadow: 0px 1px 0px #f1f1f1, 0px 1px 3px #999; "">"
 GetCallsign=sign
 strURL = "http://qrzcq.com/call/"+sign
 Set objHTTP = CreateObject( "WinHttp.WinHttpRequest.5.1"
)
 objHTTP.Open "GET", strURL: objHTTP.Send
 s= objHTTP.ResponseText:  ' WScript.Echo Len(s)
 if objHTTP.Status = 200 Then
   ix=InStr(s,find)
```

```
  s=Mid(s,ix+Len(find),100)
  sa=Split(s,"<")
  GetCallsign = Mid(sa(4),6)'Country
  'GetCallsign = Mid(sa(3),6)'City
  'GetCallsign = sa(0)'Name
End if
Set objHTTP = Nothing
End Function
```

2.1.7 VBS: SPRACHAUSGABE

Die Sprachausgabe in VBS ist genau so einfach wie in *rfo*-Basic unter Android. Ist die Sprachausgabe englisch eingestellt, sollte so ein Satz aus den Anfängen der Computerzeit erklingen.

```
Set Sapi = Wscript.CreateObject("SAPI.SpVoice")
Sapi.speak "Hi, I'm Eliza. Tell me about your prob-
lem."
```

Eine Zeitansage, wie in [1] in der einfachsten Form, wäre dann:

```
Set Sapi = Wscript.CreateObject("SAPI.SpVoice")
Sapi.speak time
```

Das Ergebnis wäre in der englischen Sprachausgabe (Microsoft David) kurz nach dem Frühstück, bzw. breakfast *„ten hours, twenty minutes and three seconds"*, ist die deutsche Sprachausgabe aktiviert, erklingt das Ganze so: *„Zehn Uhr Zwanzig und drei Sekunden"*.

2.1.8 VBS: RUN/EXECUTE

Über VB-Script können Programme allein oder auch über Dateien aufgerufen werden mit denen sie Verknüpft sind. Alles funktioniert so, als würde etwas auf dem Desktop doppelt angeklickt. Als kleines Beispiel soll von einem Script ein anderes Script im Minutentakt ausgeführt werden. Es handelt sich um eine Art VBScript Eieruhr.

Die Zeitansage aus der dem vorigen Abschnitt liege, mit den beiden Zeilen als Inhalt, in einer Textdatei mit dem Dateinamen *time2speech.vbs,* auf dem Desktop. Bei einem Doppelklick ertönt dann einmalig die Zeitansage. Ein zweites Script ruft dieses Script der Zeitansage mit Run einmal in 60000 ms bzw. einmal pro Minute auf. Das alles läuft für das Weichei sieben Minuten lang als reines Beispiel und Platzhalter für sinnvollere zeitgesteuerte Aufgaben.

```
set WshShell = WScript.CreateObject("WScript.Shell")
for i = 1 to 7
     WshShell.Run "time2speech.vbs"
     wscript.sleep 60000
next
wscript.echo "Sieben Minuten sind rum!"
```

Auch diese Zeilen lassen sich als *.vbs*-Datei auf dem Desktop abspeichern und mit Doppelklick starten. Es kann aber möglicherweise auch über ein weiteres Script starten. Übrigens ist die Zeitansage auch mehrfach aufrufbar, wobei die Sprachausgabe bei zeitlicher Überlappung wartet bis die Stimme verfügbar ist.

Endlosprogramm
Um ein Programm, welches aus Versehen geschlossen bzw. beendet wird, sofort wieder zu starten, ist folgende Vorgehensweise denkbar. Eine Batch-Datei Namens *0.bat* mit dem Textinhalt `cscript 0.vbs` ruft bei Ausführung das Script *0.vbs* auf und lenkt dessen Ausgaben in das DOS-Fenster und nicht in Windows-Boxes. Das VB-Script enthält folgende Zeilen:

```
Set WshShell = WScript.CreateObject("WScript.Shell")

While true
     Return = WshShell.Run("ABC.exe", 1, true)
Wend
```

Die gesetzten Parameter der Run-Funktion bewirken, dass das fiktive Programm *ABC.exe* startet und die Funktion wartet, bis es beendet wird. Da hier eine Endlosschleife programmiert ist, wiederholt sich dieser Ablauf endlos.

Um die Wirkungsweise zu testen kann als Probekandidat an Stelle von *ABC.exe* der Windows-Editor *Notepad.exe* treten. Einmal über *0.bat* gestartet ist auch nach dem Beenden das Programm sofort wieder da, da es ja immer wieder durch das Script neu gestartet wird, wenn es endet. Erst ein Schließen des Batch-Fensters beendet diese Schleife.

Ruft man das Script ohne *0.bat* auf, so gibt es keinen sichtbaren Prozess mit Fenster, das Script läuft jedoch unverändert, lässt sich aber nicht mehr so leicht beenden.

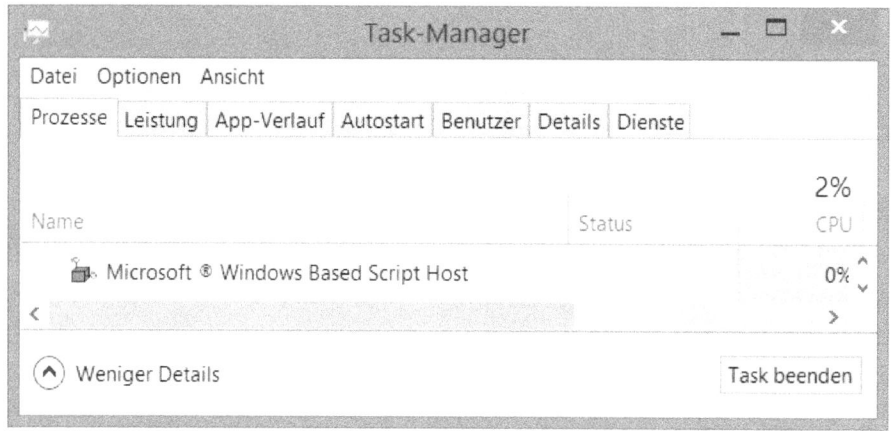

Abbildung 102: Script Host im Task Manager von Win8.1

Erst die Beendigung des Scripting-Host mit dem Task-Manager beendet das Treiben. Auch ein Windows-Neustart beendet das Spiel.

2.1.9 VBS: BEEP UND MUSIK

Ein Klang, oder ganze Musikstücke können unter VB-Script einfach "gesprochen" werden, falls der Dateipfad stimmt.

```
Dim objFile
Set objFile = CreateObject("SAPI.SpFileStream.1")
objFile.Open "C:\Windows\Media\tada.wav"
CreateObject("SAPI.SpVoice").Speakstream objFile
Set objFile = nothing
```

2.1.10 VBS: *TASTATURSTEUERUNG*

Windows-konforme Programme lassen sich üblicherweise mit der Tastatur bedienen/steuern. Neben den bekannten Tastenkombinationen *Stg+C, Strg+V* für Kopieren und Einfügen kann man Programme und auch Windows selber mit *Alt+F4* beenden. In Menüeinträgen sind oft die entsprechenden Kürzel angegeben. Mit der Alt-Taste (auch 2x gedrückt) zeigt Windows zusätzlich Tastatur-Kürzel auf irgendeine Art an. In Word-Pad - dem Standardprogramm - ist demnach ein "Rückgängig" neben dem Standard Strg+Z auch mit Alt+2 möglich.

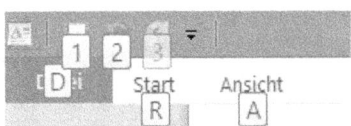

Abbildung 103: Mit 2fach gedrückter Alt-Taste zeigt Wordpad Tastaturkürzel

VBS stellt die Methode *SendKeys* zur Verfügung, wie sie auch schon unter VBA bekannt war und ist. Allerdings entfallen die neuesten Restriktionen unter VBA in VB-Script (noch). Das Stichwort *SendKeys* in der Hilfe zu VbsEdit erläutert die Anwendungsweise und zeigt das aus der Microsoft-Hilfe bekannte Taschenrechner-Beispiel, was hier in der *VbsEdit*-Umgebung allerdings etwas aus der Spur läuft. Um ein weiteres Beispiel zu zeigen, welches auch auf jedem Windowssystem laufen sollte, fällt die Wahl auf den Windows-Editor mit Namen *Notepad.exe*.

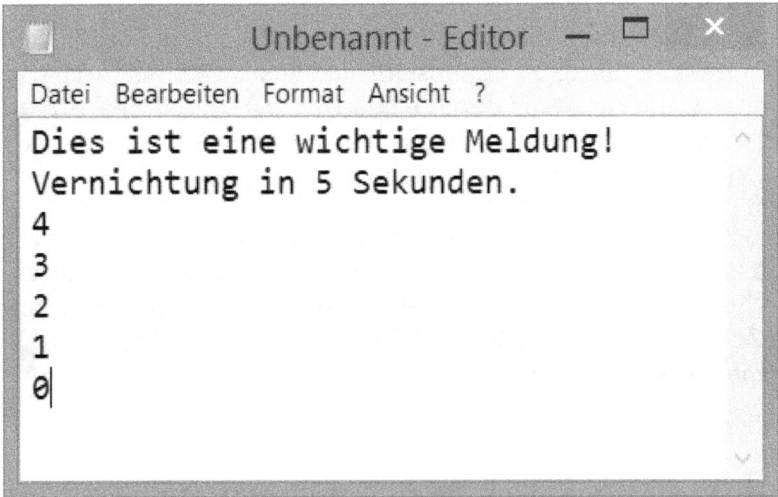

Abbildung 104: Eine Messagebox per Notepad mit Countdown

Das Programm wird per Run-Anweisung gestartet und sollte dann im Vordergrund liegen. Per Script erfolgen nun Tastaturanschläge, die im Fenster erscheinen, entsprechend den Variablen *a* und *b* im Script. Danach wird in einer Schleife der Countdown ausgegeben und mit Alt+F4 das Programm beendet. Die anschließende Speicherung-Abfrage wird abgebrochen, indem per Tabulatortaste das nächste Dialogelement den Fokus erhält. Das Leerzeichen danach betätigt das Fokuselement, wodurch keine Speicherung erfolgt und das Programm schließt.

```
set WshShell = WScript.CreateObject("WScript.Shell")
WshShell.Run "Notepad.exe"
WScript.Sleep 100
WshShell.AppActivate "Editor"
WScript.Sleep 100
a="Dies ist eine wichtige Meldung!"
b="~Vernichtung in 5 Sekunden.~"
Beenden="%{F4}"
NichtSpeichern="{TAB} "

WshShell.SendKeys a+b
for i = 4 to 0 step -1
 WshShell.SendKeys cstr(i)+"~"
 WScript.Sleep 1000
next
WshShell.SendKeys Beenden+NichtSpeichern
```

Es sei ausdrücklich darauf hingewiesen, dass das aktive Fenster die Tastatureingaben erhält. Durch zwischenzeitlichen Fokuswechsel durch den Benutzer oder vielleicht sogar durch einen Digispark als USB-Tastatur, können unbeabsichtigter Weise Anwendungen geschlossen oder gestartet werden, was möglicherweise zu Datenverlusten führt.

Durch dieses Verfahren sind auch Programme steuerbar, die keine offizielle Schnittstelle wie DDE oder COM mitbringen. Allerdings sollte die Software Windows nicht aus irgendwelchen proprietären Gründen umgehen. Im Zusammenspiel mit *NetCat* könnten so kurze Meldungen z. B. vom Smartphone aus aktiviert werden.

2.2 NetCat

Windows auf dem Androidphone steuern? Das geht mit *NetCat*.

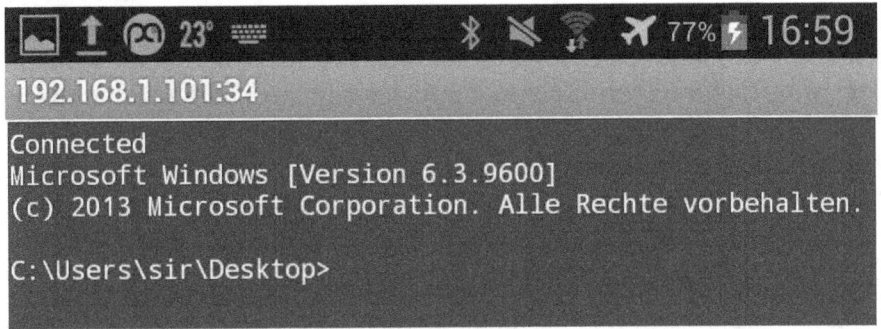

Abbildung 105: Windows 8.1 auf dem Android-Handy

Das Werkzeug *NetCat* ist ein Programm, welches meist auf der Kommandozeile eingesetzt wird. Sowohl auf Linux-, als auch auf Windows-Systemen ist dieses Tool verfügbar. *NetCat* bzw. *nc* kann TCP/IP Übertragungen unverändert umlenken, wodurch sich einige interessante Möglichkeiten ergeben. Einfache Client/Server-Anwendungen sind damit möglich. Auf diese Art und Weise können Steuerungen via TCP/IP erfolgen und das kann so weit gehen, dass z. B. ein Smartphone das Kommando auf einem Windows-PC übernimmt.

In einem kleinen Faltblatt aus dem Internet *Netcat Cheat Sheet by Ed Skoudis* sind die Möglichkeiten kompakt zusammen gefasst. In den folgenden Abschnitten sollen einige dieser Anwendungen im Zusammenhang mit diesem Buchtitel mit Beispielen verdeutlicht werden.

Das Grundprinzip des Clients ist *nc [Ziel-IP] [Port]* zur Verbindungsaufnahme, die des Servers oder des Lauschers (Listener) *nc -l -p [lokaler Port]*, wobei *nc* der Aufruf von *nc.exe*, also *NetCat* ist und die durch Leerzeichen getrennten Angaben danach die Übergabeparameter sind.

2.2.1 *NETCAT: DATEI SENDEN ÜBER TCP/IP*

Zunächst soll eine Datei von PC8 nach PC9 über TCP/IP mittels *NetCat* kopiert werden. Beide Windows-Rechner bzw. Tablets sind mit *NetCat* ausgestattet, welches als *nc.exe* im jeweiligen Verzeichnis *c:\temp\nc* beider PC befindet. Als Arbeitsverzeichnis soll *c:\temp* benutzt werden. Der Pfad von *NetCat* ist aus Sicherheitsgründen nicht in die PATH-Variable aufgenommen worden, dadurch muss immer der gesamte Pfad beim Aufruf mit angegeben werden, also *c:\temp\nc\nc.exe*, wobei ".exe" entfallen kann.

Alle Kommandos von der Befehlszeile bzw. der Eingabeaufforderung können auch durch Aufruf oder Start einer Textdatei mit diesen Anweisungen übergeben werden, wenn die Endung der Textdatei **.bat* ist, eine so genannte Batch-Datei.

Die zu kopierende Datei liegt also im *c:\temp*-Verzeichnis von PC8 und hat den Namen *hallopc9.txt* und den kleinen Textinhalt "*Hallo NetCat auf PC9.*" Diese Datei soll nach PC9 in das dortige Temp-Verzeichnis kopiert werden und den Namen *pc8.txt* bekommen.

Empfänger
Auf der Seite des Empfängers (PC9) lauscht *NetCat* an Port 59 und lenkt alle Eingaben von dort in die Datei *pc8.txt*. Eine Batch-Datei oder die Kommandozeile enthält dann die folgenden Zeichen:

```
c:\temp\nc\nc -l -p 59 > pc8.txt
```

Beim Start dieser Anweisung wird auf Port 59 gehorcht und bei einer Verbindung die eingehenden Zeichen ohne Änderung an die Datei *pc8.txt* weiter- bzw. umgeleitet. Sofort nach der Ausführung legt *NetCat* diese Ausgabedatei an und zwar im aufrufenden Verzeichnis (temp). Die Datei ist dann noch leer mit der Länge 0 Bytes. *NetCat* wartet auf eine Verbindung mit dem Sender PC8.

Sender
Auf Seiten des Senders (PC8) liegt im dortigen Temp-Verzeichnis die zu übertragende Datei *hallopc9.txt*. Eine Batch-Datei mit z. B. dem Namen *NcSendFile.bat* oder die Kommandozeile enthält folgende Zeichenfolge:

```
c\temp\nc\nc -w3 192.168.1.101 59 < hallopc9.txt
```

Der erste Teil ist der Aufruf von *NetCat* auf diesem PC8, durch *-w3* wird drei Sekunden auf eine Verbindung an Port 59 mit dem PC9 und seiner IP gewartet. Gesendet wird die Datei *hallopc9.txt* sobald die Zeile ausgeführt wird. Als Ergebnis liegt im Temp-Verzeichnis von PC9 eine Datei *pc8.txt* mit dem Inhalt der Datei *hallopc9.txt* aus dem Temp-Verzeichnis vom PC8. Die Dateilänge von *pc8.txt* ist nicht mehr 0 Bytes, denn darin steht *„Hallo NetCat auf PC9"*.

2.2.2 NETCAT: RELAY

Das Kurzbeispiel *Listener-to-Client-Relay* aus dem *Cheat Sheet* soll in dieser Umgebung angewandt werden. Voraussetzung ist ein Router, der beide PC mit entsprechenden IP-Adressen bestückt. Benutzt man einen mobilen Router mit der SSID ES830-C813, könnten die Adressen folgende Form aufweisen:

PC9:   192.168.1.100

PC8:   192.168.1.101

Im original Cheat Sheet heisst es

```
C:\> echo nc [TargetIP] [Port] > relay.bat
C:\> nc -l -p [LocalPort] -e relay.bat
```

Die erste Zeile erzeugt eine Datei mit dem Namen *relay.bat* und als Inhalt wird der Aufruf von *NetCat* mit der ZielIP als Parameter hinein geschrieben. Ohne PATH-Variable bedeutet dies für die hier gewählte Konfiguration:

```
echo c:\temp\nc\nc 192.168.1.101 58 > relay.bat
```

Nach dem Aufruf bzw. der Ausführung gibt es im aktuellen Verzeichnis (Temp) eine neue Datei *relay.bat* mit dem Textinhalt "c:\temp\nc\nc 192.168.1.101 58".

Die zweite Zeile sorgt dafür, dass PC9 auf Port 59 lauscht bzw. auf eine Verbindung wartet, um dann *relay.bat* auszuführen, was wiederum *nc* aufruft, um alle Eingaben auf Port 58 auf PC8 mit der IP 192.178.1.101 umzuleiten. Konkret lautet die Zeile für diese Umgebung:

```
c:\temp\nc\nc -l -p 59 - e relay.bat
```

Bei Aufruf dieser Zeile auf PC9 erscheint im cmd-Fenster entsprechender Inhalt. Nun wartet NetCat auf PC9 auf Port 59 auf Anrufe.

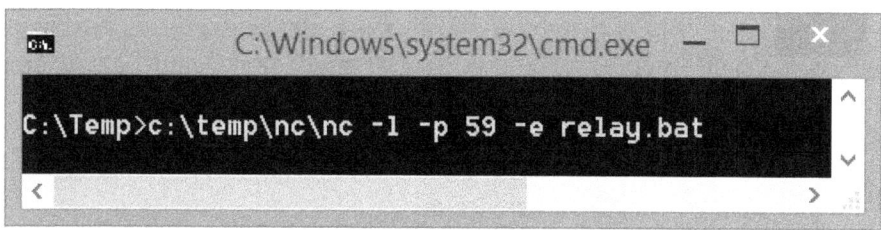

Abbildung 106: NetCat als Relay

PC8 benutzt Hyperterminal mit den Verbindungsparametern für PC9

Hostaddress:	192.168.1.100
Port Number:	58
Connect using:	TCP/IP

Wird die Verbindung hergestellt, erscheint im Terminalfenster die Zeile:

```
C:\Temp>c:\temp\nc\nc 192.168.1.101 58
```

Es wurde auf PC9 *relay.bat* aufgerufen, welches die Ausgaben von PC9 mittels *nc* auf den angegebenen Anschluss von PC8 umleitet.

2.2.3 NETCAT: CHAT

Ein Chat mit nur einer Zeile ist mit *NetCat* auf Windows möglich in der Minimalform

```
nc -L -p 35
```

NetCat wartet auf eine Verbindung auf Port 35 und leitet dann alle Standard-Eingaben nach dort. Alle Tastatureingaben im „DOS-Fenster" erreichen den Empfänger via TCP/IP. Unter den hier weiter oben gemachten Annahmen kann eine Batch-Datei mit dem Textinhalt C:\Temp\nc\nc -L -p 35 mit einem Namen *NcLp35.bat* auf dem Desktop gespeichert werden. Nach einem Doppelklick lauscht *NetCat* auf Port 35.

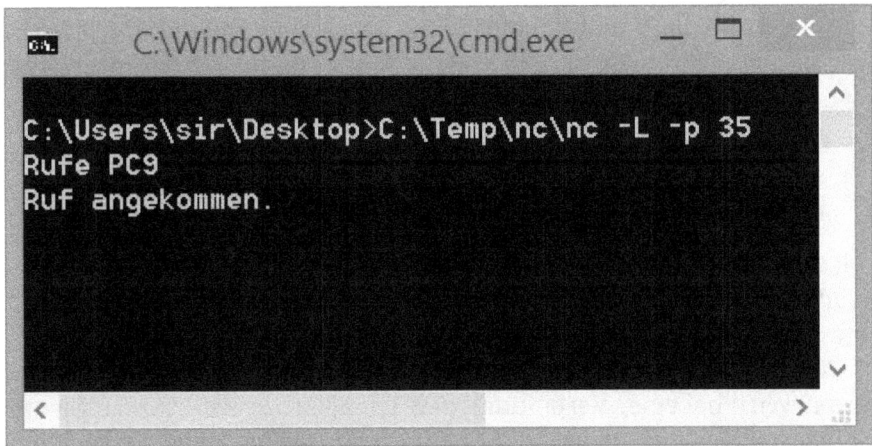

Abbildung 107: NetCat lauscht an Port 35

Auf dem Android Smartphone oder Tablet wird im selben lokalen Netz PC9 unter 192.168.1.101 und Port 35 von einem TCP/IP-Client aufgerufen.

Abbildung 108: Android Smartphone und „PC9" verbinden sich zu einem Chat im Netz

Der Chat kann beginnen sobald beide Geräte miteinander verbunden sind. Da der Großbuchstabe *L* benutzt wird, lauscht *NetCat* auch nach einer Unterbrechung seitens des Clients erneut auf Verbindungen.

2.2.4 NETCAT: BEI ANRUF CMD.EXE

Im Kapitel Zusammenspiel wird *NetCat* benutzt, um Windows von anderen über TCP/IP verbundenen Geräten zu steuern. Der wichtigste Parameter von *NetCat* ist in diesem Zusammenhang *-e* für execute. Im vorigen Abschnitt wurde dieser Parameter bereits benutzt, um *relay.bat* zu starten. Wird bei einer Verbindung der Befehlsprozessor *cmd.exe* gestartet, landet man in einer Art DOS-Welt mit der Lizenz Windows zu steuern. Startet man auf einem Windows-Tablet oder PC eine Batch-Datei mit dem Textinhalt

```
c:\temp\nc\nc -L -p 34 -e cmd.exe
```

lauscht *NetCat* an Port 34 des Windows-Rechners. Bei einer Verbindung werden alle Ausgaben zum Aufrufer umgelenkt und *cmd.exe* gestartet. Somit hat der Anrufer viel Kontroll- und Steuerungsmöglichkeiten.

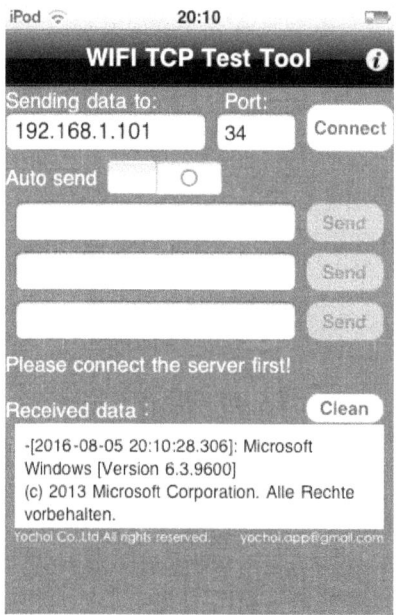

Abbildung 109:
iPod Touch 2G und Win8.1

Ein Android-Smartphone mit der App *TCP/IP-Terminal* kann über die IP des Win-Tablets den Anruf als Client auf Port 34 initiieren und man erhält die zu Beginn dieses Abschnitts dargestellte Abbildung: Windows 8.1 unter Android-Kontrolle.

Android startet notepad.exe

Außer den aus den Anfängen der DOS-Computer bekannten Befehle *dir* oder *tree*, kann mit *cd* auch durch Verzeichnisse manövriert werden. Aber auch *ipconfig* und *tasklist/taskkill* stehen bereit. Um den Standard-Editor als Beispiel zu starten reicht auf dem Smartphone die Eingabe

```
notepad.exe
```

Auch der Aufruf mit Übergabeparametern funktioniert, wodurch (je nach Anwenderrechten) z. B.

```
notepad.exe c:\windows\win.ini
```

eine inzwischen durch die Registry ersetzte ältere Windows-Datei anzeigt wird.

Android beendet notepad.exe

Mit *tasklist* zeigt Windows laufende Prozesse mit ihrer ID und mit *taskkill* ist es möglich Prozesse und Programme zu beenden.

2.3 REALTERM (WINDOWS)

Als softwaremäßiger Verbindungsbaustein kommt in diesem Buch das Terminal-Programm *RealTerm* zum Einsatz. Es ist eines von vielen Terminal-Programmen, welches sowohl die alte RS232 bzw. serielle Schnittstelle COM, als auch die TCP/IP-Schnittstelle unter Windows unterstützt. Das beherrscht auch das alte Windows-Hyperterminal, wie an anderer Stelle zu sehen, aber der Clou von *RealTerm* ist, dass sich verschiedene serielle Kanäle mit einander verbinden lassen. Darüber hinaus verfügt das kostenlose Programm noch über andere Features, wie zum Beispiel die Programmierbarkeit. Der Hauptanwendungsfall in diesem Buch ist aber das Zusammenspiel der verschiedenen Schnittstellen.

Auf gewisse Art kann *RealTerm* unter Windows die Funktion eines ESP8266 übernehmen, da beide die Verbindung von RX/TX und TCP/IP zulassen. Entsprechende Beispiele sind an anderer Stelle z. B. im *Zusammenspiel* in diesem Buch aufgeführt. Andererseits lässt es sich auch als eine Art *netCat* einsetzen, allerdings mit einer einfach zu bedienenden Oberfläche. Verfügt das Windowssystem über Bluetooth, so können Daten auch auf diese Art weiter geleitet werden, da es möglich ist die BT-Schnittstelle über eine serielle Schnittstelle anzusprechen.

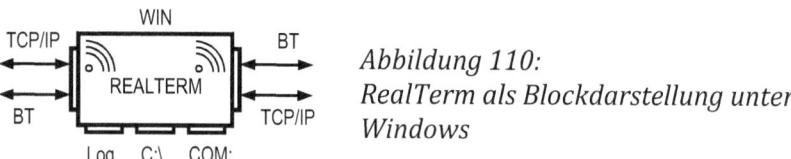

Abbildung 110:
RealTerm als Blockdarstellung unter Windows

Im oberen Teil des Bildschirms findet man das Terminalfenster, in dem die Ein- und Ausgaben erscheinen. Darunter zehn Reiter, die die verschiedenen Funktionen des Programms zugänglich machen: Display, Port, Capture, Pins, Send, Echo Port, I2C, I2C-2 I2C-Misc und Misc. Ab dem Reiter I2C können spezielle Eigenschaften des Programms Verwendung finden, die hier nicht weiter erläutert oder benutzt werden sollen.

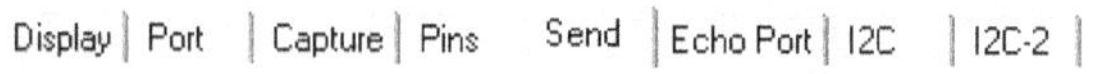

Display | Port | Capture | Pins   Send | Echo Port | I2C | I2C-2 |

Abbildung 111: Tabs in RealTerm

Unter DISPLAY lassen sich verschiedene Einstellungen zur Anzeige einstellen. Zeichensatz, Duplex, Hexadezimal, Binär, ASCII sind nur einige Möglichkeiten.

Mit **PORT** wird die Hauptverbindung festgelegt. Dort findet man die klassische serielle RS232- Verbindung aber auch einen Telnet-Server, sowie Clients des Localhost (127.0.0.1). Alle üblichen Parameter der Schnittstelle sind hier konfigurierbar. Mit ‚Open' öffnet man die gewählte Schnittstelle. Eingehende Daten können mit CAPTURE in einer Text-Datei laufend gespeichert werden. Auch für diese Aktion stehen verschiedenste Parameter zur Verfügung. Das Terminalfenster wird dann nicht mehr aktualisiert. Die einzelnen PINS eines RS232-Anschlusses (RTS/DTR/TXD) lassen sich unter diesem Tabulator schalten, falls diese Schnittstelle geöffnet ist. Unter SEND können einzelne Bytes oder Zeichen bzw. ganze Dateien über die geöffnete Verbindung übertragen werden. Dabei kann die einstellbare Verzögerung zwischen den Zeichen bei langsamer Empfängerhardware sehr nützlich sein. Weitere Parameter lassen individuelle Übertragungen zu.

Das Highlight von *RealTerm* ist allerdings der Tab mit der Überschrift **ECHO PORT**. Hiermit lassen sich die Daten der unter PORT eingestellten Verbindung an einen anderen Port weiter leiten. Die Auswahl ist hier identisch, so dass z. B. COM1: mit COM5: verbunden werden kann. Aber auch die Verbindung von COM1: mit einem Telnet-Server ist möglich, um so die seriellen Daten per Netzwerkprotokoll weiter zu reichen. Als weitere Anwendung können TCP/IP-Daten eines Programms, welches nur den Localhost (127.0.0.1) bedient (Sorcerer) an ein Gerät im gemeinsamen Netzwerk weiter gereicht werden. Im Abschnitt Zusammenspiel dieses Buches findet dieses Verfahren Anwendung, wenn die Decoder-Software Sorcerer seine über die Soundkarte erhaltenen Daten dekodiert und z. B. via TCP/IP-Port 55 dem eigenen Rechner über 127.0.0.1 anbietet. *RealTerm* nimmt die Daten mit dem eingehenden Port auf und stellt sie dar oder protokolliert sie in eine Datei und sendet sie per Echo Port an ein Smartphone oder Tablet weiter, welches mittels Router im lokalen Netz unter z. B. 192.168.178.23 (FritzBox-Beispiel) erreichbar ist, um dann weitere Dinge mit den Daten zu erledigen.

2.4 JavaScript und BT93

Die JavaScript Bibliothek *bt93.js* ist die Portierung einer alten Turbo-Pascal-Unit, die zum Einsatz kam, als Windows noch nicht sehr verbreitet war auf dem PC. Im Jahr 2012, mit Auftritt von HTML5 mit seinem Canvas, wurde auf *www.hjberndt.de/soft/canbt93.html* dies dokumentiert. In diesem Pfad liegt auch die Bibliothek. Dieses Buch benutzt im Abschnitt zum ESP8266BASIC diese Bibliothek, um einfache Diagramme im Browser zu erzeugen. An dieser Stelle sollen die wenigen Routinen und Konstanten kurz erläutert werden. Hier ein Beispiel:

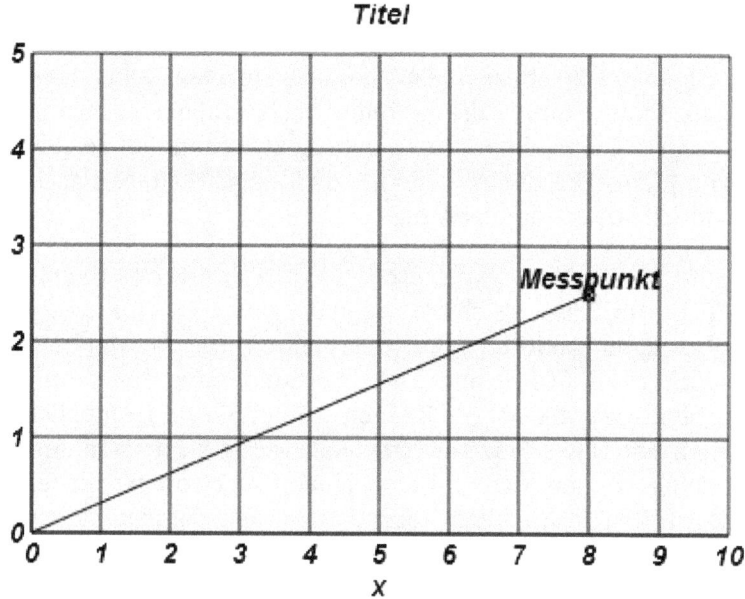

Abbildung 112: Einfaches Diagramm mit Messpunkt und Linie.

Der HTML-Quelltext sieht dazu wie folgt aus:

```
<!DOCTYPE html><html><body><br>
<canvas id="myCanvas" width="480" height="320" >
</canvas>
<script src="bt93.js" type="text/javascript">
</script>
<script type="text/javascript">

Grafik(AN);
```

```
farbe=WEISS;cls();
farbe=HELLGRAU;    hintergrund();
farbe=SCHWARZ;     xachse="x";yachse="";
Diagramm(0,10,0,0,5,1);
marktyp=KREUZ|KREIS;
DiaPunkt(8.0,2.5);
DiaLinie(0,0,8,2.5);
DiaText(8,2.5,"Messpunkt");

</script>
</body>
</html>
```

Es folgt eine kurze Referenz der Funktionen, Variablen und Konstanten dieser einfachen Bibliothek.

Grafik *(AN/AUS)*
Schaltet die Grafik an oder aus und initialisiert mit AN die nötigen Variablen. AUS wird nicht benutzt.

Diagramm *(xa, xe, xs, ya, ye, ys)*
Zeichnet eine Diagrammfläche mit Gitter und zwei Achsen. Die Parameter sind für x und y gleich und bedeuten Anfang, Ende und Schrittweite. Ist die Schrittweite 0, so wird eine 10er Teilung benutzt. Bei logarithmischer Achse wird der dritte Achsenparameter ignoriert. Die Zeichenketten *xachse*, *yachse* und *titel* können entsprechende Bezeichner enthalten.

Die Variable *diagrammtyp* ist voreingestellt auf XLINYLIN für ein doppelt-lineares Diagramm. Mit den Konstanten XLINYLIN, XLINYLOG, XLOGYLIN und XLOGYLOG kann der globalen Variable *diagrammtyp* eine Variante zugewiesen werden, bevor Diagramm aufgerufen wird.

DiaPunkt *(x, y)*
Markiert einen Punkt in Diagrammeinheiten mit dem *marktyp* und der *markgroesse*, wenn vorher *Diagramm* aufgerufen wurde. Die markgroesse (3) ist in Pixel angegeben. Der *marktyp* kann eine Kombination von KREUZ, RAUTE, KASTEN, DELTA, PUNKT und KREIS sein. Diese Konstanten können addiert oder odiert sein. Der Punkt erscheint in der Farbe, die die Variable *farbe* enthält.

DiaLinie *(x1, y1, x2, y2)*

Zeichnet eine Linie in Diagrammeinheiten und der zuletzt der Variablen *farbe* zugewiesenen Farbe, wenn vorher *Diagramm* aufgerufen wurde.

DiaText (x, y, s)
Schreibt eine Zeichenkette *s* als Konstante oder Variable an den Diagrammpunkt x/y. Für die Farbe gilt das Gleiche wie bei Punkt und Linie.

cls()
Löscht den gesamten Canvas oder die Zeichenfläche mit der zuletzt eingestellten *farbe*.

hintergrund()
Löscht die Diagrammfläche mit der zuletzt eingestellten *farbe*.

printxy(x, y, s)
Wie *DiaText*, aber mit Canvas-Koordinaten (Pixel).

draw(x1, y1, x2, y2, color)
Wie *DiaLinie*, aber mit Canvas-Koorinaten und ohne die Variable *farbe*.

plot(x, y, color)
Setzt ein Pixel in der Farbe color auf die Canvas-Koorinate x/y.

Globale Variablen:

diagrammtyp, marktyp, markgroesse,

xachse, yachse, titel, farbe,

xwork, ywork, wwork, hwork

Die letzten vier Variablen enthalten die Diagrammfläche in Pixeleinheiten. Ein weiteres Beispiel mit logarithmischer Teilung und etwas Spielerei:

```
<script src="bt93.js" type="text/javascript"></script>
<script type="text/javascript">

Grafik(AN);
farbe=WEISS;cls();
farbe=GRAU;
xachse="x";yachse="";
diagrammtyp=XLOGYLOG;
```

```
Diagramm(1,10000,0,1,100,0);
marktyp=KREIS+KREUZ+RAUTE;
farbe=GRUEN;markgroesse=50
DiaPunkt(200,50);
DiaLinie(10,65,1000,65);
DiaText(100,70,"Messpunkt");
printxy(xwork,ywork-20,"log y");
</script>
```

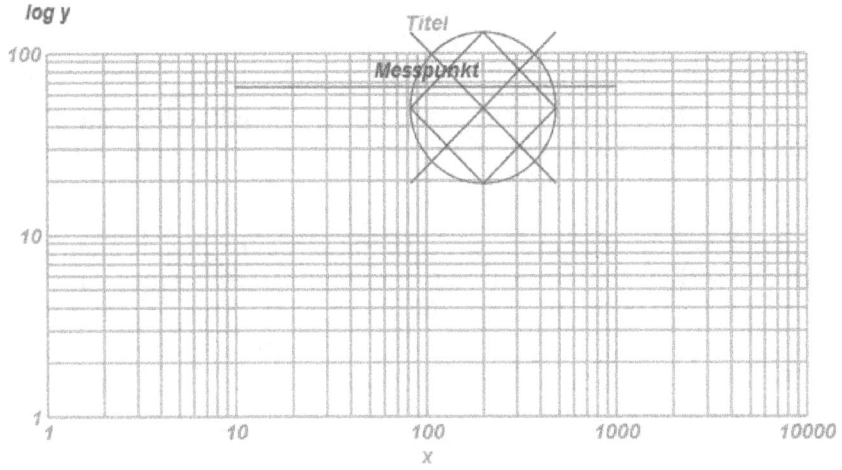

Abbildung 113: Doppelt-logarithmisches Diagramm in JavaScript

2.5 RFO-BASIC (ANDROID)

Sucht man mit Google nach „rfo-basic" so landet man bei:

http://rfo-basic.com/

Unten auf der Seite steht: *"This project is a labor of love by the curator of The Dr. Richard Feynman Observatory and author of Atari Basic and Apple DOS 3.1: Mr Paul LAUGHTON. It is free to all, now, and forever. The underlying source code is available under the terms of the GNU General Public License."*

Die App ist im PlayStore erhältlich und läuft auf Android-Geräten. Inzwischen gibt es auch einfache Wege aus den BAS-Dateien APPs zu erzeugen. Der NetCompactServer für den NetCompact-Client weiter unten in diesem Buch wurde so erzeugt.

Dieses Basic war Anlass für das erste eBook „*Messen mit dem Smartphone*" [1] dieser Reihe. Dort wurden die Möglichkeiten eines Android-Smartphones aufgezeigt und die Unkompliziertheit des Hardwarezugriffs über dieses Basic. In [2] lag der Schwerpunkt eher bei Bluetooth, Datenübertragung und Steuerung, wobei auch *rfo*-Basic zu Einsatz kam, da es in wenigen Zeilen zum Ziel führte.

In diesem Buch liegt der Schwerpunkt eher auf WLAN und TCP/IP und auch hier zeigt *rfo*-Basic wieder seine Stärke in der Kürze erforderlicher Quelltexte auf der Android-Plattform. Alle Beispiele in diesem Buch sind Abwandlungen der mitgelieferten Beispiele von Paul Laughton. Als weiteres Hilfsmittel ist die Dokumentation in Form der aktuellen PDF-Datei zu empfehlen.

2.6 NETCOMPACT (WINDOWS)

Dieser Abschnitt wurde im Rahmen der Vorarbeiten zu diesem Buch in wesentlichen Teilen als Ergänzung zu dem blauen eBook auf

http://www.hjberndt.de/soft/netcompact.html

bereits veröffentlicht.

Messdatenerfassung fand früher oft über die serielle RS232-Schnittstelle statt und so entstand das Programm Compact in verschiedenen Versionen und für verschiedene Plattformen. Eine Variante wird im Abschnitt *Digispark - Meets CompactDefinition* benutzt, um mit dieser kleinen Platine Messungen am Windows-PC durchzuführen.

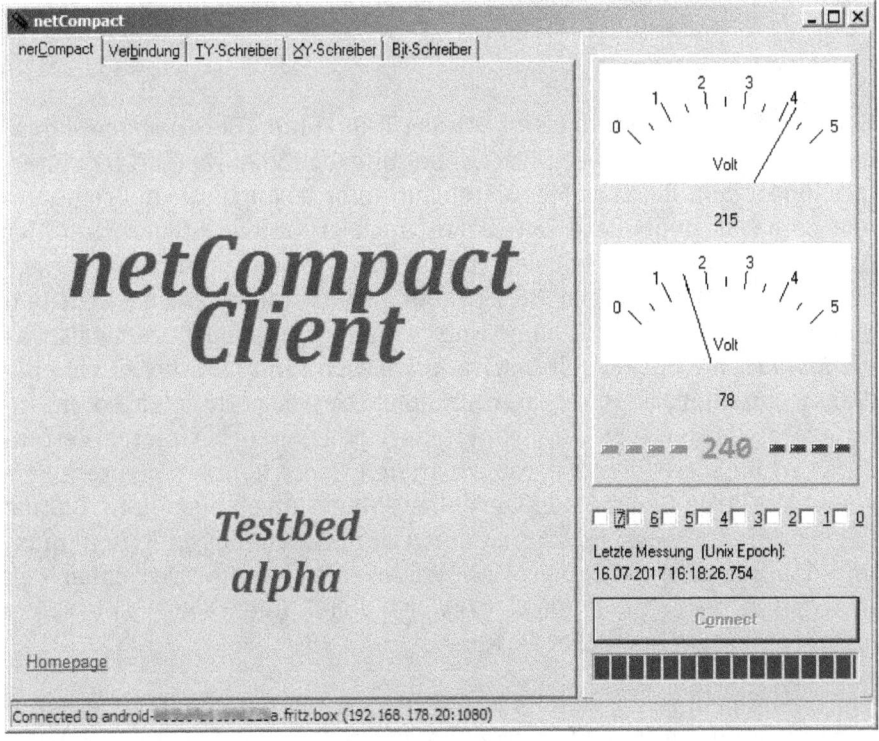

Abbildung 114: Testprogramm für TCP/IP-Messungen

Mit Erscheinen des ESP8266 und dessen Verbreitung ist der Umgang mit TCP/IP-Verbindungen im Mess- und Steuerbereich für alle angekommen und damit könnte die alte serielle RS232-Verbindung durch WiFi und Sockets abgelöst werden. Das Übertragungsverfahren bringt neue Möglichkeiten aber auch Probleme mit sich, die praktisch analysiert werden sollen. Zu diesem Zweck entstand die TCP/IP-Variante von Compact.

Um das Zusammenspiel zwischen der neuen Compact-Variante *netCompact* mit entsprechender Hardware wie z. B. ESP8266 mit dieser ersten Version untersuchen zu können, entstand in einem ersten Schritt ein Server auf einem Android-Smartphone oder Tablet, um die neue Verbindungsart mit ihren besonderen Verhaltensweisen mit *netCompact* zu beobachten.

2.6.1 CLIENT ODER SERVER

Bei der RS232-Verbindung gibt es zwei Teilnehmer. Bei *CompactDefinition* und dessen Vorgängern waren die Aufgaben klar verteilt. Das Interface liefert dem Rechner Messdaten auf Anforderung und ein Programm wie Compact stellt diese Daten dar. Auch eventuelle Steuerungen der Ausgänge am Interface wurden vom Rechner initiiert und vom Interface der Außenwelt mitgeteilt. Bei Sockets gibt es immer einen Client und einen Server. Darum muss eine Entscheidung getroffen werden, als was *netCompact* die Socketwelt betritt. Ein Server kann mehrere Clients bedienen, ein Client ist immer nur mit einem Server verbunden. Ist ein Interface als Messwertgeber also ein Server, können bei dieser Verbindungsart mehrere Clients darauf zu greifen. Somit könnten mehrere Personen mit ihren Clients Messwerte bzw. Steuerungen ausführen. Daraus folgt für dieses Szenario, dass *netCompact* als Client ausgelegt sein muss und das Interface als Server. Das Windows-Programm trägt daher den Arbeitstitel "*netCompact Client - Testbed alpha*". Client weil es ein Client ist und alpha, weil es nichts Fertiges ist.

Um einen Client zu entwickeln ist es hilfreich einen leicht veränderbaren oder programmierbaren Server zu benutzen. Die Umlaufzeiten bei Arduino & Co sind da zu hoch, darum entstand zunächst ein Server für *netCompact* auf einem Android Smartphone in *rfo*-Basic!

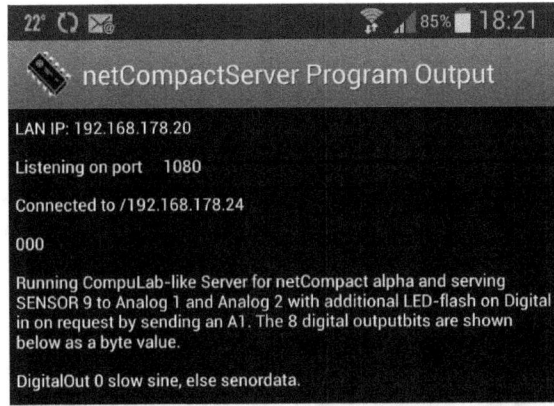

Abbildung 115: Android Smartphone/Tablet als Server für netCompact

Als erster Server liefert ein Android-Smartphone Sensordaten an *net-Compact*. Mit einer einfachen Oberfläche steht eine Android-App zur Verfügung, die in *rfo-Basic* formuliert (siehe weiter unten) über einen einstellbaren Port (1080 als Vorgabe) ihre Messdaten im weiter unten erläuterten Datenformat zur Verfügung stellt. Nach Eingabe der Port-Nummer zeigt die App die eigene IP an und wartet auf einen Client. Bei einer Verbindung wird eine Begrüßung gesendet und anschließend entsprechend den Anfragen reagiert. Das Smartphone liefert entweder zwei sehr langsame Schwingungswerte zur Überprüfung des Zeitverhaltens oder Werte des Lagesensors für zwei Dimensionen. Die Umschaltung erfolgt der Einfachheit wegen über die Digitalausgänge des simulierten Gerätes. Ist also einer der 8 Ausgangsbits angeschaltet, werden Sensordaten geliefert, sonst Schwingungsamplituden.

Wenn der Server mit bekannter IP läuft, kann sich *netCompact* mit ihm verbinden und automatisch eine Messanforderung "A1" senden. Das einmalige Senden von Zeichen erfolgt mit dem Senden-Button, wobei Zeilenvorschub und Wagenrücklauf entsprechend gesetzt werden können. Im unteren Fenster erfolgen Kontrollausgaben und eine Log-Datei ermöglicht Messprotokolle im Verzeichnis der Anwendung. Dort liegt auch eine INI-Datei, die einige Einstellungen speichert. Auf Registry-Einträge wird absichtlich verzichtet. Die Protokolldaten werden angehängt, so dass sehr schnell große Textdateien entstehen können. Diese Datei kann mit "Löschen" vernichtet werden.

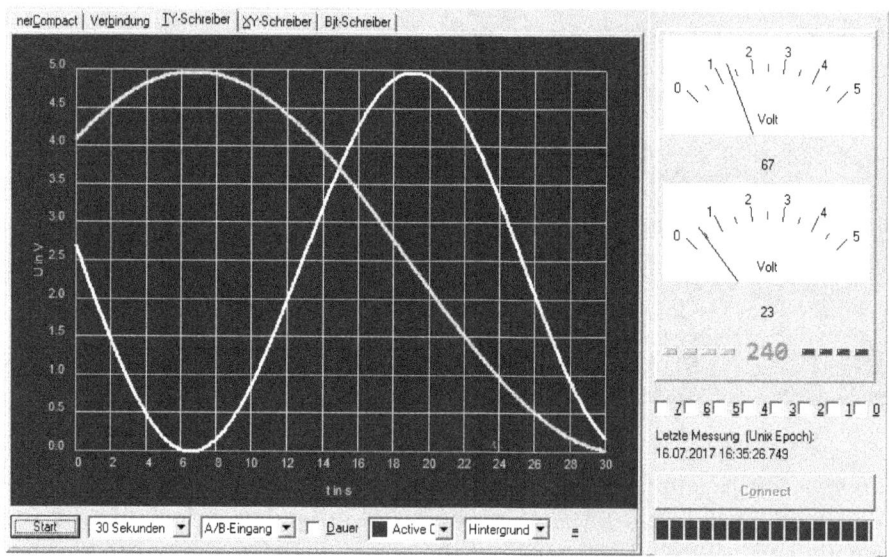

Abbildung 116: netCompact mit Smartphone-Messwerten

Mit „Connect" erfolgt eine Verbindung, wobei bei Erfolg zunächst der Fortschrittsbalken mit 50% erscheint. Erst nach dem ersten Messdatum ist der Balken in voller Breite sichtbar und die Empfangsdaten erscheinen im Kontrollfenster.

2.6.2 DATENFORMAT

Das ASCII-Datenformat ist in dieser Version wie folgt aufgebaut:

][1476694592256,0025,0040,0015

Zwei eckige Klammern als Reserve, danach der Unix-Zeitstempel mit 13 Zeichen und anschließend durch Komma getrennte Messdaten mit jeweils 4 Zeichen, wobei zurzeit nur die letzten drei Ziffern als 8-Bitwert ausgewertet werden. Um beide Messgeräte auf 2,5 Volt zu stellen und nur die rechten vier Leuchtdioden anzuschalten, muss also netCompachtClient zum Beispiel folgende Zeichenkette mit einem abschließenden Zeilenvorschub (#10) über TCP/IP gesendet werden:

][0000000000000,0127,0127,0015

Mit 13 Nullen als Zeitstempel ergibt das den 1. Januar 1970, da dort die Unix-Epoche beginnt. Damit sollte es möglich sein mit netCompactClient auch eigene Messgeber - z. B. ein ESP8266 - damit kommunizieren zu lassen. Zieht man das Fenster etwas nach unten auf, so ist das Testbed sichtbar. Hier kann das Zeitintervall manuell geändert werden. Auch sind Informationen zu Messpunkten und Messpunkt sichtbar. Die Bedienung des Schiebers erfolgt auf eigene Verantwortung insbesondere in Richtung kleiner Intervalle. Beide Programme stehen unter

http://www.hjberndt.de/soft/netcompact.html

zum Download bereit, um eigene Versuche zu starten. Windows meldet sich mit einer Warnung, die jedoch mit "trotzdem ..." , je nach Windows-Version umgangen werden kann. Unter Android sollten in den Einstellungen unter 'Sicherheit' der Haken bei 'Unbekannte Quellen' gesetzt sein, damit die Server-App installiert werden kann, obwohl sie nicht aus dem Play-Store stammt.

Mit dem Smartphone-Server lässt sich mit dem Handy drahtlos ein Kreis zeichnen. Dazu muss einer der Haken bei den Digitalausgängen gesetzt sein, damit der Lagesensor 9 der Android-Hardware ausgelesen und übertragen wird. Wenn das Gerät mit dem Display waagerecht auf einem Tisch liegt, stehen beide Zeiger in der Mitte. Hält man nun das Gerät senkrecht, hochkant vor sich, so zeigt das obere Messgerät Vollausschlag und die untere Anzeige Halbausschlag. Entsprechend steht der Messschreiberpunkt auf "3 Uhr", oder bei "0 Grad". Startet man den Schreiber und dreht das Android-Gerät langsam im Uhrzeigersinn, oder auch umgekehrt, so entsteht durch die Überlagerung der beiden Bewegungen eine Kreisdarstellung.

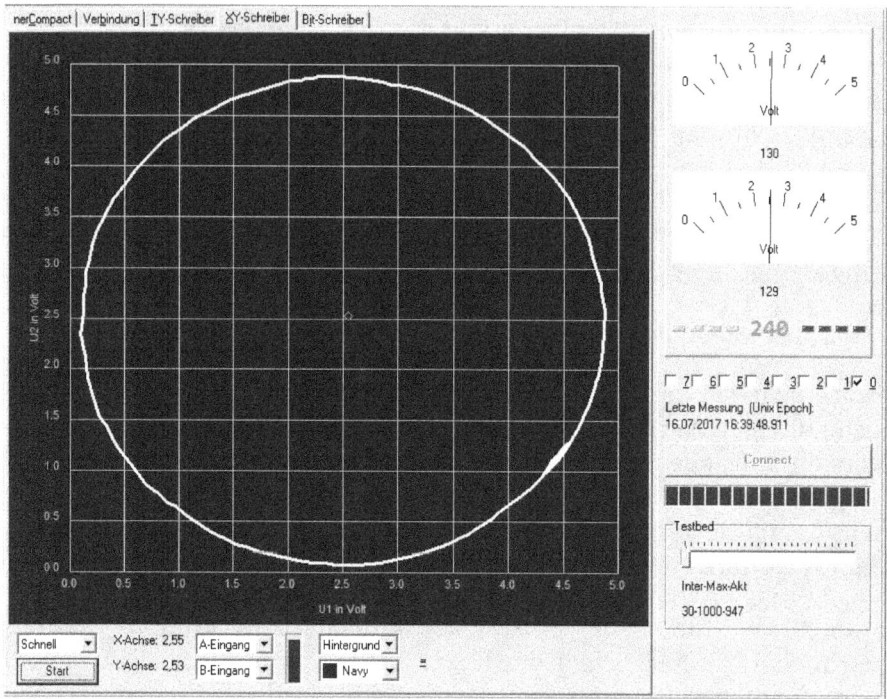

Abbildung 117: netCompact mit Sensor-9-Daten des Smartphones oder Kreisverkehr, Android-Sensordaten in Windows

2.6.3 RFO-BASIC!-SERVER

Mit dem einfachen Tool *rfo-BASIC! Quick-APK* entstehen aus einfachen Basic-Listings sogenannte APPS für die Android-Plattform, so auch die Download-Version des Servers. *Rfo*-BASIC und die Sensoren des Android-Smartphones waren Anlass für [1]. Dort findet die oder der Interessierte weitere Anwendungen dieser Sprache. Wer selber Hand anlegen möchte kann folgende Zeilen des Servers ändern, der aus der mitgelieferten Server-Demo entstand:

```
out$="000"
SENSORS.OPEN 9
PAUSE 200

FN.DEF ain$(out$)
 t=CLOCK()/1000
 IF out$="000" THEN % SCHWINGUNGEN
  a=127+127*SIN(2*PI()*0.04000*t)
```

```
 b=127+127*SIN(2*PI()*0.02050*t)
ELSE
 SENSORS.READ 9,b,a,c
 b=127+b*12.5:a=127+a*12.5
 b=MAX(0,MIN(b,255))
 a=MAX(0,MIN(a,255))
ENDIF
IF MOD(t,2)<1 THEN c=15 ELSE c=255-15
A$="]["+FORMAT$("%%%%%%%%%%%%%",TIME())+","+FORMAT$("%%%%",a)
+","+FORMAT$("%%%%",b) +","+FORMAT$("%%%%",c)+CHR$(13)
a$=REPLACE$(a$," ","")
 FN.RTN a$
FN.END

FN.DEF send(l$)
 SOCKET.SERVER.WRITE.LINE l$+CHR$(13)
 FN.RTN 1
FN.END

INPUT "Enter the port number", port, 1080
SOCKET.SERVER.CREATE port

start:
!*********** From Server Demo  ********
SOCKET.MYIP ip$: PRINT "LAN IP: " + ip$
p$=FORMAT$("######",port)
PRINT "Listening on port ";p$
SOCKET.SERVER.CONNECT 0
! WAIT FOR CLIENT
DO
 SOCKET.SERVER.STATUS st
 PAUSE 100
UNTIL st = 3
! Client connected
ok=0
SOCKET.SERVER.CLIENT.IP ip$
PRINT "Connected to ";ip$%   CLIENT CONNECT
CALL Send ("Hi, I'm Eliza, tell me about your problem within 32 se-
conds.")
! GREETINGS FROM SERVER
PAUSE 2000

!SERVER LOOP
DO
 maxclock = CLOCK() + 30000
 DO
  SOCKET.SERVER.READ.READY flag
  IF CLOCK() > maxclock THEN
   PRINT "Timeout after 30 seconds."
   CALL send ("Timeout, thus not listening anymore and closing down.")
   ONERROR:
   SOCKET.SERVER.DISCONNECT
   PRINT "Disconnected from client"
   GOTO start
  ENDIF
  IF flag =0 THEN PAUSE 20 % CPU/BATTERY
 UNTIL flag
```

```
SOCKET.SERVER.READ.LINE line$
SW.BEGIN LEFT$(line$,2)
 SW.CASE "A1": CALL send(ain$(out$)): SW.BREAK
 SW.CASE "D1": CALL send(ain$("D1")): SW.BREAK
 SW.CASE "O1": Out$=RIGHT$(line$,3):  SW.BREAK
 SW.DEFAULT :  CALL send("funky"): PRINT "FUNKY "+line$: SW.BREAK
SW.END
IF old$<>out$ THEN PRINT out$
old$=out$
PAUSE 2
IF ok =0 THEN PRINT "Running CompuLab-like Server for netCompact alpha
and serving SENSOR 9 to Analog 1 and Analog 2 with additional LED-flash
on Digital in on request by sending an A1. The 8 digital outputbits are
shown below as a byte value.":print "DigitalOut 0 slow sine, else
senordata."
 ok=1
UNTIL true
END
```

3 ZUSAMMENSPIEL

Dieser Abschnitt zeigt einige willkürliche, aber konkrete Beispiele des Zusammenspiels der verschiedenen vorher beschriebenen Komponenten und Verfahren. Es wird z. B. gezeigt wie der *Digispark per WLAN* bzw. TCP/IP mit dem Smartphone oder Tablet kommunizieren kann. Ein weiteres Beispiel ist eine Zeitansage, der über den Flugfunk auf Kurzwelle empfangenen Uhrzeit auf dem Smartphone - eine Art *Flugfunkuhrzeitansage*. Wie eine Art *Stille Post* mit Spracherkennung und Sprachausgabe zwischen Android und Windows abläuft zeigen Skripte in einem anderen Beispiel. Aber auch *ESP8266Basic* kann sehr einfach in Zusammenspielen eingesetzt werden. Doch zunächst der kleinste Arduino der Welt: Digispark.

3.1 DIGISPARK - TCP/IP (WLAN)

Der Digispark verbindet sich nativ über USB und/oder RX/TX (TTL-Serial). Um zusätzlich über WiFi zu sprechen muss zunächst einer dieser Wege genommen werden, wenn man nicht auf ganz unterster Ebene alles per I/O selber neu erfinden will.

Da der Weg über USB nur sehr langsam ist, bleibt der Anschluss über SoftSerial. Wie hier im ersten Teil erläutert, gibt es verschiedene benutzbare Hardwarekomponenten.

- HC06 Serial/Bluetooth >   (Win) > WiFi
- FTDI Serial/USB/Serial >   (Win) > WiFi
- ESP8266 Serial/WiFi
- HC06 Serial/Bluetooth >   (Android) > WiFi

Je nach gewähltem Verfahren sind auf der jeweils anderen Seite entsprechende Soft- und/oder Hardwarekomponenten erforderlich.

3.1.1 DIGISPARK: HC06 SERIAL/BLUETOOTH > (WIN) > WIFI

Diese Variante kommt ohne *ESP8288* aus. Der Aufbau erfolgt auf Seiten des *Digispark* mit dem schon verwendeten *HC06*-Modul, welches serielle Daten über Bluetooth sendet. Ein Smartphone könnte nun diese Daten - wie weiter oben über Bluetooth - lesen, aber Ziel ist hier die Verbreitung über WLAN und damit möglicherweise internetweit.

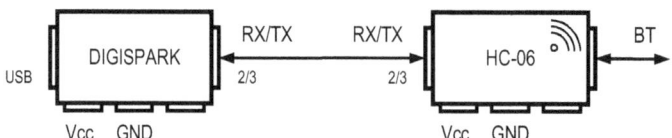

Auf der Empfängerseite wird hier ein Windows-Tablet eingesetzt, um die Umwandlung von Bluetooth nach TCP/IP über kostenlose Software zu erreichen. Das Tablet kann dann über einen Router mit dem Internet- oder auch nur lokal mit einem Smartphone oder iPod verbunden wer- den. Als Blockschaltbild könnte das so aussehen:

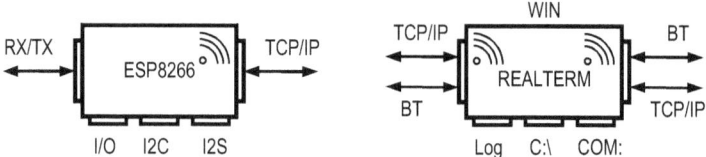

Das Programm *RealTerm* kann in Teilen etwa mit dem Hardwaremodul *ESP8266* verglichen werden, da es in der Lage ist serielle Daten auf TCP/IP umzuleiten. Diese Eigenschaft soll hier zum Einsatz kommen.

Lösung mit RealTerm
Wie bereits in [1] erläutert, kann Windows über eine übliche COM- Schnittstelle per Bluetooth kommunizieren. Dadurch ergibt sich zu- nächst folgender Datenweg ab Bluetooth-Empfang: *RealTerm* verbindet sich über z. B. *COM5*: mit dem Bluetooth-Sender *HC06* am Digispark. Die Echo-Funktion in *RealTerm* leitet die Daten auf z. B. Port 23 (telnet). Das Smartphone benutzt einen TCP/IP-Client und verbindet sich mit dem Windows-Tablet über einen Router auf Port 23. Das Ergebnis ist eine TCP/IP-Verbindung mit dem *Digispark*.

Ein Sketch im *Digispark* sendet zum Test via SoftSerial "*Hallo Digispark*", sowie die verstrichene Zeit im ms einmal in der Sekunde.

```
#include <SoftSerial.h>
#include <TinyPinChange.h>

#define  RX    2 //BluetoothSerial
#define  TX    3 //BluetoothSerial

SoftSerial mySerial(RX, TX);
#define Serial mySerial

void setup()
{ Serial.begin(9600);
}

void loop()
{ Serial.print("Hallo Digispark\t");
  Serial.println(millis());
  delay(1000);
}
```

RX/TX (Pin 2/3) wird mit TX/RX (kreuzweise) mit dem *HC06*-Modul verbunden. Damit steht der Aufbau senderseitig.

Auf dem Windows-Tablet ist das *HC06*-Modul per Bluetooth gekoppelt, aber noch nicht verbunden. Die entsprechende Bluetooth/COM-Schnittstelle (z. B. *COM4*:) wird im Terminal geöffnet, wodurch nach etwa zwei Sekunden die Verbindung erfolgt. Am *HC06*-Modul ändert sich das LED-Blinken in ein Dauerleuchten Als Zwischenergebnis sollte die Mitteilung vom *Digispark* im Terminal lesbar sein. Nun wird im Reiter *Echo Port* Port 23 (*server:telnet*) gewählt und mit *Echo On* und *Change* die Weiterleitung initiiert. Entsprechende grüne LED-Nachbildungen zeigen eine erfolgreiche Verbindung an. Damit steht die Verbindung bei der Vermittlungsstelle am Windows-Tablet.

Am Smartphone, oder an irgend einem anderen TCP/IP-fähigem Gerät, kommt nun ein TCP/IP-Client zum Einsatz. (Bei Mangel an Hardware klappt das auch auf dem Win-System mit Hyperterminal zum Test). Hier das Ergebnis auf dem Galaxy Note 1 unter Android.

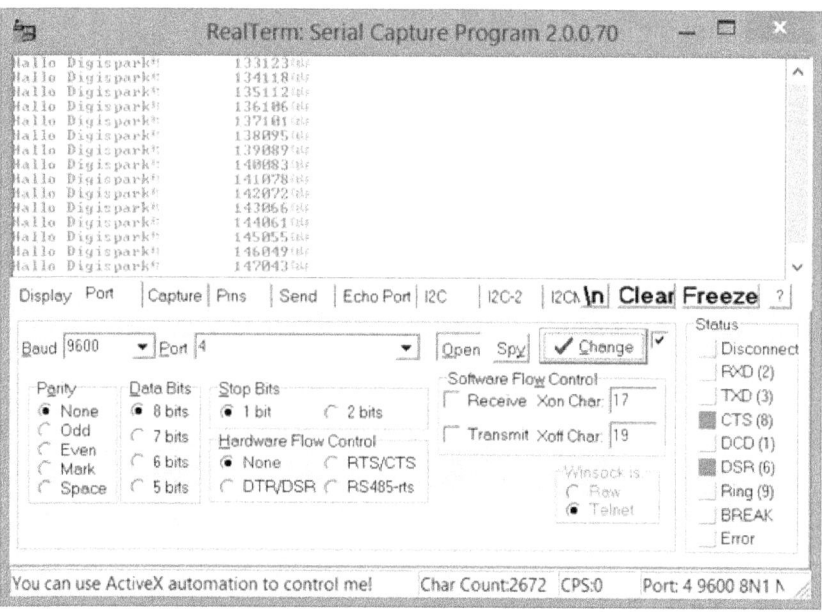

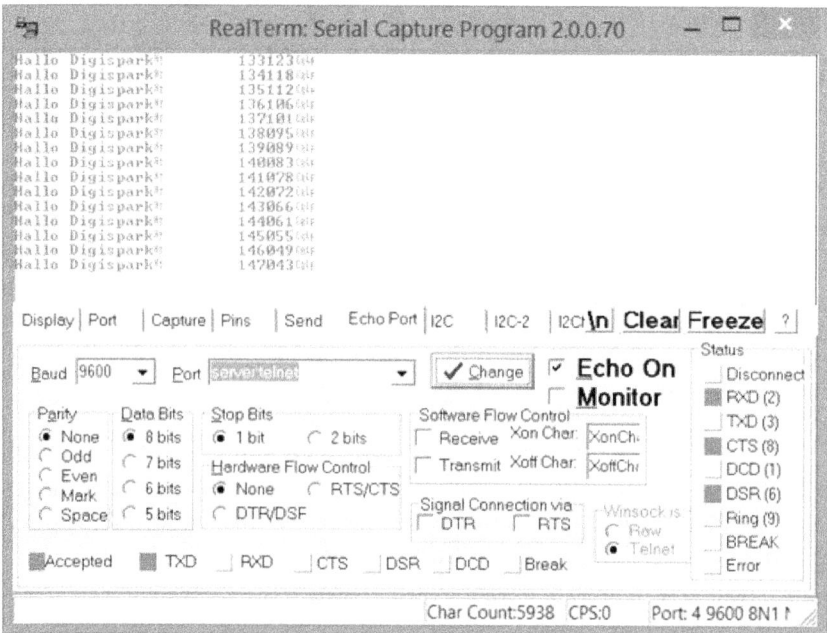

Abbildung 118: Bluetooth-Adapter HC06 teilt seine Daten über COM4: mit 9600 Baud mit und RealTerm leitet die Bluetooth-Daten als Echo weiter an Port 23.

Adaptername:	Wi-Fi
SSID:	E5830-c818
Verbindungstyp:	802.11g
IPv4-Adresse:	192.168.1.101

Abbildung 119: Das Windowstablet zeigt im Task-Manager WiFi-Informationen.

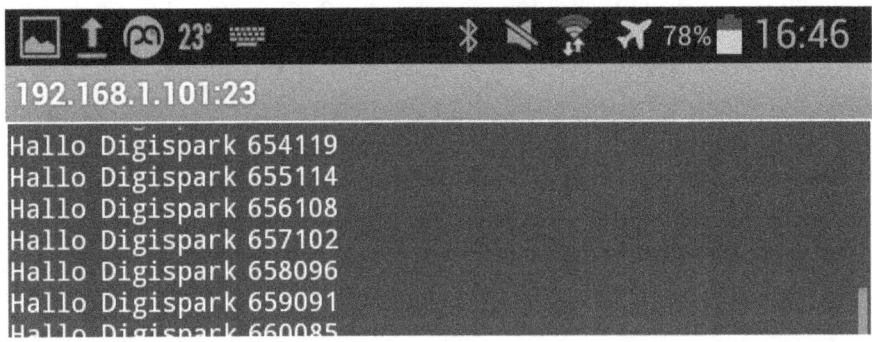

Abbildung 120: Android TCP/IP-Client ist verbunden mit dem Digispark über ein Windows-Tablet

Lösung mit RealTerm und NetCat

Ein anderer Weg kann mit dem Einsatz von *NetCat* beschritten werden. Das mag etwas umständlich erscheinen, aber Ziel dieses Buches ist es Möglichkeiten aufzuzeigen, um sie gegebenenfalls für eigene Problemstellungen in abgewandelter Form als Lösung zu benutzen.

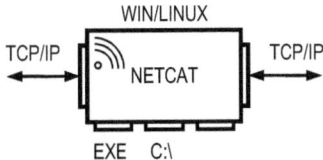

RealTerm holt sich wieder die Daten von *HC06* am *Digispark* über z. B. *COM5*: ab. Diesmal wird jedoch die Echo-Funktion nicht benutzt, so dass auch andere Terminalprogramme einsetzbar wären, die diese Funktion nicht unterstützen. Bedingung ist allerdings für diese Lösung, dass eine Log-Datei die einkommenden Daten als Text speichern kann, was ja meist gegeben ist.

In *RealTerm* kann die Datei *Capurte.txt* eintreffende Daten protokollieren bzw. speichern. *NetCat* holt sich diese Log-Datei und sendet diese via

TCP/IP zum Smartphone. Im Detail könnte das dann auf dem Windows-Tablet so aussehen:

Die einlaufenden Daten werden in der Datei *C:\temp\capture.txt* protokolliert. Das Tablet ist beim Router mit z. B. der lokalen IP 192.168.1.101 angemeldet. Auf dem Windows-Tablet wird mit dem Editor (*Notepad.exe*) eine Text-Datei mit folgendem Inhalt angelegt: `C:\temp\nc\nc -L -p 33 -e cmd.exe`. Die Datei wird gespeichert und anschließend umbenannt in z. B. *digi.bat* (Icon ändert sich). Bevor diese Datei durch Doppelklick gestartet wird, ist sicher zu stellen, dass es das Verzeichnis (Ordner) *nc* im Verzeichnis *C:\temp* gibt und darin *nc.exe* wohnt.

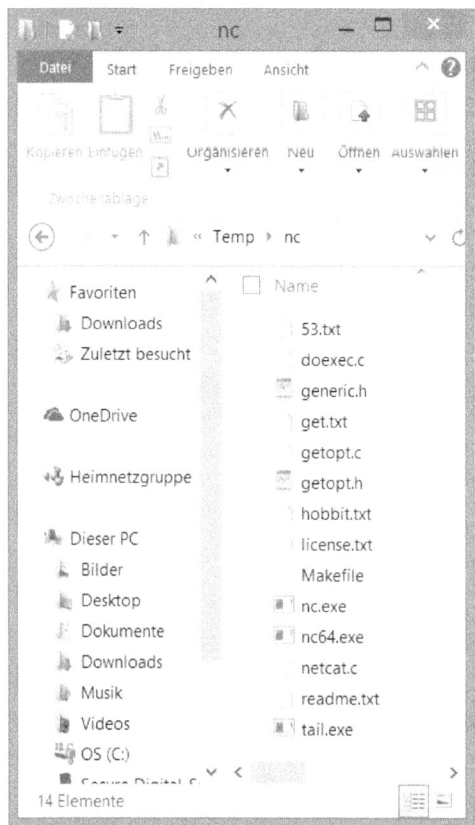

Abbildung 121: Das alte C:\Temp-Verzeichnis eignet sich gut für Experimente. NetCat und Tail im Unterverzeichnis nc. NetCat muss bei der Firewall (Win8.1) angemeldet sein (Administrator)

Die BAT-Datei ruft dann *NetCat* (*nc.exe*) so auf, dass auf TCP/IP-Port 33 des Tablets gelauscht wird, ob jemand eine Verbindung wünscht. Sobald dieser Fall eintritt, wird der Befehlsprozessor von Windows gestartet und alle Ausgaben auf Port 33 ungefiltert umgeleitet. Damit kann der

Anfrager, in diesem Fall ein Android Smartphone, das Kommando auf dem Windows-Tablet übernehmen.

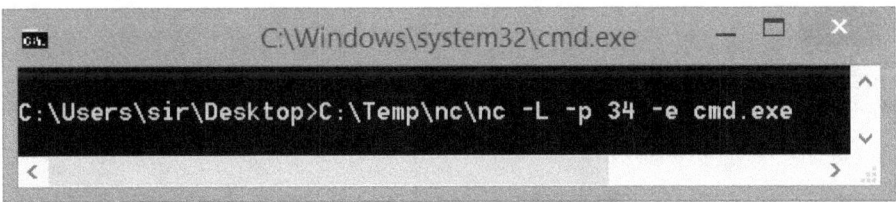

Abbildung 122: Windows lässt sich mit NetCat vom Smartphone steuern

```
C:\Users\sir\Desktop>C:\Temp\nc\nc -L -p 34 -e cmd.exe
```

Abbildung 123: NetCat-Aufruf von der Kommandozeile

Hier soll nun die Datei *capture.txt* übermittelt werden. Solche sich ändernden Protokolldateien gibt es in der digitalen Welt öfter und darum existiert auch ein einfaches Werkzeug, um solche Dateien kontinuierlich weiter zu leiten. Im Windows-*Resource-Kit der SDK von Windows 2003* findet man die Datei *tail.exe*, die jeweils die letzten 10 Zeilen einer sich ändernden Datei überträgt. Liegt diese Datei im selben Verzeichnis wie NetCat, kann sie entsprechend aufgerufen werden. (Alternativ kann mit VBScript eine solche Funktion programmiert werden) Auf dem Smartphone wird nun im Client am Windows-Prompt *tail* mit dem folgenden Aufruf gestartet:

```
C:\Temp\nc>tail -f c:\temp\capture.txt
```

Damit steht die Verbindung und die Daten vom Digispark sollten im 10-Zeilen-Intervall auf dem Smartphone eintreffen.

Zusammengefasst:

Digispark-Serial > Serial-Bluetooth > Bluetooth-COM > (RealTerm) > COM- Datei > (NetCat/Cmd/Tail) > Datei-TCP/IP

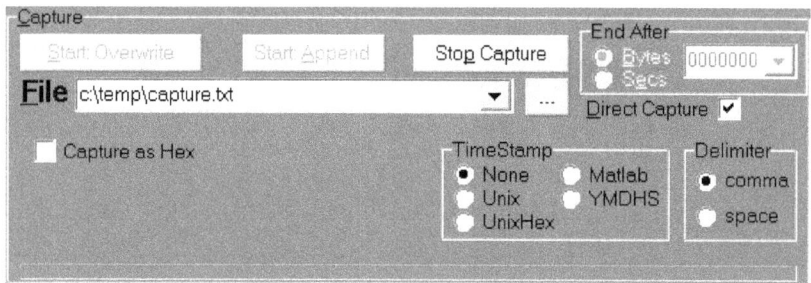

Abbildung 124: RealTerm speichert in seine Log-Datei capture.txt

Da *tail.exe* im selben Verzeichnis liegt wie nc.exe und dieses Verzeichnis nicht in der Windows/DOS-PATH-Variable angegeben ist, ist es erforderlich den gesamten Pfad mit einzugeben, oder nach alter DOS-Manier über `cd..` - wie hier geschehen - dort zu landen.

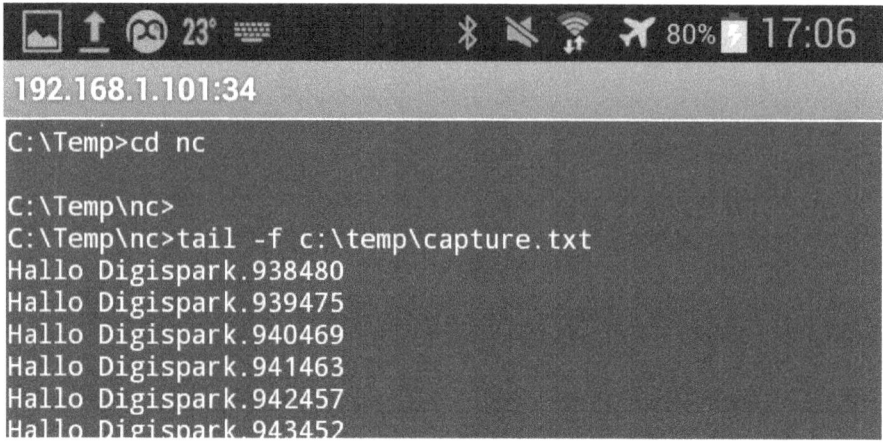

Abbildung 125: Aufruf und Ergebnis von tail.exe auf dem Phone

3.1.2 DIGISPARK: SERIAL TO FTDI/COM > COM/TCP/IP (WLAN)

Um über Draht mit einem *FTDI-Adapter* via USB/Host-Kabel zu dem im vorigen Abschnitt benutzen *RealTerm* zu gelangen, muss lediglich das *HC06-Modul* durch diesen Adapter ersetzt werden.

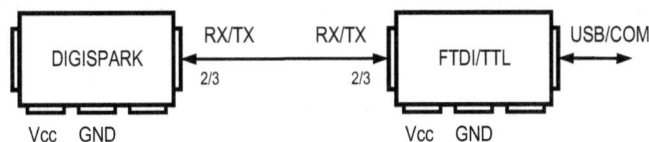

Der Sketch und die Verdrahtung im und am Digispark kann identisch bleiben. Bis auf den Austausch der Hardware ändert sich im Wesentlichen nur die Nummer des COM-Anschlusses, der im *RealTerm* im Reiter Port eingestellt wird. Ansonsten sollten beide oben beschriebenen Verfahren unverändert funktionieren.

3.1.3 DIGISPARK: SERIAL TO ESP8266 > TCP/IP (WLAN)

Die kleinste und preiswerteste Lösung kommt ohne Windows-Helferlein aus. Der Baustein *ESP8266* wurde dafür konstruiert serielle Daten über TCP/IP oder WLAN bzw. WiFi weiter zu leiten. Ob es Sinn macht, bei den Kapazitäten des ESP noch einen Digispark zu benutzen, kann man diskutieren oder auch nicht - hier soll nur die Möglichkeit aufgezeigt werden.

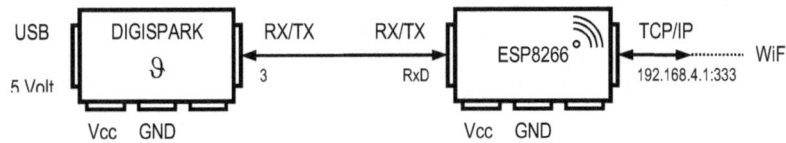

Abbildung 126: Übertragung der inneren Digispark-Temperatur alternativ auch über WiFi

Auf Seiten des Digispark bleiben der Sketch und die Verbindung unverändert. RX/TX wird nun jedoch mit TX/RX des ESP verbunden. Im 8266 läuft dann ein SerialToTelnet-Sketch aus den Beispielen. So wird quasi die Windows/*RealTerm*-Variante durch diesen programmierbaren Baustein ersetzt.

Der nachfolgende Sketch für den *ESP8266*/12 ist eine Abwandlung des Beispiels aus der ESPWiFi-Bibliothek (Core) und verbindet die serielle Schnittstelle des ESP mit der TCP/IP (WLAN)-Schnittstelle. Programmiert wurde mit der Arduino-IDE.

Der WiFi-Baustein arbeitet im AP-Modus, wodurch keinerlei andere Infrastruktur vorhanden sein muss. Das Smartphone verbindet sich mit einem "Hotspot" mit dem Namen *ESPap* mit passwortfreiem Zugang. Ein TCP/IP-Client kann sich nun per IP mit Port 333 verbinden und die Mitteilungen des Digispark lesen.

```
#include <ESP8266WiFi.h>
#define PORT 333
#define MAX_SRV_CLIENTS 3

WiFiServer server(PORT);
WiFiClient serverClients[MAX_SRV_CLIENTS];

#define Serial1 Serial

void setup()
{WiFi.disconnect();
 delay(100);
 pinMode(13, OUTPUT);Serial1.begin(9600);// pin 2 tx
 WiFi.softAP("ESPap", "");
 Serial.begin(9600);
 server.begin();
 server.setNoDelay(true);
 Serial1.print("Ready! Use 'telnet ");
 Serial1.print(WiFi.softAPIP());
 Serial1.println(" 333' to connect");
}

void loop()
{uint8_t i;
 if (server.hasClient())
 {for(i = 0; i < MAX_SRV_CLIENTS; i++)
  {if (!serverClients[i] || !serverCli-
ents[i].connected())
   {if(serverClients[i])serverClients[i].stop();
    serverClients[i] = server.available();
    Serial1.print("New client: "); Serial1.print(i);
    continue;
   }
  }
```

```
 WiFiClient serverClient = server.available();
 serverClient.stop();
}
// COPY TO SERIAL
for(i = 0; i < MAX_SRV_CLIENTS; i++)
{if (serverClients[i] && serverClients[i].connected())
 {if(serverClients[i].available())
  {while(serverClients[i].available())
   {char c = serverClients[i].read();
    Serial.write(c);
   }
  }
 }
}
// COPY FROM SERIAL
if(Serial.available())
{size_t len = Serial.available();
 uint8_t sbuf[len];
 Serial.readBytes(sbuf, len);
 for(i = 0; i < MAX_SRV_CLIENTS; i++)
 {if (serverClients[i] && serverClients[i].connected())
  {serverClients[i].write(sbuf, len);
   delay(1);
  }
 }
}
}
```

Diese Zeilen verbinden Serial und WiFi im ESP8266.

3.1.4 DIGISPARK: SERIAL/BLUETOOTH > TCP/IP (WLAN)

In der vierten Variante wird quasi der erste Weg mit umgekehrten Helferlein beschritten. Der *Digispark* wird wieder mit dem *HC06*-Bluetooth-Modul verbunden, das Windows-Tablet mit *RealTerm* wird mit einer Android-App ersetzt. Der Software-Bauer *Next Prototypes*, der schon sehr gute Bluetooth- und TCP/IP-Clients im Google-PlayStore ablieferte, kombiniert beide Übertragungswege in der App *SerialTransfer*. In diesem Zusammenhang erfüllt es die Funktion von *RealTerm*, allerdings auf der Android-Plattform. Auch als eine Art Software-*ESP8266* könnte man es bezeichnen, wenn es nur um Serial/TCP/IP-Wandlung geht. Die seriellen Daten erreichen dabei Android via Bluetooth und stehen an einem

TCP/IP-Port bereit. Das Windows-Tablet soll in diesem Szenario der Empänger sein.

Der Digispark sende unverändert seine Bluetooth-Botschaften über das *HC06*-Modul. In der App *SerialTransfer* erfolgt erst die Verbindung per Bluetooth. Wenn diese Verbindung steht kommt nun der Empfänger in Form des Windows-Tablet. In *RealTerm* soll nun ein Server laufen, damit sich das Android-Smartphone in der App SerialTransfer als Client beim Tablet anmelden kann. Im Reiter *Port* passiert das durch die Auswahl *telnet:server*. Erst jetzt lässt sich *SerialTranfer* mit dem Tablet per TCP/IP (z. B. 108.168.1.100:23) verbinden.

Am Ergebnis der Abbildung ist zu erkennen, dass irgendwo etwas klemmt. Vermutlich ist der Entwickler *Next Prototypes* auf einem schnelleren Androiden unterwegs als das betagte Galaxy Note 1. Eine direkte Bluetooth-Verbindung zeigt auf dem Tablet keine Fehler.

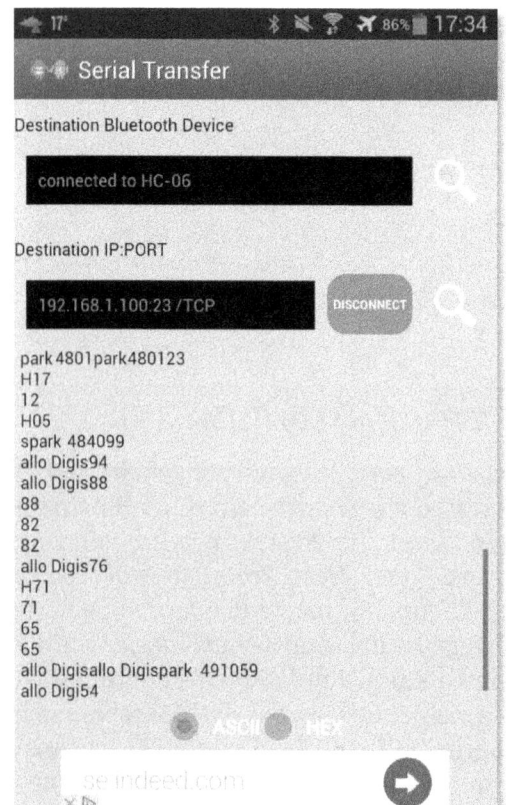

Abbildung 127: Verbindung Bluetooth to WiFi auf Android

3.2 ESPBASIC

In diesem Abschnitt des Kapitels „Zusammenspiel" werden weitere Anwendungen von und mit ESPBasic vorgestellt, die dem Kontext dieses
Buches entsprechen.

3.2.1 ESPBASIC: SERIELLE SCHNITTSTELLE

Die Programmierung der seriellen Schnittstelle gestaltet sich Dank der
ereignisorientierten Programmsteuerung von ESPBasic kurz und kom-
fortabel. Nachdem die Dinge initialisiert und gestaltet sind, wartet Basic
mittels *wait* auf die Ankunft serieller Daten, um dann entsprechend zu
reagieren.

```
serialprintln "hi"
serialbranch [serialread]
wait

[serialread]
serialinput s$
serialprint "received: "
serialprintln s$
wprint s$
return
```

Nach einem kurzen Gruß auf dem seriellen Kanal wird das Sprungziel bei
seriellen Daten festgelegt und gewartet. Trifft auf diesem Weg etwas ein,
so füllt sich die Zeichenkette (String*) s$* mit den empfangenen Daten, die
anschließend postwendend mit einem Empfangsvermerk wieder zurück
gesendet werden. Wenn das ESP-Modul mit LDR (*Witty-Cloud*) über ein
USB-Host-Kabel mit einem Windows-Tablet, oder mit HC06 über Bluetooth mit einem anderen Gerät mit seriellem Terminalprogramm (9600
Bd) verbunden ist, kann ein Test erfolgen.

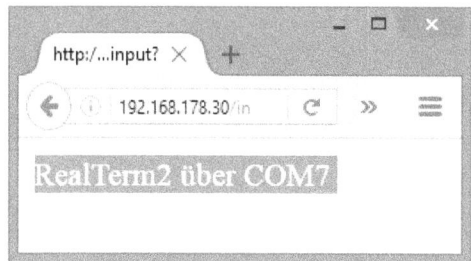

Abbildung 128: Meldung im Browser und im RealTerm-Fenster

RealTerm mit Halbduplex ist hier über COM7 mit dem ESP-Modul verbunden und zeigt die Daten entsprechend. Zwischendurch meldet sich Basic und die Winsock mit Statusmeldungen, da vorher das nun folgende Zusammenspiel einem Test unterzogen wurde.

3.2.2   ESPBASIC: TCP/IP UND SERIELLE SCHNITTSTELLE

Eine Grundeigenschaft des ESP8266 ist die Verbindung der beiden seriellen Übertagungsarten. Seine RX/TX Leitungen mit TTL-Pegel können Informationen über WiFi/WLan übernehmen und auch umgekehrt. Der ESP-Core für die Arduino-IDE enthält ein Beispiel zu Telnet, um diese Verbindung in C zu verwirklichen. Das entsprechende Basic-Listing fällt kurz und knapp etwa so aus:

```
textbox T$
textbox S$
print "Hi. TCP/IP2Serial mit esp8266Basic"
if telnet.client.connect("192.168.178.26",23)>0 then
 telnet.client.write("Hallo. Hier spricht espBASIC!")
 Telnetbranch [clientread]
 serialbranch [serialread]
else
 print "Keine Verbindung."
 end
endif
wait

[clientread]
T$ = telnet.client.read.str()
serialprint T$
```

```
wait

[serialread]
serialinput S$
telnet.client.write(S$)
return

[ende]
telnet.client.stop()
end
```

Die zwei Textboxen sind die Anzeigen im TCP- und seriellen Modus. Das Programm nutzt die Ereignissteuerung und verzichtet damit auf ständiges Abfragen der Verfügbarkeit von Daten der jeweiligen Schnittstelle. Zu beachten ist, dass in der hier verwendeten Version 3.3 der serielle Branch "*SerialRead*" mit *Return* endet -, der Socket-Branch "*ClientRead*" aber mit einem *wait* abgeschlossen ist. Immer wenn Daten anliegen, werden diese unverändert der anderen Schnittstelle weiter gereicht. Schließlich wird mit etwa zwei Zeilen die Server-Verbindung mit der entsprechenden IP aufgebaut und am Ende wieder geschlossen.

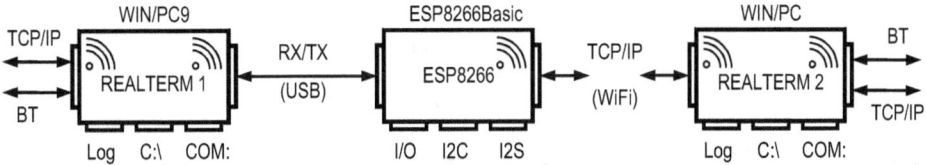

Abbildung 129:
Seriell-TCP/IP mit ESP8266 und RealTerm als Testprogramm

Um diesen Telnet-zu-Seriell-Client zu testen, ist ein Telnet-Server erforderlich. Außer Android-Apps und *rfo*-Basic auf Android kann ein Test auf einem Windows-Tablet mit *RealTerm* erfolgen. Dieses an anderer Stelle beschriebene Programm ist in der Lage als Gegenstelle für beide Kommunikationswege zu dienen. Für diesen Test werden zwei Instanzen von *RealTerm* gestartet. Mit dem ersten Aufruf wird ein Telnet-Server mit der eigenen lokalen IP, oder dem Localhost aufgebaut. Dieser Server wartet auf Port 23 auf einen Client, hier ist dies das ESP-Programm. Der zweite Aufruf von *Realterm* dient als serielles Terminal, welches über COM7: via USB-Kabel mit der seriellen Schnittstelle des ESP spricht. Das Blockschaltbild dieses Zusammenspiel könnte obiges Aussehen haben.

Die einzelnen Schritte gestalten sich dann wie folgt, wenn Basic bereits im ESP läuft

* Basic-Programm in der ESP8266Basic-Editor des Browsers übertragen
* ESP 8266 über USB -(Host)-Kabel mit Tablet verbinden (COM x)
* RealTerm1 starten und Telnet-Server starten
* Realterm2 starten und mit COMx verbinden
* Basic-Programm speichern (Save) und starten (Run)

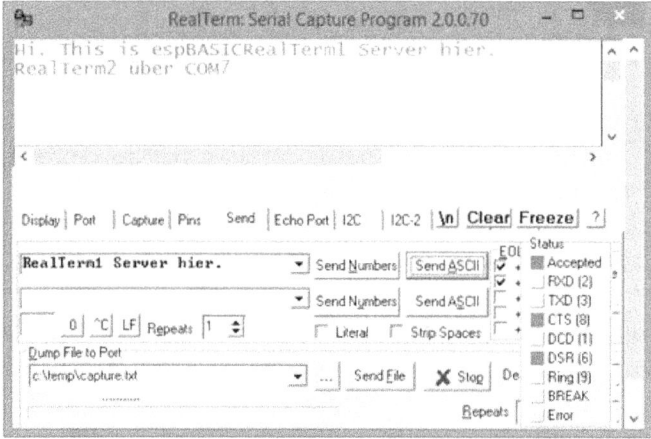

Abbildung 130: Server in RealTerm zum Test

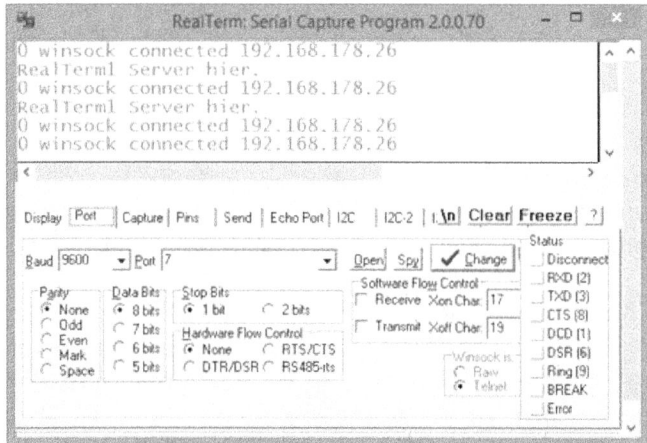

Abbildung 131: Serielle Verbindung über COM7:

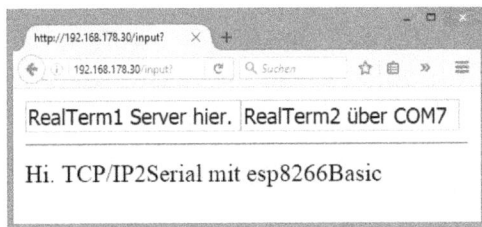

Abbildung 132: Der Vermittler im Browserfenster

Das Basic-Programm ist nur der Vermittler und verhält sich völlig passiv. Die Textanzeigen sind eine Kopie der übertragenen Daten und dienen nicht der Eingabe. Somit erfüllt der ESP-Baustein seine ureigene Aufgabe: TCP/IP-Serial-Konverter.

3.2.3 ESPBASIC: *NETCOMPACTCLIENT*

Mit der Windows-Anwendung *netCompactClient* soll die ursprünglich für serielle Interfaces konzipierte Software mit den Apparaten über TCP/IP bzw. Sockests kommunizieren. Hier nun eine entsprechende minimalistische Variante dieser Software in Basic, die allerdings nur den Verbindungsteil nachbildet. Die Darstellung von Messwerten ist weiter unten gelöst.

Um die Verbindung herzustellen und ankommende Daten zu trennen sind etwas mehr Zeilen erforderlich, aber immer noch viel weniger als das in Delphi formulierte Windows-Original.

esp8266Basic als netCompactClient

Zeigt die drei Byte-Werte. Beim Android-Server wird zwischen Sensor 9 und den Schwingungen umgeschaltet.

][1476568586001,0210	Sensors
15. Oct 2016 21:56:26	Zeitstempel
0210	
0240	
0240	

Intervall/ms: 1000 ⌄

STOP

Abbildung 133:
netCompactClient
in ESPBasic

Das Programm besteht aus vier Teilen. Zu Beginn werden Variablen initialisiert und die Elemente auf die Browserseite platziert. Die erste Textbox zeigt Meldungen und einlaufende Daten. Danach folgt der Zeitstempel, der aus den übertragenen Daten mit Hilfe von Basic-Routinen in ein lesbares Datum umgewandelt wird. Darunter dann die zwei ursprünglichen Analogdaten und der Digitaleingang. Über eine *dropbox* kann das Intervall der Messwertaufforderung "A1" eingestellt werden. Am Ende der Initialisierung erfolgt die Verbindung zum Server, der in diesem Fall die Android-App *netCompactServer* ist und über die vom Router verteilte lokale IP angerufen wird. Anschließend folgen die Festlegung des Sprungziels bei einlaufenden Daten, sowie der Start des Timers.

Der zweite Teil wird unter dem Sprungziel mach bei jedem Timerereignis abgearbeitet. Die Timer-Aufgabe besteht darin mit der Zeichenkette "A1" dem Messdatenlieferanten mit zu teilen, dass Daten gewünscht werden. An dieser Stelle wird auch die Verbindung überprüft und gegebenenfalls mit einer Meldung unterbrochen bzw. geschlossen.

Der dritte Teil verarbeitet einlaufende Daten. Nach der Entfernung von Zeilenvorschub und Wagenrücklauf erfolgt die Zerlegung der empfangenen Zeichenkette, so dass zum Schluss der Zeitstempel und die drei Bytes in den Text-Boxen erscheinen.

Mit dout steht als vierter Teil die Möglichkeit bereit die Digitalausgänge mit "010xxx" als 8-Bitwert zu schalten. Zum Schluss das Ende als Sprungziel für den Stop-Button.

```
dim m$
a1 = 256
b1 = 256
c1 = 256
m$ = "Connecting..."
x = 0
wprint "<hr noshade size=1><font size=5
face=Arial,Helvetica>esp8266Basic als netCom-
pactClient</font><hr noshade size=1>"
wprint "<font size=2 face=Arial,Helvetica>Zeigt die
drei Byte-Werte. Beim Android-Server wird zwischen
Sensor 9 und den Schwingungen umgeschal-
tet.<br><br>"

textbox m$
button "Sensors",[dout]
wprint "<br>"
textbox stamp$
wprint " Zeitstempel<br>"
textbox a$
meter a1,0,255
wprint "<br>"
textbox b$
meter b1,0,255
wprint "<br>"
textbox c$
meter c1,0,255
bla = 1000
wprint "<br>Intervall/ms:    "
dropdown bla,"10,50,100,500,1000,5000,10000"
wprint "<hr noshade size=1>"
button "STOP",[ende]
```

```
if telnet.client.connect("192.168.178.23",1080)>0
then
telnet.client.write("Hi. This is espBASIC")
telnet.client.write(chr(10))
telnet.client.write("O10000" & chr(10))
Telnetbranch [clientread]
else
 print "Keine Verbindung."
 end
endif
timer 500,[mach]
wait

[mach]
t = bla
e$ = "Verbindung unterbrochen."
timer t,[mach]
if telnet.client.write("A1" & chr(10))=0 then
 m$ = e$
 wprint e$
 goto [ende]
endif
wait

[clientread]
r$ = telnet.client.read.str()
r$ = replace(r$,chr(10),"")
s$ = replace(r$,chr(13),"")
m$ = left(s$,20)
'wprint s$
if left(s$,2) = "][" then
 h$ = word(s$,1,",")
 u$ = mid(h$,3,10)
 a$ = word(s$,2,",")
 b$ = word(s$,3,",")
 c$ = word(s$,4,",")
 a1 = val(a$)
 b1 = val(b$)
 c1 = val(c$)
 d$ = unixtime(u$,"day") & ". " & unix-
time(u$,"month") & " " & unixtime(u$,"year")
```

```
t$ = unixtime(u$,"hour") & ":" & unixti-
me(u$,"min") & ":" & unixtime(u$,"sec")
 stamp$ = d$ & " " & t$
else m$ = s$
endif
wait

[dout]
if x then telnet.client.write("O10128") else
telnet.client.write("O10000")
telnet.client.write(chr(10))
x = not x
wait

[ende]
telnet.client.stop()
end
```

Ein Testlauf mit dem Android-Server ist oben abgebildet, erkennbar am Zeitstempel. Im Abschnitt *ESP8266 Core* ist ein C-Listing für einen *net-Compact-Server* für das ESP-Modul, das dann auf diese Art und Weise den Analogwert des LDR an einem Kanal liefert, während der andere Kanal eine langsame Schwingung, wie der Android-Server liefert. Auch das Steuern der RGB-LED kann auf diesem Weg erfolgen.

3.2.4 ESPBASIC: ESP CHAT

Stehen zwei ESP-Module zur Verfügung und läuft in einem der beiden Module der Server-Sketch und auf dem anderen Modul der Basic-Sketch mit *netCompactClient.bas*, so könnte mit obigem Listing eine Kommunikation zwischen beiden Modulen erfolgen. Dabei ist zu beachten, dass ohne zusätzlichen Router oder Hotspot beide ESP die gleiche eigene voreingestellte IP 192.168.4.1 besitzen, wenn sie als eigenständiger AP betrieben werden. Ohne Änderung der IP funktioniert das unterwegs jedoch problemlos mit einem mobilen Hotspot vom Smartphone - so genanntes Tethering. Beim Galaxy-Note klappt dass nur, wenn der Flugmodus deaktiviert ist. Mobile Daten sind dafür jedoch nicht erforderlich und bleiben ausgeschaltet. Je nach System können die zugewiesenen IP dem Hotspot entnommen werden, um sie im Listing zu berücksichtigen.

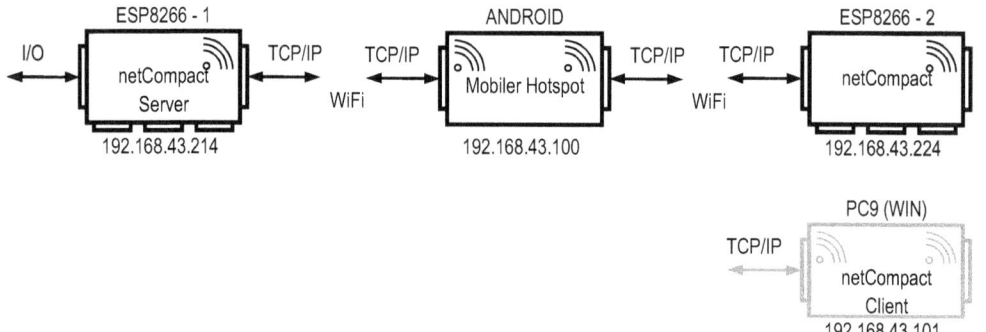

Abbildung 134: Zwei ESP im Dienste von netCompact mit einem Smart-phone-Hotspot

In diesem Test dient eine Fritzbox als Vermittler (Router) und die beiden IP haben am Ende die Zahl .31 beim Client in Basic und .24 beim Server in C. Die entsprechende Zeile im Basic-Client enthält die entsprechende Adresse:

```
if telnet.client.connect("192.168.178.24",1080)>0
then ...
```

Nach Save und Run meldet sich der Server mit seiner Begrüßung, bleibt dann hängen. Nach dem zweiten Run laufen die angeforderten Daten im eingestellten 1000-ms-Intervall ein.

Hi, I'm the ESP8266/	Sensors
	Zeitstempel
01. Jan 1970 00:03:48	Zeitstempel
0229	
0029	
0240	
Intervall/ms: 1000 ⌄	

*Abbildung 135:
ESP's unter sich als
netCompact Client
und Server*

Da im ESP keine Uhr läuft und auch kein Zeitserver abgefragt wird, beginnt die Zeitmessung im Ursprung der Unix-Zeit und läuft dann mit angehängten Millisekunden als Zeitstempel über Port 1080 zum Client.

3.2.5 ESPBASIC: HTML/JAVASCRIPT

Schon in [1] wurde darauf verzichtet Diagramme neu zu erfinden, sondern Wege aufgezeigt, wie mit HTML und JavaScript auf bestehende Routinen zurückgegriffen werden kann. Was damals für *rfo-Basic* galt, gilt schon aus Platzgründen noch mehr für *ESPBasic*. Da zurzeit der "graphics"-Befehl in Version 3.55 nicht so recht das tut was man erwartet, ist das der einzige Weg Messwerte graphisch darzustellen. *Stefan Thesen* zeigt auf seiner Seite (2015) einen Webserver unter Verwendung von Google-Online-Bibliotheken, um Temperatur und Luftfeuchte zur Anzeige zu bringen. Hier sollen die Darstellungen jedoch unabhängig vom Netz, also quasi offline, funktionieren. Ist der DHT11-Sensor angeschlossen und ein Modul mit Fotowiderstand mit *ESPBasic* bestückt, ist eine Darstellung im Browserfenster wie folgt möglich:

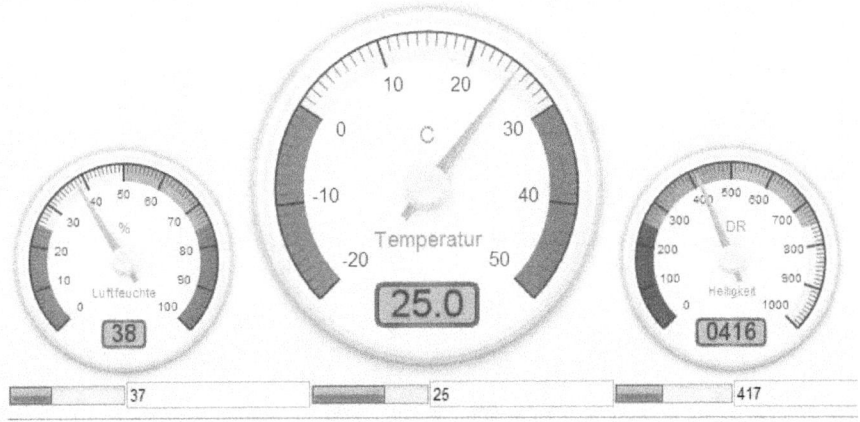

Abbildung 136: Im oberen Teil sind drei JavaScript-Gauges zu sehen und im unteren Teil die entsprechenden Anzeigen von ESPBasic (meter und textbox), wobei das meter-Element ganz neu in HTML5 als Standard verfügbar ist. Alle eingesetzten JavaScript-Elemente sind frei benutzbar.

3.2.6 ESPBASIC: JAVASCRIPT BIBLIOTHEKEN

ESPBasic nutzt selber JavaScript und legt diese gepackten gz-Bibliotheken im Dateisystem des ESP8266 ab. Eigene Bibliotheken können im *ESPBasic-FILEMANAGER* über *UPLOAD* hochgeladen werden. Sie landen dann im Verzeichnis */uploads/* und können, wie bei online-Webseiten, benutzt werden. Als Beispiel soll die Uhr von der Internetseite *HTML-5 und der Canvas (http://www.hjberndt.de/soft/canbt93.html)* oder konkret die URL *http://www.hjberndt.de/soft/BTUHR.html* zur Anzeige gebracht werden. Der Quelltext der HTML-Seite hat folgendes Aussehen (meist anzeigbar über die rechte Maustaste im Browser):

```
<!DOCTYPE html>
<html>
<body bgcolor="black">
<canvas id="myCanvas" width="1280" height="720"
style="border:0px solid #c3c3c3;">
Canvas not found.
</canvas>

<script src="bt93.js" type="text/javascript"></script>
<script type="text/javascript">

function Ziffernblatt()
{var x,xx,i,j;
 x=0;
 for(i=1;i<=12;i++)
 {farbe= WEISS; DiaPunkt(Gsin(x),Gcos(x));
  xx=x;
  for(j=1;j<=4;j++)
  {xx=xx+360/60;
   farbe=GRAU;
   DiaLinie
(Gsin(xx),Gcos(xx),0.98*Gsin(xx),0.98*Gcos(xx));
  }
  x=x+360/12;
 }
}

function Zeiger(h,m,s,c)
{var a;
 switch(c)
 {
```

```
  case 'm':  ctx.lineWidth=10;//SETLINESTYLE(0,0,3);
             a=(m/60*360);
             farbe=ORANGE;
             DiaLinie(0,0,0.95*Gsin(a),0.95*Gcos(a));
             a=m*360/12/60;
             a=a+(h/24*2*360);
             farbe=ORANGE;
             DiaLinie(0,0,0.75*Gsin(a),0.75*Gcos(a));
             ctx.lineWidth=3;//SETLINESTYLE(0,0,1);
             break;
  case "s":  a=(s/60*360);
             farbe=ROT;
             DiaLinie(0,0,0.95*Gsin(a),0.95*Gcos(a));
             break;
  }
}

function Uhr()
{var h,m,s,now=new Date();
 Grafik(AN);markgroesse=4;ctx.lineCap="round";
 ctx.lineWidth=3;
     hwork=ctx.canvas.height-4*markgroesse; wwork=hwork;
     ywork=2*markgroesse;
     xwork=ctx.canvas.width / 2 - wwork / 2;
     farbe=SCHWARZ; Diagramm(-1,1,0,-1,1,0);
     farbe=WEISS;    Ziffernblatt();
     h=now.getHours();
     m=now.getMinutes();
     s=now.getSeconds();
     Zeiger(h,m,s,"m"); Zeiger(h,m,s,"s");
}

window.setInterval("Uhr()", 1000)
</script>

</body>
</html>
```

Der HTML-Quelltext besteht aus den Teilen: HTML-Start - Einbindung der JavaScript-Bibliothek - Anwenderzeilen in JavaScript - HTML-Ende. Mit der ESPBasic-Anweisung *wprint,* oder wie ab Version 3 auch *html,* sind solche Quelltextseiten einfach zu gestalten. Damit die vielen Anführungszeichen keine Probleme machen, akzeptiert *ESPBasic* auch das Zeichen / als Anfang und Ende der *wprint/html*-Anweisung. Also gestaltet sich die Ausgabe der ersten drei Zeilen der HTML-Seite in *ESPBasic*:

```
html |<!DOCTYPE html>|
html |<html>|
html |<body bgcolor="black">|
```

Genauso wird mit Javascript verfahren, wie weiter unten zu sehen ist. Die fett hervor gehobene Zeile bindet die Bibliothek *bt93.js* ein und muss für diese Umgebung angepasst werden.

```
html |<html><body bgcolor="whitesmoke"><br>|
html |<canvas id="myCanvas" width=480 height=320
style="border:0px solid #c3c3c3"></canvas>|
html |<script src="/file?file=bt93.js"
type="text/javascript"></script><script
type="text/javascript">|
html |function Ziffernblatt()|
html |{var x,xx,i,j;|
html | x=0;|
html | for(i=1;i<=12;i++)|
```
... usw.

Die Wahrscheinlichkeit, dass bei dieser Vorgehensweise keine Fehler passieren, der Speicher ausreicht und damit das Script läuft, strebt gegen Null. Da JavaScript nur fehlerfrei läuft oder gar nicht und es keinerlei Fehlermeldungen gibt, soll hier für den ersten Schritt ein erfolgversprechenderer Weg gegangen werden. Dazu wird kurzerhand das gesamte JavaScript dieser Uhr in die Bibliothek kopiert. Eine mögliche Vorgehensweise:

Erst die Uhr-Routinen aus dem Quelltext der HTML-Seite von *function Ziffernblatt()* bis *window.setInterval("Uhr()", 1000)* in die Zwischenablage kopieren, dann im ESPBasic *FILEMANAGER* die hochgeladene Datei unter */uploads/bt93.js* mit *EDIT* in den Editor laden und die Uhr-Routinen aus der Zwischenablage am Anfang oder am Ende einfügen. Mit *SAVE* die geänderte Datei unter dem neuen Namen */uploads/bt93uhr.js* abspeichern.

Nun fällt das Basic-Listing klein aus und es gibt keine Tippfehler o-der/und Speicherprobleme mehr. Im *ESPBasic*-Editor wird nun mit der rechten Maustaste alles markiert und gelöscht. Der angezeigte Dateiname wird ebenfalls gelöscht, so dass *ESPBasic* mit der Datei */default.bas* arbeitet. Deren Inhalt ist nun die Basic-Variante vom Rest der HTML-Seite mit geänderter JavaScript-Datei:

```
html  |<html><body bgcolor="black"><br>|
html  |<title>MSR mit Smartphone und Tablet</title>|
html  |<canvas id="myCanvas" width=1280 height=720|
html  |style="border:0px solid #c3c3c3"></canvas>|
html  |<script src="/file?file=bt93uhr.js"
type="text/javascript"></script>|
</body></html>|
wait
```

Jetzt noch mit *SAVE* abspeichern und mit *RUN* sollte im Browser die Uhr so erscheinen, wie im Netz unter der Url

http://www.hjberndt.de/soft/BTUHR.html

nur jetzt lokal und geladen von einem ESP8266 unter *ESPBasic*!

Abbildung 137:
JavaScript-Basic-Uhr auf dem
iPod-Touch 2g im lokalen Netz
des ESP

Dieses Script funktioniert auch auf dem schon betagten Safari-Browser auf einem iPod-Touch der 2. Generation.

Die Messwertdarstellung der Zeit ist eine feine Sache, die Daten des Messwerks stammen allerdings nicht vom ESP, sondern es ist die Uhrzeit des Aufrufers, also des Smartphone oder Tablets. Somit ist der ESP nach dem Download der Datei mit dem Script und dem Aufbau der Seite nicht mehr im Spiel. Die Uhr läuft im Browser weiter, auch wenn der ESP abgeschaltet ist. JavaScript läuft auf dem Client.

3.2.7 ESPBASIC: BASIC UND JAVASCRIPT

Um Messdaten vom ESP8266 zu erhalten stellt Basic z. B. *io*-Routinen bereit, wodurch es mit wenigen Zeilen möglich wird Messwerte in Form von *metern* von HTML5 darzustellen. Soll JavaScript auf diese Werte zugreifen, so ist irgendeine Schnittstelle zwischen beiden Sprachen notwendig, die auch funktioniert, wenn die HTML-Seite schon aufgebaut ist. Mit den beiden *ESPBasic*-Funktionen *HTMLID* und *HTMLVAR* ist sozusagen ein Tunnel zwischen den beiden Sprachen möglich. Zur Verdeutlichung soll der Wert der Basic-Variablen x in JavaScript ausgegeben werden. Dazu erfolgt eine Bindung von x an ein HTML-Element von Basic, ein *meter*. Sofort nach der Darstellung des *meter*-Elements erhält man mit der Funktion *HTMLid()* die ID des HTLM-Elements mit der unter JavaScript mit der Funktion *document.getElementById* auf das *meter*-Element über seine einmalige Kennung zugegriffen werden kann.

```
x = 99
meter x,0,100
id = htmlid()
html |<script>document.write(Date());|
html |var name_element = document.getElementById("| &
htmlvar(id) & |");|
html |var name =
name_element.value;document.write(name);|
html |</script>|
print id
end
```

Das obige Beispiel schreibt neben das *meter*-Element das aktuelle Datum in JavaScript und danach ohne Zwischenraum den Wert 99 von *x*. Der JavaScript-Variablen *name_element* wird das Element zugewiesen, welches der *Id* in Basic entspricht und mit *HTMLid()* erfragt wurde. Dieses HTML-Element hat einen Wert, den man mit *name_element.value* erhält. Somit hat die JavaScript-Variable *name* den Wert 99, der dann mit *document.write* hinter dem Datum erscheint. Am Ende gibt die *print*-Anweisung die *Id* aus, die sich bei jeder Ausführung ändert. Da hier die Seite nur einmal aufgebaut wird, könnte der Aufruf von *HTMLvar()* auch entfallen, da Basic dann die *Id* einmalig schreibt. Zur Kontrolle und eventuell auch zur Fehlersuche ist der Quelltext der erzeugten HTML-Seite meist hilfreich

3.2.8 ESPBASIC: OSZILLOSKOP

Mit dem Austausch von Werten zwischen Basic und Javascript sollte es möglich sein Messwerte mit Hilfe vorhandener Bibliotheken zur Anzeige zu bringen. Als Bibliothek soll nochmals *bt93.js* zum Einsatz kommen und die Darstellung "NoTrigger" unter

http://hjberndt.de/soft/BTLAUF.html als Quelle benutzen. Mit anderer Farbgestaltung, aber überwiegend gleichem Quelltext entsteht eine schnelle Messwertdarstellung des Analogeingangs vom ESP8266F mit angeschlossenem LDR. Die Reflexion der pulsierenden roten LED in der Messroutine von 100 ms ist deutlich sichtbar. Danach wird durch Drehung der Anordnung Tageslicht registriert.

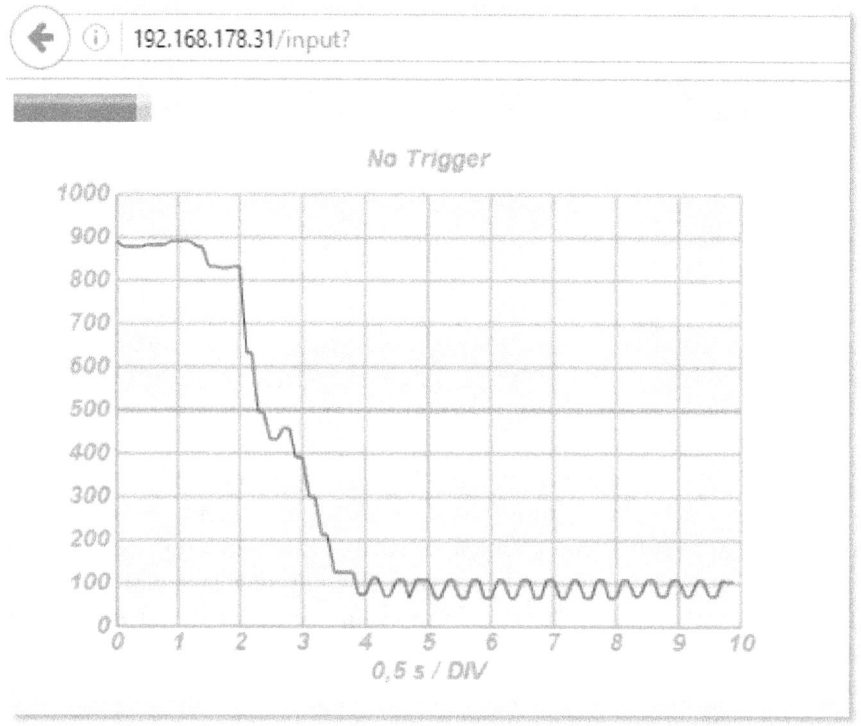

Abbildung 138: Schnelle Messdaten im Browser und Javascript

Diese Adaption bettet den HTML/JavaScript-Quelltext komplett in Basic ein, was speichertechnisch gerade noch so eben passt. Auf Leerzeichen wird aus Platzgründen verzichtet, wodurch das Listing nicht sehr lese-freundlich erscheint.

```
x = 0
y = 88'NoTrigger
meter y,0,1000
idy = htmlid()
timer 100,[messen]
html |<html><body bgcolor="whitesmoke"><br>|
html |<canvas id="myCanvas" width=480 height=320
style="border:0px solid #c3c3c3"></canvas>|
html |<script src="/file?file=bt93.js"
type="text/javascript"></script><script
type="text/javascript">|
html |var name_element = document.getElementById("| &
htmlvar(idy) & |");|
html |const NMAX=100;var filled=false;var tmax=10;|
html |var TabY = new Array(NMAX);var TabX = new Ar-
ray(NMAX);|
html |function Messen(){var i,x,y,t,now=new Date();|
html |if(filled) {y=TabY[NMAX-1];  for(i=NMAX-1;i>0;i--)
TabY[i]=TabY[i-1];  TabY[0]=name_element.value;}|
html |else {for(i=0;i<NMAX;i++)  {x=i/NMAX*tmax;
=name_element.value;TabX[i]=x;|
html |TabY[i]=y} filled=true;}}|
html |function Anzeigen(){var i;  Grafik(AN);  Messen();
yachse="";xachse="0,5 s / DIV";titel="No Trigger";|
html |farbe ="White" ;cls(); farbe="whitesmoke"; hinter-
grund(); farbe="DarkGrey" ; Diagramm(0,tmax,0,0,1000,0);
farbe="gray"; |
html |DiaLinie(0,500,tmax,500); farbe="black "; |
html |for(i=0;i<NMAX-1;i++)
DiaLinie(TabX[i],TabY[i],TabX[i+1],TabY[i+1]);}|
html |window.setInterval("Anzeigen()",
50);</script><br></body></html>|
wait

[messen]
x =not x
io(po,15,x)
y = io(ai)
wait
```

Im Original wird ein Sinus theoretisch berechnet und dem Array zugeführt. Hier oben erfolgt die Messdatenerfassung und Darstellung durch *io(ai)* in der Messroutine, dem Zuweisen des Wertes an das *meter*-Element, der Weiterreichung der *Id* dieses HTML-Elements an Javascript, das dann über die *Id* den Wert abruft und mit *TabY[0] = name_element.value* in die Messtabelle vorne einträgt, die von der Anzeige-Routine gezeichnet wird.

Die zeitliche Darstellung der Kurve wird im Listing an drei Stellen beeinflusst. Die Routine *messen* wird hier über einen *timer* alle 100 ms aufgerufen, das Diagramm zeigt 10 Skalenteile und JavaScript zeichnet die Ausgabe - oder versucht es zumindest - alle 50 ms.

3.2.9 ESPBASIC: TY-Schreiber

Abbildung 139: TY-Schreiber für langsamere Vorgänge

Für langsamere Vorgänge kann ein TY-Schreiber nachgebildet werden.

Das Beispiel misst 30 Sekunden alle 0,1 s und trägt das Ergebnis in die Tabelle mit 100 Plätzen ein. Die Speicherposition - hier die 6 - errechnet sich aus Messdauer und Intervall und wird blau angezeigt. Der Zeitpunkt steht im rechten Textfeld. Mit 100 Messwerten und etwas Benutzeroberfläche gelangt diese Version schnell an Speicherplatz-Grenzen.

Intervall und Messdauer sind frei einstellbar, um die unterschiedliche Hardware- und Grafikfähigkeit von Endgeräten zu berücksichtigen, aber es ist nur eine Spielwiese zum Experimentieren. Soll das Diagramm bei jedem Neustart gelöscht werden, so ist als Endwert der *For*-Schleife bei der Anzeige die Konstante *NMAX* durch die Variable *ix* zu ersetzen.

```
ti = "30 s"
td = "100 ms"
meter y,0,1000
idy = htmlid()
dropdown td, "dt, 10 ms, 20 ms, 30 ms, 50 ms, 100 ms, 200
ms, 500 ms, 1000 ms"
dropdown ti, "MBE, 10 s, 20 s, 30 s, 60 s, 120 s, 180 s,
600 s"
idti = htmlid()
t0 = millis()
textbox text
text = 0
idt = htmlid()
button "t=0", [reset]
timer 500 ,[messen]
html |<html><body bgcolor="whitesmoke"><br>|
html |<canvas id="myCanvas" width=480 height=320
style="border:0px solid #c3c3c3"></canvas>|
html |<script src="/file?file=bt93.js"
type="text/javascript"></script><script
type="text/javascript">|
html |var meter = document.getElementById("| & html-
var(idy) & |");|
html |var tmaxs = document.getElementById("| & html-
var(idti) & |");|
html |var idt = document.getElementById("| & htmlvar(idt)
& |");|
html |const NMAX=100;var filled=false;var ix=0; var
tmax=100;var t,y;|
html |var TabY = new Array(NMAX+1);var TabX = new Ar-
ray(NMAX+1);|
html |function Messen(){|
```

```
html |t=idt.value; y=meter.value;ix =
(Math.round(NMAX*t/tmax));|
html |TabY[ix]=y;TabX[ix]=t;}|

html |function Anzeigen(){var i; Gra-
fik(AN);Messen();yachse="";xachse="t/s";|
html |farbe ="GhostWhite " ;cls();farbe="white
";hintergrund(); farbe="DarkGrey" ; |
html |var res = tmaxs.value.substring(0,
3);tmax=parseInt(res);|
html |var step = 10;if(tmax<100)step=5;
     if(tmax<30)step=2;if(tmax<20)step=1;if(tmax>100)ste
p=0;|
html |Diagramm(0,tmax,step,0,1000,0); farbe="gray"; DiaL-
inie(0,500,tmax,500);|
html |farbe="blue";DiaText(0,-
120,ix);DiaPunkt(t,meter.value);farbe=ROT;|
html
|for(i=0;i<NMAX;i++)DiaLinie(TabX[i],TabY[i],TabX[i+1],Ta
bY[i+1]);}|
html |window.setInterval("Anzeigen()",
50);</script><br></body></html>|

[reset]
t0 = (millis()/1000)
wait

[messen]
y = io(ai)
if (text)>val(ti) then t0 = (millis()/1000)
text = (millis()/1000)-t0
timer val(td),[messen]
wait
```

Nun hat sich der Quelltext der damaligen TPU, der zunächst rudimentär
für den HTML5-Canvas nach JavaScript portiert und somit das erste Mal
recycelt wurde, bald ein "H"-Kennzeichen verdient, wie es bei alten Au-
tos üblich ist. Damit aber nicht nur abgehangener Kode zum Einsatz
kommt, folgen nun Beispiele aus aktuelleren Quellen.

3.2.10 ESPBASIC: GAUGES IN JAVASCRIPT - LANGSAM

Im Beitrag unter *http://www.esp8266.com/viewtopic.php?f=40&t=7056*
trifft man auf so genannte Gauges und Beispiele für die Version 2 von
ESPBasic. Der Mechanismus greift auf die Funktion *ONLOAD* zurück. Der
Vorteil ist, dass damit auch ältere Browser noch funktionieren, aber die
ganze Seite wird - abhängig von Browser und Grafikfähigkeit - jeweils
neu aufgebaut, was zu einem unschönen Effekt bei schnellen Messungen
führen kann. Dennoch hier der Quelltext für *ESPBasic* 2, in der die Syntax
teils abweicht! Voraussetzung ist der *UPLOAD* der Datei *gauge.min.js*.

```
bla = 99
ONLOAD [get.AI]
goto [show.page]

[get.AI]
ai bla
wait

[show.page]
wprint |<meta http-equiv="refresh" con-
tent="30;URL=/input?">|
wprint |<!doctype html>|
wprint |<html>|
wprint |<head>|
wprint |<title>Gtest</title>|
wprint |<script src=/file?file=gauge.min.js></script>|
wprint |</head>|
wprint |<body>|
wprint |<canvas id="gauge1"data-value=|
wprint htmlvar(bla)    ' 1. gauge paste here code
wprint | width="400" height="400"|
wprint |data-type="canv-gauge"|
wprint |data-title="Speed"|
wprint |data-min-value="0"|
wprint |data-max-value="1025"|
wprint |data-major-ticks="0 100 200 300 400 500 600 700
800 900 1000"|
wprint |data-minor-ticks="2"|
wprint |data-stroke-ticks="true"|
wprint |data-units="km/h"|
wprint |data-value-format="3.2"|
wprint |data-glow="true"|
wprint |data-animation-delay="10"|
wprint |data-animation-duration="200"|
```

```
wprint |data-animation-fn="bounce"|
wprint |data-colors-needle="#f00 #00f"|
wprint |data-highlights="0 30 #eee, 30 60 #ccc, 60 90
#aaa, 90 220 #eaa"|
wprint |></canvas>|
wprint |</body>|
wprint |</html>|
wait
```

gauge.min.js

Die Referenz zu diesen Elementen ist unter
https://github.com/Mikhus/canvas-gauges/wiki/Gauge-HTML-API
abrufbar.

Das weiter oben dargestellte Bild mit den drei Gauges Luftfeuchte, Temperatur und Helligkeit ist eine weitere Anpassung an das *ESPBasic*, jedoch jetzt für die Version 3.55. Wegen der drei Elemente ist der Quelltext, der meist aus HTML besteht recht lang, funktioniert allerdings auch noch auf dem iPod-Touch 2g. Die Messwerte kommen von einem DHT11-Senor, wie er im Abschnitt zu ESP8266 Basic schon benutzt wurde. Der nur ganzzahlige Temperwerte liefernde Sensor misst etwa jede Sekunde und die Messroutine bildet einen gleitenden Mittelwert über 10 Messungen und erreicht dadurch auch Nachkommastelen bei der Temperaturanzeige. Die mit Zufallswerten operierenden Zeilen dienen dem Experiment, wenn z. B. kein Sensor vorhanden ist.

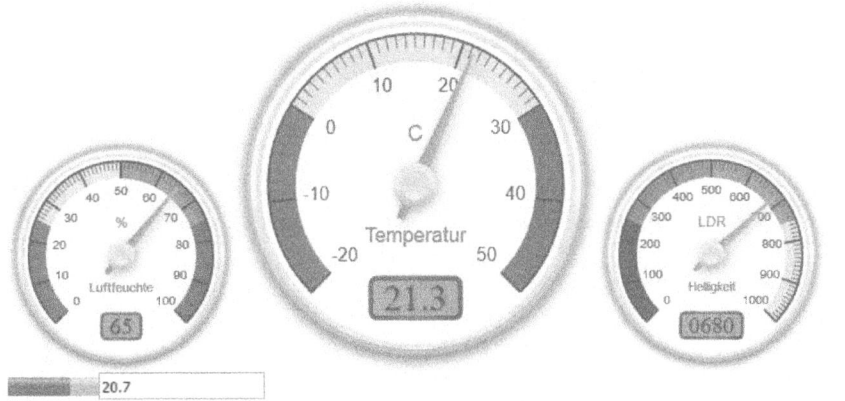

hjbemdt.de: javascript via esp8266Basic, n = 109
14048 109

Abbildung 140: JavaSrcipt-Gauges mit ONLOAD

```
dht.setup(11, 2)
dim y(10)
ix=1
n = 1
a = -1
timer 1000,[messen]
wprint |<!doctype html>|
wprint |<meta http-equiv="refresh" content="10;">|
wprint |<html>|
wprint |<head>|
wprint |<title>B3 Gauges</title>|
wprint |<script src=/file?file=gauge.min.js></script>|
wprint |</head>|
wprint |<body background="/file?file=b.png">|

wprint |<canvas id="gauge1" width="200" height="200"|
wprint |data-type="canv-gauge"|
wprint |data-title="%"|
wprint |data-min-value="0"|
wprint |data-max-value="100"|
wprint |data-major-ticks="0 10 20 30 40 50 60 70 80 90
100"|
wprint |data-minor-ticks="10"|
wprint |data-stroke-ticks="true"|
wprint |data-units="Luftfeuchte"|
wprint |data-value-format="2.0"|
```

```
wprint |data-glow="true"|
wprint |data-animation-delay="10"|
wprint |data-animation-duration="500"|
wprint |data-animation-fn="elastic"|
wprint |data-colors-needle="#e76 #f77"|
wprint |data-highlights="0 25 #fa0, 25 50 #eee, 50 75
#aaa, 75 100 #d31"|
wprint |data-onready="setInterval( function() {
Gauge.Collection.get('gauge1').setValue(| & htmlvar(h) &
|);}, 100);"|
wprint |></canvas>|
wprint |<script type="text/javascript">|
wprint |//Gauge.Collection.get('gauge1').setValue(88);|
wprint |</script>|
wprint |<canvas id="gauge2" width="320" height="320"|
wprint |data-type="canv-gauge"|
wprint |data-value-format="2.1"|
wprint |data-type="canv-gauge"|
wprint |data-colors-needle="#e76 #f77"|
wprint |data-highlights="-20 0 #fa0, 0 30 #eee, 30 50
#d31"|
wprint |data-title="C"|
wprint |data-units="Temperatur"|
wprint |data-min-value="-20"|
wprint |data-max-value="50"|
wprint |data-major-ticks="-20 -10 0 10 20 30 40 50"|
wprint |data-minor-ticks="10"|
wprint |data-stroke-ticks="true"|
wprint |data-animation-fn="elastic"|
wprint |data-onready="setInterval( function() {
Gauge.Collection.get('gauge2').setValue(| & htmlvar(t) &
|);}, 100);"|
wprint |></canvas>|
wprint |<canvas id="gauge3" width="200" height="200"|
wprint |data-type="canv-gauge"|
wprint |data-title="LDR"|
wprint |data-min-value="0"|
wprint |data-max-value="1000"|
wprint |data-major-ticks="0 100 200 300 400 500 600 700
800 900 1000"|
wprint |data-minor-ticks="10"|
wprint |data-stroke-ticks="true"|
wprint |data-units="Helligkeit"|
wprint |data-value-format="4.0"|
wprint |data-glow="true"|
wprint |data-animation-delay="10"|
```

```
wprint |data-animation-duration="500"|
wprint |data-animation-fn="elastic"|
wprint |data-colors-needle="#e76 #f77"|
wprint |data-highlights="0 250 #555, 250 500 #999, 500
750 #aaa, 750 1000 #eee"|
wprint |data-onready="setInterval( function() {
Gauge.Collection.get('gauge3').setValue(| & htmlvar(a) &
|);}, 100);"|
wprint |></canvas><br>|
meter h, 0,100
textbox h
meter t,-20,50
textbox t
meter a, 0,1000
textbox a
wprint |<hr noshade size=1><font size=1
face=Arial,Helvetica>hjberndt.de: javascript via
esp8266Basic, n = |& htmlvar(n) &|</font>|
wprint |</body>|
wprint |</html><br>|
mem = ramfree()
wprint htmlvar(mem) & " " &htmlvar(n)
wait
[messen]
t = 22 + rnd(10) - 5
h = 50 + rnd(50) -25
t = DHT.TEMP()
h = DHT.HUM()
i = DHT.HEATINDEX()
if t = 0 then t = 22 + rnd(10) - 5
if h = 0 then h = 50 + rnd(50) -25
a = io(ai)
y(ix) = t
ix = ix + 1
if ix>10 then ix = 1
mw = 0
for i = 1 to 10
 mw = mw + y(i)
next i
mw = mw/10
n = n + 1
if n>10 then t = mw
serialprintln h
serialprintln t
wait
```

3.2.11 ESPBASIC: GAUGES IN JAVASCRIPT - SCHNELL

Die volle Geschwindigkeit zeigen diese JavaScript-Elemente erst, wenn die Messdaten ohne neuen Bildschirmaufbau übermittelt werden, wie das weiter oben bei den Diagrammen schon benutzt wurde. Ein einzelnes Gauge-Element für die sich schnell änderbare Helligkeit sieht dann wie folgt aus, wobei der Originalquelltext möglichst wenig geändert wurde:

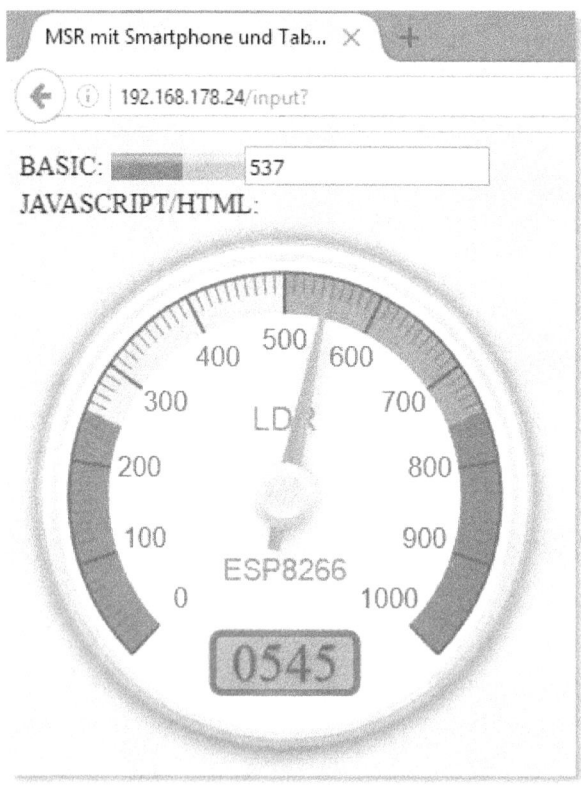

Abbildung 141:
Fünf Messungen pro Sekunde live im Browser mit JavaScript

```
html "BASIC: "
x = 0
meter h,0,1000
idh = htmlid()
Textbox h
html "<br>JAVASCRIPT/HTML:<br>"
timer 100,[messen]
wprint |<!doctype html>|
```

```
wprint |<html>|
wprint |<head>|
wprint |<title>MSR mit Smartphone und Tablet</title>|
wprint |<script src=/file?file=gauge.min.js></script>|
wprint |</head>|
wprint |<body bgcolor="whitesmoke">|
wprint |<canvas id="gauge1" width="320" height="320"|
wprint |data-type="canv-gauge"|
wprint |data-title="LDR"|
wprint |data-min-value="0"|
wprint |data-max-value="1000"|
wprint |data-major-ticks="0 100 200 300 400 500 600 700
800 900 1000"|
wprint |data-minor-ticks="10"|
wprint |data-stroke-ticks="true"|
wprint |data-units="ESP8266"|
wprint |data-value-format="4.0"|
wprint |data-glow="true"|
wprint |data-animation-delay="0"|
wprint |data-animation-duration="0"|
wprint |data-animation-fn="linear"|
wprint |data-colors-needle="#e76 #f77"|
wprint |data-highlights="0 250 #fa0, 250 500 #eee, 500
750 #aaa, 750 1000 #d31"|
wprint |data-onready="setInterval( function()
{Gauge.Collection.get('gauge1').setValue( show());},
100);"|
wprint |></canvas>|
html |<script>function show(){var meter= docu-
ment.getElementById("| & idh & |"); return (me-
ter.value);}</script>|
wprint |</body>|
wprint |</html>|
wait

[messen]
h = io(ai)
x = not x
io(po,15,x)
wait
```

Die Funktion *show*() liefert der Gauge den Helligkeitswert. Der Timer ruft alle 0,1 s die Messroutine auf, wodurch sich die Variable *h* ändert und damit der Wert des *meter*-Elements. Man kann erkennen, dass Basic mit seinem schlichten *meter*-Element noch etwas flinker unterwegs ist. Die Gauge hat einige Einstellungen zur Animation, die bei schnellem Wechsel eher aufhalten. Vermutlich ist eine solche Anzeige für so schnelle Vorgänge auch eher ungeeignet. Der Blinkfrequenz von 5 Hertz der roten LED kann das Instrument aber noch gut folgen. Auch LDR und ADC brauchen etwas Zeit.

3.2.12 ESPBASIC: UNTERWEGS AM FREMD-PC

Mit dem ESP8266 lassen sich mobile Messungen mit dem Smartphone oder Tablet sehr einfach und ohne großen Aufwand durchführen. Aber auch an festen und fremden Desktop-Rechnern kann das kleine drahtlose Mess- und Steuersystem eingesetzt werden, da nichts installiert oder kopiert werden muss. Falls der Fremdrechner sogar Verbindungen über neue Hotspots zulässt, reicht ein aktueller Browser auf dem PC aus. Ist der Fremdrechner nur per LAN im Netz erreichbar und kein WLAN verfügbar, so kann ein Smartphone als Vermittler eingesetzt werden.

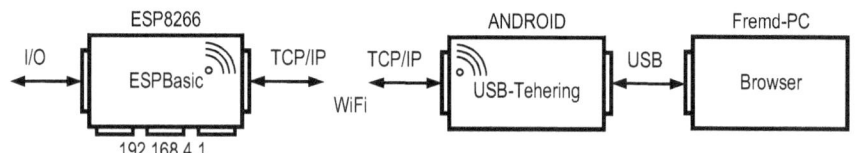

Abbildung 142: ESP8266 am Fremdrechner über USB-Tethering

Neben einem WiFi-Hotspot kann ein Smartphone meist auch über Bluetooth und/oder USB sein Thethering durchführen. In den meisten Fällen verfügen Desktop-PC's über einen freien USB-Anschluss, um einen Speicherstick zu verwenden.

Nachdem die USB-Verbindung hergestellt ist, sucht Windows üblicherweise nach Gerätetreibern, je nach dem, als was das Smartphone sich per USB zu erkennen gibt. Bei USB-Tethering kann das dann auch schon einmal etwas länger dauern. Nach einer Weile sollte eine weitere Netzwerkverbindung verfügbar sein, möglicherweise ohne Internetzugang, falls am Handy die mobilen Daten ab- und nur das WLAN eingeschaltet sind. Um Messungen im Browser des Fremdrechners per ESP8266 zu realisieren können folgende Schritte zum Erfolg führen:

- ESP8266 mit ESPBasic mit Spannung versorgen (USB)
- Smartphone per WLAN mit Hotspot (AP) des ESP verbinden
- Smartphone per USB mit Fremdrechner verbinden
- Smartphone: USB-Tethering aktivieren
- Warten bis am PC eine weitere Netzwerkverbindung verfügbar ist (Taskbar)
- Browser starten und 192.168.4.1 aufrufen

Bei den üblichen administrativen Konfigurationen funktioniert dann das ESP-Basic auch auf dem Fremdrechner, so dass nur noch die Bildschirmgröße bei den Canvas-Diagrammen angepasst werden muss. Hier ein Beispiel eines Dienstrechners einer Stadt:

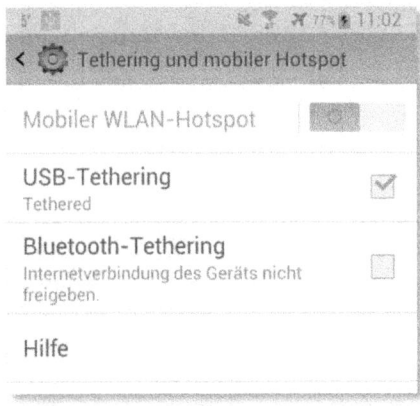

Abbildung 143:
Per USB zum Browser am
Fremdrechner

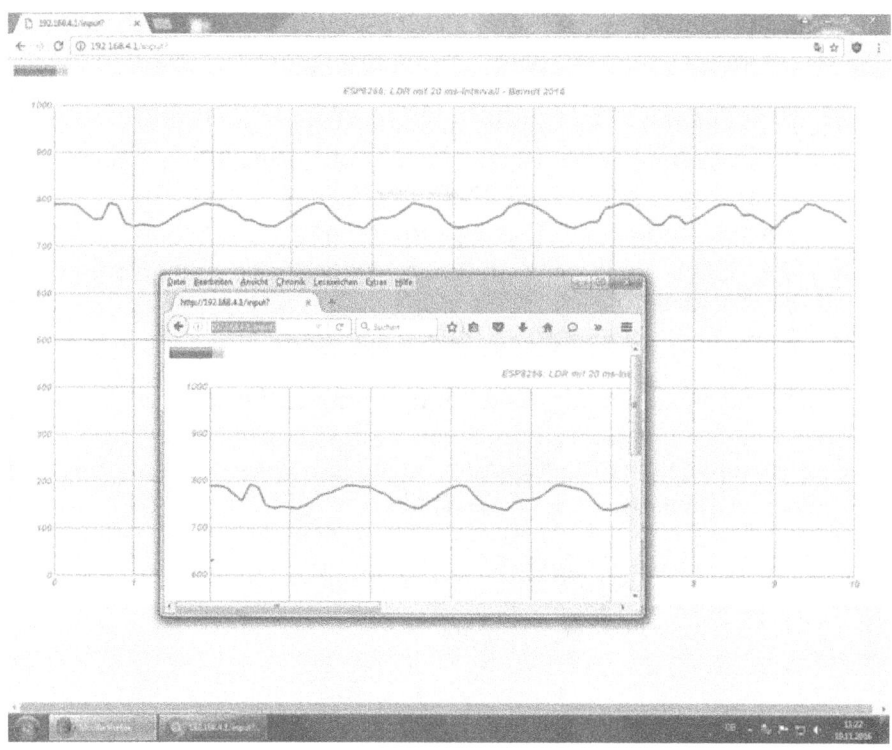

Abbildung 144: Fremdrechner mit Firefox und Chrome parallel als Mess-plattform des ESP8266

3.2.13 ESPBASIC: ADS1115 4FACH-ANALOG-EINGANG MIT 16 BIT

Der ESP8266-Baustein kommt mit einem 10-Bit-Analogwandler an Bord. Sollen genauere Messungen oder einfach nur mehrere Analogkanäle erfasst werden, ist eine Erweiterung erforderlich. Ein weit verbreiteter und preiswerter Baustein ist der ADS1115, der vier Analogeingänge mit 16bit-Auflösung zur Verfügung stellt. Außerdem befindet sich auf dem Chip ein sogenannter PGA, ein programmierbarer Verstärker, der es erlaubt auch kleinste Spannungen im Mikrovolt-Bereich zu erfassen. Ein weiteres Highlight ist die Möglichkeit die Eingänge auch als Differenzverstärker zu programmieren. So entsteht ein universelles mobiles Messsystem, was über WLAN programmierbar und einsetzbar ist.

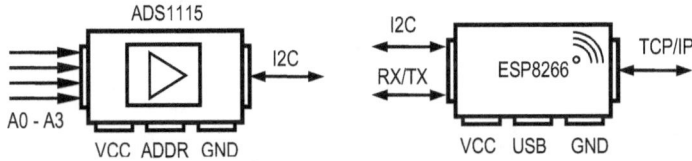

Abbildung 145: ESP mit vier Analogeingängen mittels ADS1115

Abbildung 146: ADS1115 mit Messschaltung

Die Verbindung der beiden Bauteile erfolgt über die zwei I²C-Leitungen SCL/SDA. Am ESP sind das in der Voreinstellung die Anschlüsse GP02

(SCL) und GP04 (SDA). Die Adressleitung ADDR des ADS1115 liegt auf Masse (GND). Beim ESP *Witty-Cloud* ist ein USB-Anschluss mit Spannungsregler an Bord, so dass die Versorgungsspannung von dort übernommen werden kann.

ADS1115 mit I²C in ESPBASIC

Erste Schritte mit dem ESP und dem ADS erfolgen sinnvoller Weise zunächst in der Arduino-IDE und der entsprechenden Bibliothek von z. B. Adafruit. Dort findet man auch die verschiedenen Verstärker-Modi des Bausteins (*https://github.com/adafruit/Adafruit_ADS1X15*) sehr übersichtlich dargestellt:

```
// The ADC input range (or gain) can be changed via the following
// functions, but be careful never to exceed VDD +0.3V max, or to
// exceed the upper and lower limits if you adjust the input range!
// Setting these values incorrectly may destroy your ADC!
//
ADS1115
//           ------
// ads.setGain(GAIN_TWOTHIRDS);
// 2/3x gain +/- 6.144V  1 bit = 0.1875mV (default)
// ads.setGain(GAIN_ONE);
// 1x gain    +/- 4.096V  1 bit = 0.125mV
// ads.setGain(GAIN_TWO);
// 2x gain    +/- 2.048V  1 bit = 0.0625mV
// ads.setGain(GAIN_FOUR);
// 4x gain    +/- 1.024V  1 bit = 0.03125mV
// ads.setGain(GAIN_EIGHT);
// 8x gain    +/- 0.512V  1 bit = 0.015625mV
// ads.setGain(GAIN_SIXTEEN);
// 16x gain   +/- 0.256V  1 bit = 0.0078125mV
```

Nach erfolgreichem Testlauf kann die Bibliothek und deren Aufrufe mittels Datenblatt des ADS1115 weiter analysiert werden, um die BASIC-Programmierung zu realisieren und ohne Adruino-IDE weiter zu verfahren. Da ESPBASIC8266 über I²C-Kommandos verfügt, gestaltet sich die Portierung relativ einfach. Die Konfiguration des Bausteins an der I²C-Adresse mit dem Dezimalwert 72 (0x48) gestaltet sich dann in einem Unterprogramm [*conf*], wenn die Variable *config* den richtigen Wert enthält, wie folgt:

```
[conf]
adr = 72
h = config/256
l = config and 255
i2c.begin(adr)
```

```
i2c.write(1)
i2c.write(h)
i2c.write(l)
i2c.end()
'delay 8
return
```

Die Spannung in mV an dem durch *config* vorgegebenen Eingang erhält man dann durch den Aufruf des Unterprograms [*read*] in der Variablen *u*:

```
[read]
gosub [config]
i2c.begin(adr)
i2c.write(0)
i2c.end()
i2c.requestfrom(adr,2)
h = i2c.read()
l = i2c.read()
hl = h * 256 + l
u = hl * 0.1875
return
```

Zur Messung der Spannungen an den Eingängen *A0* und *A1* muss die Konfiguration jeweils entsprechend geändert werden. Der folgende ESPBASIC-Abschnitt führt eine Messung der beiden Eingänge *A0* und *A1* durch und liefert die Spannung in mV in den Variablen *u1* und *u2*:

```
[messen]
conf = 49539
gosub [read]
u1 = u
config = 53635
gosub [read]
u2 = u
wait
```

Die Werte für die Konfiguration erhält man durch Analyse des ADS-Datenblattes und der Adafruit-Bibliothek.

3.2.14 ESPBASIC ZWEIKANAL-MESSUNG

Ein Zusammenspiel des ESP8266 mit dem ADS1115 unter ESPBASIC, HTML und JavaScript stellt die Auf- und Entladekurve einer Widerstand-Kondensator-Kombination dar. Sie steht stellvertretend für andere TY-Messungen mit mehreren Kanälen, die in einem Browser stattfinden und entsprechende Diagramme erzeugen sollen.

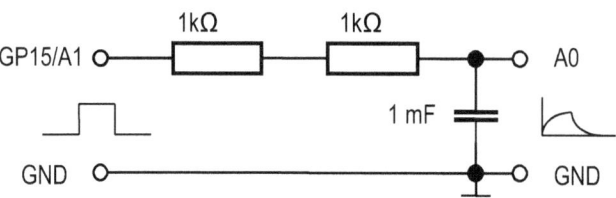

Abbildung 147: Messschaltung für 2-Kanal-Messung am A0/A1

Der Digitalausgang GP15 mit der roten LED des *Witty-Cloud-ESP* schaltet die Bordspannung von 3,3 Volt, wodurch sich der Kondensator aufladen kann. Entsprechend entlädt sich der Kondensator über die Widerstände, wenn GP15 die Spannung 0 Volt abgibt. In Kombination der ESPBASIC-Techniken, wie sie im Abschnitt 2 dieses Buches erläutert sind, erfolgt die Steuerung der LED/GP15-Leitung im Browser über einen Button.

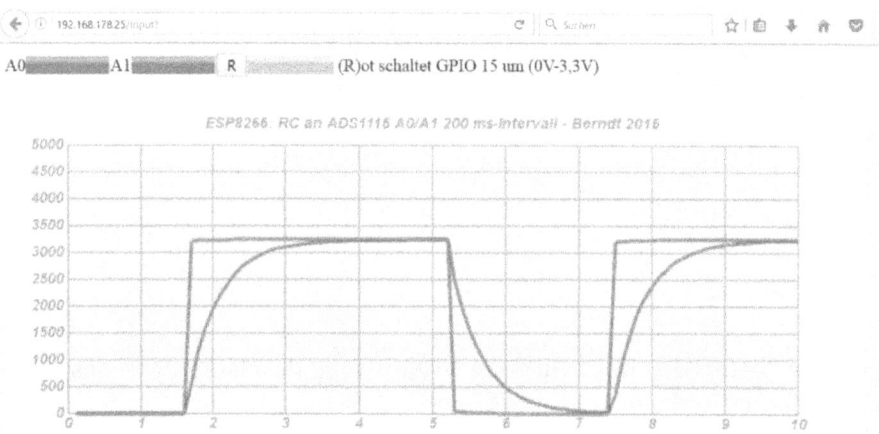

Abbildung 148: Zweikanalmessung in Firefox in Echtzeit; BASIC, HTML, JavaScript.

Das Gesamtlisting ist wieder ein „MashUp" von ESPBASIC, HTML und JavaScript. Die Bibliothek *bt93.js* liegt bereits im Speicherbereich des ESP8266BASIC und liefert die Grafik des Diagramms. BASIC übernimmt die Benutzerschnittstelle und die I²C Steuerung. Auch die Timer gesteuerte Messung läuft über BASIC, während die Grafik durch JavaScript aktualisiert wird, wie schon an anderer Stelle in diesem Abschnitt. Die nachfolgenden Zeilen stellen das Gesamtprogramm *adsRCbutton.bas* dar, was genau in dieser Reihenfolge als Text in den BASIC-Editor geschrieben werden kann, ohne die eingefügten Textpassagen, versteht sich.

Zunächst die Darstellung der Benutzeroberfläche mit dem Button und den Messwertanzeigen.

```
'rc entladekurve 2 kanal mit button gpio15 an ads1115
x = 0
y = 88 'btB3NoTrigger<<
html |A0|
meter y,0,3300
idy = htmlid()
html |A1|
meter y1,0,3300
idy1 = htmlid()
button "R",[rot]
meter r, -1,0
html | (R)ot schaltet GPIO 15 um (0V-3,3V)<br>|
rot=-1
```

Es folgt die Erzeugung der Zeichenoberfläche *Canvas* für HTML5.

```
html |<html><body bgcolor="whitesmoke"><br>|
html |<canvas id="myCanvas" width=800
height=320</canvas>|
```

Hier findet die frei änderbare Festlegung von Breite und Höhe der Zeichenfläche statt. Die Hintergrundfarbe *whitesmoke* versteht nicht jeder Browser, ist jedoch lediglich eine Spielerei. Die folgenden Zeilen binden die JavaScript-Bibliothek *bt93.js* auf die ESPBASIC-spezifische Art ein. Diese Datei sollte zuvor in der BASIC-Oberfäche mit *Upload* in den Speicher des BASIC-Systems geladen worden sein.

```
html |<script src="/file?file=bt93.js"
type="text/javascript"></script>|
```

Nun beginnt das eigentliche JavaScript mit der Festlegung der Variablen. Mit *HTMLVar* erhält JavaScript die IDs der Elemente *meter y* und *meter y1,* um auf deren Wert zugreifen zu können. Auf diese Art erreichen die ADS-Werte vor Ort das JavaScript im Browser des aufrufenden Phones/Tablets. Nach der Festlegung von 100 Messwerten werden zwei *Arrays* für die beiden Analogeingänge angelegt.

```
html |<script type="text/javascript">|
html |var name_element = document.getElementById("| &
htmlvar(idy) & |");|
html |var name_element1 = document.getElementById("| &
htmlvar(idy1) & |");|
html |const NMAX=100;var filled=false;var tmax=10;|
html |var TabY = new Array(NMAX);var TabX = new Ar-
ray(NMAX);var TabY1 = new Array(NMAX);|
```

Die Routine *Messen()* füllt die Arrays mit Messdaten. Das Verschieben der einzelnen Werte sorgt dafür, dass der Eindruck entsteht, dass die Messkurve von rechts nach links durch das Diagramm läuft. Die aktuelle Messung wird hinten in die Tabelle mit *name_element.value* eingetragen.

```
html |function Messen(){var i,x,y;|
html |for(i=1;i<NMAX;i++){TabY[i-1]=TabY[i];  TabY1[i-
1]=TabY1[i];TabX[i]=i/NMAX*tmax;}|
html |TabX[NMAX-1]=tmax;TabY[NMAX-
1]=name_element.value;TabY1[NMAX-
1]=name_element1.value;}|
```

Beide senkrechte Striche oder Zeichen der html-Anweisung müssen in einer Zeile stehen.

Die Routine *Anzeigen()* initialisiert die Grafik in *bt93.js* und ruft eine Messung auf. Das Diagramm wird vorbereitet und gezeichnet, anschließend mit der Strichstärke 3 die beiden Messkurven mit den angegebenen Farben im Diagramm dargestellt.

```
html |function Anzeigen(){var i; Gra-
fik(AN);Messen();yachse="";xachse="";titel="ESP8266: RC
an ADS1115 A0/A1 200 ms-Intervall - Berndt 2016";|
html |farbe ="White"
;cls();farbe="whitesmoke";hintergrund(); farbe="darkgrey"
; Diagramm(0,tmax,0,0,5000,0); farbe="gray"; |
```

```
html |ctx.lineWidth=3;   |
html |for(i=0;i<NMAX-
1;i++){farbe=BLAU;DiaLinie(TabX[i],TabY[i],TabX[i+1],TabY
[i+1]);|
html
|farbe=ROT;DiaLinie(TabX[i],TabY1[i],TabX[i+1],TabY1[i+1]
);}}|
```

Am Ende der Initialisierung der Web-Seite für den Browser des Anwenders bestimmt JavaScript, dass die Routine *Anzeigen()* jeweils einmal in 500 ms aufgerufen werden soll. Damit enden das Script, der Körper und das HTML. ESPBASIC übernimmt mit seinem eigenen Timer, der auch ein 500 ms-Intervall aufweist und damit vor Ort jede 0,5 Sekunden eine Messung initiiert.

```
html |window.setInterval("Anzeigen()",
500);</script><br></body></html>|

timer 500,[messen]
wait
```

Die Messroutinen, die weiter oben bereits allgemein erläutert wurden, wiederholen sich jetzt, bis auf kleinere Änderungen bei den Variablennamen.

```
[messen]
config = 49539
gosub [read]
y = u
config = 53635
gosub [read]
y1 = u
r = io(laststat,15)
wait

[conf]
adr = 72
h = config / 256
l = config and 255
i2c.begin(adr)
i2c.write(1)
i2c.write(h)
i2c.write(l)
```

```
i2c.end()
'delay 8
return
```

[read]
```
gosub [conf]
i2c.begin(adr)
i2c.write(0)
i2c.end()
i2c.requestfrom(adr,2)
h = i2c.read()
l = i2c.read()
hl = h * 256 + l
u = hl * 0.1875
return
```

[rot]
```
io(po,15,rot)
rot = not rot
wait
```

Den Schluss dieses Listings bildet die Routine [*rot*], die dem *Button rot* zugeordnet ist und das Schalten der LED bzw. der Leitung GP15 übernimmt und so der Versuch „Auf- und Entladekurve" manuell von verschiedenen Phones/Tablets bedient werden kann.

Das ESP8266-System mit ESPBASIC stellt ein absolut unabhängiges und extrem preiswertes Messsystem dar, was ohne zusätzliche Soft- oder Hardware von jedem aktuellen Browser aus programmier- und einsetzbar ist. Die Hardware bringt den eigenen Hotspot mit und wenn der onboard 10bit ADC nicht ausreicht, kann mit zwei Leitungen eine ebenso preiswerte Erweiterung, wie oben gezeigt, erfolgen.

3.3 STILLE POST: SPRACHSCHLEIFE

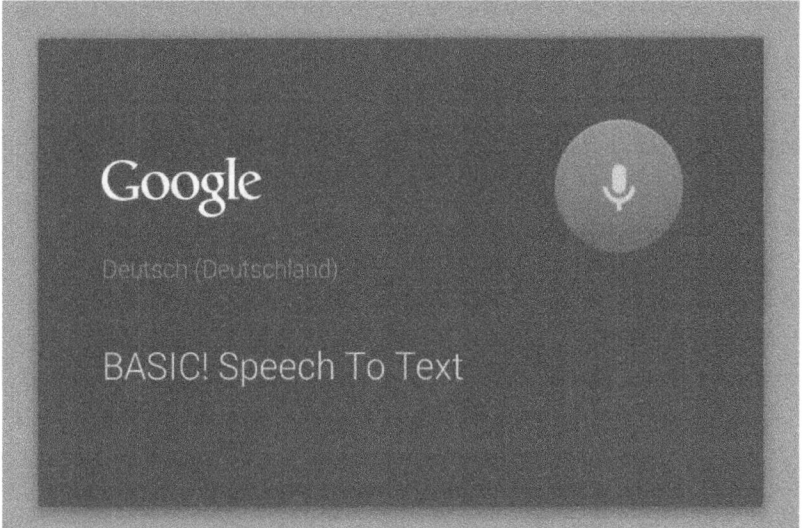

Abbildung 149: Stille Post mit Android und Windows

3.3.1 RFO-TCP/IP-NETCAT-VBS

In [1] wurden die eingebauten Sensoren per Spracheingabe ausgewählt. Mit einem kurzen rfo-BASIC-Programm ist dies mit der Google-Spracherkennung auf einem Android Smartphone kein Problem. In diesem Zusammenspiel soll nun eine Sprachschleife ähnlich dem Spiel 'Stille Post' zum Einsatz kommen.

Ein kurzer Satz wird in das Android Smartphone gesprochen, der erkannte Text via TCP/IP einem Windows-Tablet über *NetCat* einem VBScript zugeführt, welches dort mittels Sprachausgabe den erkannten Text spricht. Das Smartphone registriert diese Ausgabe wieder, wie den anfangs gesprochenen Satz und die Schleife beginnt von vorn. Je nach Mikrofonabstand ändert sich die Erkennung.

Auf Seiten des Android-Geräts läuft ein *rfo*-Basic Programm, welches sich am Win-Tablet auf Port 34 per TCP/IP anmeldet und die Google-Spracherkennung aufruft. *NetCat* wartet und startet *cmd.exe* bei einer Verbindung und leitet alle Ausgaben um zum Anrufer. Ab jetzt kann *rfo*-BASIC Windows über die Windows-Eingabeaufforderung steuern.

Unter Windows wird ein Script zur Sprachausgabe mit folgenden Zeilen aufgerufen, abgespeichert als *spk.vbs* auf dem Desktop.

```
Set Sapi = Wscript.CreateObject("SAPI.SpVoice")
Set Args = WScript.Arguments
For i= 0 To args.Count-1
     a=args(i)
     a=replace (a,"_"," ")
     wscript.sleep 2000
     Sapi.speak a
next
```

Dieses Script spricht den Text, der als Argument übergeben wird. Weil Argumente auf der Kommandozeile mit Leerzeichen getrennt werden, sendet Android anstatt eines Leerzeichens einen Unterstrich. Dies wird in diesem Script rückgängig gemacht, damit nicht jedes Wort als neues Argument gewertet wird und dadurch die Sprachausgabe holpert. Die zwei Sekunden Verzögerung dienen dazu, der Spracherkennung auf dem Android genügend Zeit zum erneuten Start zu geben.

Mit dem im Kapitel zu *NetCat* gezeigten Verfahren erhält Android den Zugriff auf Windows. Auf dem Desktop liegt eine weitere Datei mit dem Namen *ncCmd.bat* mit folgendem Textinhalt

```
C:\Temp\nc\nc -L -p 34 -e cmd.exe
```

Die Erläuterungen zu dieser Zeile sind im zweiten Kapitel *Softwareelemente/NetCat* erklärt.

Auf Seiten des Android Smartphone oder Tablets liegt folgendes *rfo-*Basic Programm vor: *tcp_ip_diktat StillePost.bas* mit den Zeilen

```
SOCKET.CLIENT.CONNECT "192.168.1.102",34
SOCKET.CLIENT.STATUS r
IF r THEN
 PRINT "Connected to ";
 SOCKET.CLIENT.SERVER.IP a$
 PRINT a$+" Port 34"
ELSE
 END
ENDIF
```

```
FOR x =1 TO 5
 GOSUB speak
 a$="spk.vbs "+ theText$
 GOSUB key
NEXT x

SOCKET.CLIENT.CLOSE
END

key:
SOCKET.CLIENT.WRITE.LINE A$ +CHR$(10)+CHR$(13)
PAUSE 100
RETURN

REM Start of tts
speak:
STT.LISTEN
STT.RESULTS theList
s$=""
LIST.SIZE theList, theSize
FOR k= 1 TO theSize
 LIST.GET theList,k,theText$
 PRINT theText$
 rem tts.speak thetext$
 IF k=1 THEN first$=theText$
 s$=s$+thetext$
NEXT k
thetext$=first$
tts.speak thetext$
CLIPBOARD.PUT s$
RETURN
```

Rfo-BASIC war Hauptthema im eBook *„Messen mit dem Smartphone"* [1], es wird hier nur noch angewendet.

Im ersten Abschnitt wird über die lokale IP auf Port 34 eine Verbindung per TCP/IP mit dem Windows-Tablet hergestellt. Dort wartet *NetCat* und startet *cmd.exe*.

In einer Schleife wird fünfmal die Spracherkennung bei *speak*: aufgerufen, die Leerzeichen ersetzt, und anschließend über die Unterroutine *Key:* das Script über die Kommandozeile von Windows via TCP/IP und *NetCat* mit Argument aufgerufen.

Der Ablauf ist

Windows: *ncCmd.bat* starten

Android: *tcp_ip_diktat StillePost.bas* starten

Google-Spracheingabe bedienen mit einem Satz

Mikrofon des Handys etwa 30 cm vom Tablet-PC weg halten. Nach einer Weile "spricht" das Windows-Tablet den erkannten Satz (Sprachausgabensprache wird bei Windows 8.1 unter Spracherkennung ausgewählt) und die Google-Spracheingabe sollte durch die Verzögerung im VBScript wieder auf Empfang sein und die Ausgabe wieder aufnehmen und erneut erkennen.

3.4   Zum Diktat: Android diktiert in Word(Pad)

3.4.1   *RFO-TCP/IP-NETCAT-VBS*

Die "Stille Post" sollte man als reine Spielerei zum Aufzeigen der Möglichkeiten des Zusammenspiels der Komponenten auffassen. Einen Hauch nützlicher könnte eine kleine Abwandlung als Diktat in *WordPad* sein. Ausgehend vom subjektiven Empfinden, dass die Spracherkennung unter Android besser funktioniert, könne das Smartphone als Diktiergerät für die auf Windows subjektiv ausgereiftere Textverarbeitung, z. B. *Word*, dienen. Da nicht überall Microsoft-Office installiert ist, erfolgt das Beispiel mit *WordPad*, jenem auf jedem Win-System verfügbaren RTF-Editor.

Ausser der Texterkennung geht vom Android-Gerät auch die gesamte Steuerung aus, wie das Aufrufen von Programmen, die Texteingabe, das Beenden von Programmen und vieles mehr. Dreh und Angelpunkt dieser TCP/IP Verbindung ist wieder *NetCat* mit der Zeile aus der Stillen Post oder den Ausführungen zu *NetCat*.

```
C:\Temp\nc\nc -L -p 34 -e cmd.exe
```

Mit VBScript gibt es keinen direkten Zugriff auf TCP/IP und VBA in Office ist nicht Thema dieses Buches. Die Texteingabe erfolgt hier über die Methode *SendKeys*, also über Software gesteuerte Tastatureingaben, wie in den Ausführungen zu *VBS* in diesem Buch im zweiten Abschnitt.

Auf Seiten von Windows liegt neben der *ncCmd.bat*-Datei noch ein Script mit dem Namen *Key.vbs* auf dem Desktop mit dem Inhalt:

```
Set Args = WScript.Arguments
set WshShell = WScript.CreateObject("WScript.Shell")
For i= 0 To args.Count-1
    WScript.Sleep 100
    a=args(i)
    a=replace (a,"_"," ")
    WshShell.SendKeys a
next
```

Die vom Android gesendeten Zeichenketten enthalten an Stelle der Leerzeichen Unterstriche, die hier wieder erneut ersetzt werden. Wer Programme diktieren will, sollte den Unterstrich durch ein oder andere Zeichen ersetzen.

Auf der Android-Seite arbeitet ein *rfo*-BASIC!-Programm in folgender Form als Arbeitsgrundlage. Es stellt die Verbindung her und startet über die Kommandozeile *WordPad*. Anschließend wird über diese Kommandozeile von Windows das Script *Key.vbs* mit den Argumenten *Hallo Welt* aufgerufen. Danach erfolgen die Beendigung von *WordPad* und die Ablehnung der Speicherung, sowie die Trennung der Verbindung.

```
SOCKET.CLIENT.CONNECT "192.168.1.102",34
SOCKET.CLIENT.STATUS r
IF r THEN
 PRINT "Connected to ";
 SOCKET.CLIENT.SERVER.IP a$
 PRINT a$+" Port "+port$
ELSE
 END
ENDIF


REM Ab hier steht die Verbindung

a$="WordPad.exe"
GOSUB key

a$="key.vbs Hallo Welt"
a$=replace$ (a$," ","_")
GOSUB key
pause 2000

a$="taskkill /IM WordPad.exe"
GOSUB key
a$="key.vbs %n"
GOSUB key
PAUSE 1000

SOCKET.CLIENT.CLOSE
END

key:
SOCKET.CLIENT.WRITE.LINE A$ +CHR$(10)+CHR$(13)
PAUSE 100
RETURN
```

3.5   KREISVERKEHR

3.5.1   *NETCAT/WLAN/SERIALTRANSFER/HC06/FTDI/REALTERM*

Eine Schleife mit einigen der hier im Buch behandelten Komponenten stellt dieses *Zusammenspiel* dar. Es soll wiederum Möglichkeiten für eigene Problemlösungen zeigen, wobei hier nur die eigentliche Verbindung und deren Funktion angewendet und überprüft werden.

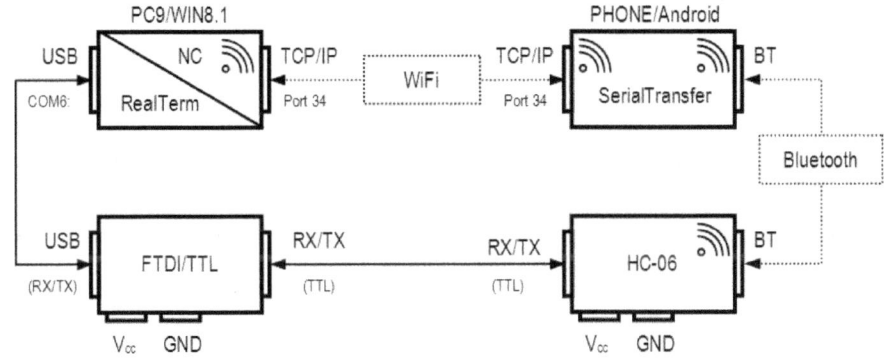

Abbildung 150: Mit Software und Hardware werden die Daten auf den in diesem Buch im Vordergrund stehenden Wegen transportiert

In der Abbildung beginnt die Schleife oben links mit einem Windows-Tablet mit *NetCat,* um über TCP/IP bzw. WiFi darauf zugreifen zu können. Ein Android Smartphone mit der PlayStore-App *SerialTransfer* nimmt die Verbindung über TCP/IP auf und reicht sie mit dieser Software drahtlos weiter als Bluetooth-Verbindung mit dem *HC06-* Bluetooth-Modul, welches mit seinen zwei Leitungen RX/TX mit dem *FTDI-Adapter* diese Signale über USB diesem, oder einen anderen Windows-Tablet/PC weiter reicht. Die über eine COM-Schnittstelle eingehenden Informationen oder Daten können dort mit *RealTerm* abgegriffen, oder noch weiter geleitet werden.

Das Ergebnis ist die Mehrfachsteuerung von Windows mit allen Möglichkeiten der Kommandozeile - zeitgleich, von mehreren unterschiedlichsten Geräten - aus. Eine etwas detailreichere Erläuterung soll die Reproduzierbarkeit bzw. den Nachbau ermöglichen. Auf dem Windows-Tablet kommt *NetCat* mit dem Execute-Parameter zum Einsatz, wie an anderer Stelle beschrieben. Die Zeile

```
c:\temp\nc\nc -L -p 34 -e cmd.exe
```

erfüllt diesen Zweck. Das Tablet ist dann auf Port 34 erreichbar und bietet dem Anrufer das nach *-e* angegebene Programm mit dessen Standard-Ausgaben. Auf dem Smartphone sorgt SerialTransfer mit seinem TCP/IP-Zweig dafür, dass das Tablet mit einer angenommenen lokalen IP 192.168.1.100 auf Port 34 verbunden wird. Diese Verbindung und damit die darüber laufenden Ausgaben leitet das Android-Programm (ähnlich wie teilweise bei *RealTerm* auf Windows) mit Zwischenanzeige weiter über ein gekoppeltes und verbundenes Bluetooth-Gerät. Ohne weitere Software laufen die Daten weiter durch das *HC06*, den *FTDI*-Adapter, der sich über USB bei Windows z. B. als *COM6*: anmeldet. Dort können alle Windows-Programme, die RS232-Geräte unterstützen auf diesen COM-Port zugreifen und das auch ohne die schwer reproduzierbaren Probleme, die bei Windows und Bluetooth auftreten. Hier zeigt stellvertretend *RealTerm* die bestehende Verbindung an.

Das Zusammenspiel kann in folgender Reihenfolge gestartet werden:

1. *NetCat* auf Windows-Tablet starten

2. *HC06* mit *FTDI*-Adapter verbinden bis *HC06* blinkt (RX/TX-TX/RX)

3. *SerialTransfer*-App starten und mit *HC06* verbinden (HC ohne Blinken)

4. *SerialTranfer*-App mit Windows-Tablet ber TCP/IP verbinden

5. *FTDI*-Adapter an Tablet-PC/Win anschließen (COM6: erscheint im Gerätemanager)

6. *RealTerm* starten und mit Port *COM6*: verbinden

7. *SerialTransfer*-App die TCP/IP- Verbindung trennen und neu verbinden (reconnect)

Als Ergebnis sollte sowohl in *RealTerm* am Ende der Schleife, wie auch auf dem Smartphone unter Android in der Mitte, das Windows vom Tablet am Anfang der Schleife mit seinem Prompt erscheinen und auf Befehle warten und reagieren. Ein *tree* zeigt z. B. einen Verzeichnisbaum.

3.6   ALTE HARDWARE

3.6.1   RS232/FTDI/REALTERM/FTDI/BLUETOOTH

Ein alter PC ohne Netzwerk- und Bluetooth-Hardware bedient ein ebenfalls älteres Interface oder Messgerät. Aus Gründen der Sicherheit soll
dieser Rechner mit z. B. Windows XP nicht mit entsprechender Hardware Netzwerkfähigkeit eingebaut bekommen. Trotzdem sei es erforderlich das Messgerät mit einem Smartphone oder Tablet über Bluetooth
und/ oder TCP/IP zu bedienen.

Dieses *Zusammenspiel* wird anhand eines konkreten Beispiels aufgebaut
und überprüft, wobei diese Lösung keine Programmierung erfordert. Die
Hardware sei ein PC mit XP und zwei USB-Anschlüssen. Alternativ kann
das RS223-Messgerät - hier ein *CompuLab*, wie es in [2] bereits benutzt
wurde - auch direkt an eine vorhanden COM-Anschluss angeschlossen
sein, wodurch dann eine USB-Verbindung entfällt. Für den Aufbau dieser
hier gewählten Lösung sind viele bereits weiter oben erläuterte Komponenten erforderlich.

Am Anfang steht das Interface mit 9poliger Buchse, dass direkt oder
über einen RS232-Adapter an den alten PC angeschlossen ist. Auf diesem
Rechner ist *RealTerm* installiert und verbindet sich über z. B. *COM5*: mit
der externen Messanordnung. Mit einigen kurzen Sequenzen ist es möglich über diese Software sowohl ASCII als auch Hex-Befehle zu senden
und zu empfangen. *RealTerm* leitet die Verbindung an einen USB/TTL-
Seriell-*FTDI-Adapter* weiter, der über USB unter z. B. *COM10*: im alten PC
angemeldet ist.

3.6.2   BLUETOOTH

Über die RX/TX-Leitungen mit TTL-Pegel des FTDI-Adapters ist ein
HC06-Modul anschlossen, um Bluetooth-Konnektivität zu erhalten. An
dieser Stelle ist eine drahtlose Kommunikation mit dem *CompuLab* und
einem Smartphone oder Tablet mit Bluetooth-Terminal bereits möglich.

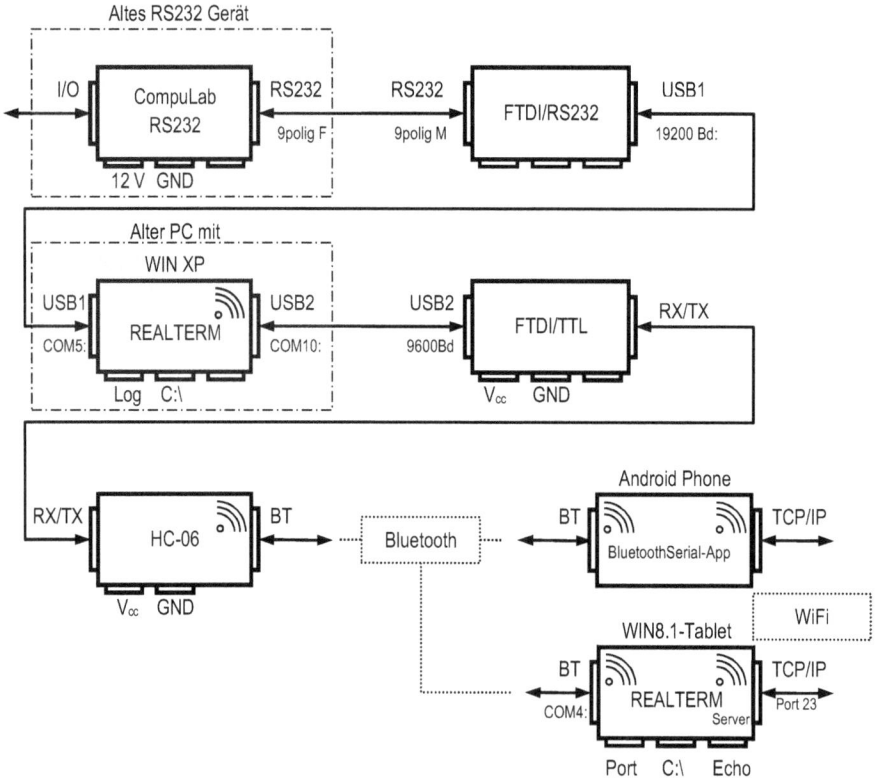

Abbildung 151: Alter Windows-PC mit Messgerät wird netzwerkfähig ohne Hardwareeingriff

Mit der Android-App *SerialTransfer* von Next Prototypes greift diese Software die Bluetooth-Verbindung auf und reicht sie über das netzfähige Smartphone als TCP/IP-Verbindung weiter. Damit wäre, falls erforderlich, auch eine Steuerung der Messhardware von einem beliebigen Ort möglich.

Im Falle des CompuLab lauten die Befehle oder Abfragen so, wie schon im Abschnitt *CompactDefinition erkennt Digispark als Compulab* gezeigt wird. Die Dezimalzahl 211 (D4 Hex) liefert den Zustand der 8 Digitaleingänge als Byte. Mit 81 (51 Hex) ändert man mit dem nächsten Byte die Digitalausgänge. Die Zeichenfolge 5101 im Hex-Modus schaltet die niederwertigste LED mit seinem Ausgang ein. Sind alle Ausgänge mit den Eingängen verbunden, so liefert die Abfrage mit D3 den Wert 01.

Dies funktioniert von verschiedenen Stellen der Verbindung: in *Real-Term* am alten PC und am über Bluetooth mit dem *HC06* verbundenem Gerät. Weil das originale *CompuLab* mit 19200 Baud arbeitet, ist der eingehende Port von *RealTerm* ebenfalls auf diese Übertragungsrate eingestellt. Der Echo-Port überträgt jedoch mit 9600 Baud, der voreingestellten Geschwindigkeit des *HC06*-Moduls.

3.6.3   TCP/IP-WLAN

Durch ein Tablet-PC mit Bluetooth und Netzfähigkeit kann die Bluetooth-Verbindung auf dem Windows-Tablet mit einem dort ebenfalls installierten *RealTerm* über die entsprechende, dem Bluetoothadapter zugeordneten *COM5*:-Schnittstelle als eingehender Port mit 9600 Baud des *HC06* die Verbindung aufnehmen und als Telnet-Server auf Port 23 anfragenden Clients die Verbindung servieren. Das Android-Smartphone am Ende der Übertragungsstrecke verbindet sich eventuell über die IP des Tablet-PC z. B. PC9, mit Port 23 und ist dann mit dem *CompuLab* oder einem anderen RS232-Gerät an einem alten PC ohne Bluetooth und LAN/WLAN-Fähigkeiten über TCP/IP verbunden.

Auf dem Smartphone könnten mit *rfo*-Basic umfangreiche Messungen programmiert werden, mit dem *TCP/IP-Commander* sind einfache Steuerungen auch ohne Programmierkenntnisse möglich.

3.6.4   TCP/IP-BLINK OHNE PROGRAMM

Das *Hallo Welt* der Leuchtdioden ist seit Arduino der Sketch *Blink*. Mit dem hier vorgestellten *Zusammenspiel* lässt sich ein Blink realisieren, dass vom Smartphone und dem *TCP-Commander* von *Next Prototypes* wiederholte Befehle über TCP/IP an das Windows-Tablet sendet, wo *RealTerm* sie über Bluetooth dem *HC06*-Modul weiter reicht, welches seriell mit der *FTDI-Adapter* über USB mit *RealTerm* auf dem alten PC spricht und dadurch schließlich das über *USB-RS232-Adapter* angeschlossene Interface mit einer LED an einem seiner acht Digitalausgange blinkt.

3.7 JT65-Podcast

3.7.1 VBS/WSJT (Windows)

Ein Live-Audio-Podcast mit Reichweite und Signalstärke schwacher und schwächster HF-Signale aus dem Funkamateurbereich, automatisch generiert aus Messdaten des Empfangsgeräts sowie aus Datenbanken ist Gegenstand des folgenden *Zusammenspiels*. Als Ergebnis ertönen Informationen der und über Teilnehmer, sowie technische Daten per Sprachausgabe.

Ein lokaler Kurzwellenempfänger (oder wegen Mangel an Hardware WebSDR- per Internet) empfängt z. B. auf der Frequenz 14076 KHz und demoduliert das SSB-Signal in eine NF-Tonfolge. Das Ergebnis klingt wie eine Art Melodie mit 65 oder 9 Tönen, die während einer Minute mit schwacher Leistung und aus großer Entfernung oder einfachster Antenne nach dem JT65 bzw. JT9-Verfahren ausgestrahlt wird. Aus der Tonfolge des NF-Audiosignal dekodiert die freie Software *WSJT-X* auf einem Windows-Tablet das übertragene Rufzeichen und andere kurze Informationen. Anhand des Signals berechnet die Software ein Empfangspegel und zeigt diesen mit den anderen Informationen an.

Obwohl es einen kostenlosen Decoder für Android gibt, wird hier professionelle und kostenlose Windowssoftware auf dem Tablet eingesetzt, die zumindest zum jetzigen Zeitpunkt besser funktioniert als das eher noch einfach gehaltene Android-Exemplar.

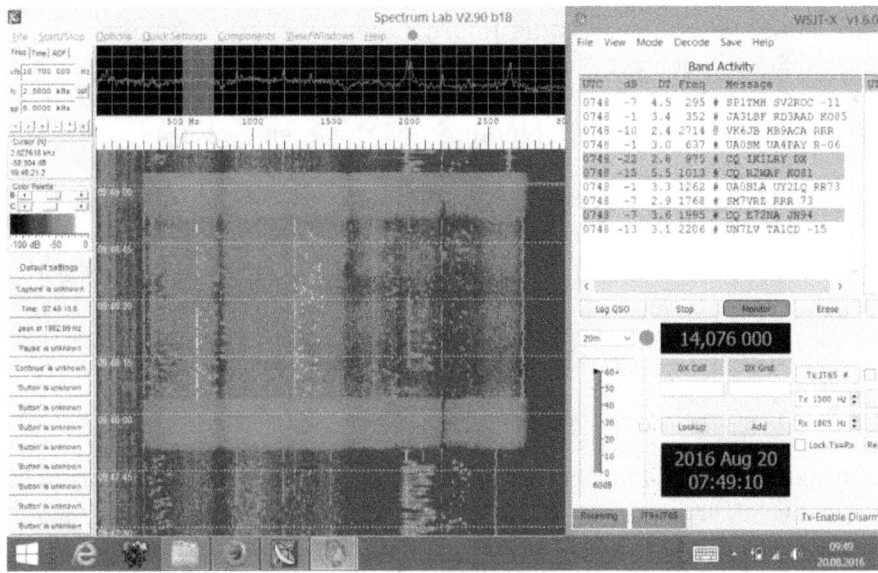

Abbildung 152: WSJT-X und Spectrum-Lab mit JT65/JT9 auf dem Windows-Tablet mit 10 Dekodierungen in einer Minute. Bis zu 16 Verbindungen konnten so schon pro Sequenz aufgenommen werden.

Das Programm und das Verfahren kommt von *K1JT – Joe Tayler* (geb. 1941, Nobelpreisträger Physik 1993 für astronomische Untersuchungen). Sein Verfahren nutzt die Eigenschaften von Soundkarten zur Dekodierung. Jede Aussendung dauert 46,8 Sekunden in denen maximal 13 Zeichen übertragen werden. Der Decoder setzt eine genaue PC-Zeit voraus und gibt z. B. folgende Daten im Fenster *Band Activity* aus:

```
-21  0.7 1064 # CQ XT2AW IK92
```

Demnach entsprach die Signalstärke dieser Übertragung -21 dB, die PC-Uhr wich um 0,7 Sekunden ab, das Signal lag im Audiospektrum bei 1064 Hz und das Verfahren war JT65 (#). Ein Funkamateur mit dem Rufzeichen XT2AW aus dem Lokator IK92 rief CQ.

Bis hier kommt keine der behandelten Komponenten zu Einsatz.

Durch die Möglichkeiten von VBS auf dieser Plattform soll ein Script dafür sorgen, dass diese und weitere Informationen vorgelesen werden. Die Decoder-Software *WSJT-X* schreibt die Daten in eine Log-Datei mit dem Namen *All.txt*, so dass die Informationen weiter verarbeitbar sind. Zusätzlich soll auch der Name und das Herkunftsland akustisch verkündet werden, so dass quasi eine Art Podcast entsteht. Dies alles soll möglichst auch ohne Internetanbindung funktionieren - also auch auf der Wiese im Wald mit Radio und Tablet - wobei eine kleine lokale Datenbank die Rufzeichen-Informationen bei Internetverfügbarkeit zwischenspeichert, um sie offline verfügbar zu haben. Um die zunächst leere lokale Datenbank etwas zu füllen ist also zu Beginn Internetanbindung erforderlich.

3.7.2 DATENBANK LOKAL ANLEGEN

Informationen zu Rufzeichen von Funkamateuren sind im Netz abrufbar. Damit diese Quellen nicht unnötig belastet werden erfolgt eine lokale Zwischenspeicherung von einmal gefundenen Rufzeichen. An anderer Stelle wird unter VBS die Rufzeichenabfrage erläutert. Im Verzeichnis *C:\Temp* entsteht eine wachsende Text-Datei JT65.TXT und hat etwa folgenden Inhalt:

...

CT1APP|Júlio Alexandre Martins da Silva|8005-265 FARO|Portugal
HB9CGH|MANFRED||Switzerland
9H1KR|Mario||Malta
EA3HKA|ELISEU|08551 TONA|Spain

...

Nach dem Rufzeichen folgen Name, Ort und Land, getrennt durch ein "|"-Zeichen. Diese simple Textdatei dient als lokale Datenbank, die einmal online angefüttert, auch offline funktioniert.

Im Script erfolgt zunächst eine Abfrage, ob diese Datei *C:\Temp\jt65.txt* existiert. Falls sie fehlt, wird sie erzeugt, sonst gibt das Script die Anzahl der Einträge zurück. Mit Hilfe des Beispiels *Verify that a file Exists* entsteht der Quelltext der Funktion *createJT65*.

```
' Verify that a File Exists
function createJT65
 Set objFSO = CreateObject("Scripting.FileSystemObject")
 If objFSO.FileExists(CALLFILE) Then
    Set objTextFile = objFSO.OpenTextFile(CALLFILE, 1)
```

```
    While Not objTextFile.AtEndOfStream
     strLine = objtextFile.ReadLine
     If inStr(strLine, "|") Then i=i+1
    wend
    WScript.Echo cstr(i)+" Einträge gefunden in
"+CALLFILE
 Else
    Wscript.Echo "Datenbank nicht gefunden. Erzeugt:
"&CALLFILE
    Set objFile = objFSO.CreateTextFile(CALLFILE)
 End If
End function
```

3.7.3 DATENBANK LOKAL BESCHREIBEN

Um neue Rufzeichen in der Datenbank *CALLFILE* - der globalen Konstanten *JT65.TXT* – einzutragen, ist ein entsprechendes Unterprogramm erforderlich. Mit Hilfe des Beispiels *Writing String Content to End of Existing File* ist folgender Code für *writeCallsign* entstanden:

```
' Writing String Content to End of Existing Text File
Sub writeCallsign(sign,name,city,country)
 Const FOR_APPENDING = 8
 strFileName = CALLFILE
 strContent  = sign+"|"+Name+"|"+City+"|"+Country+vbCrLf
 Set objFS = CreateObject("Scripting.FileSystemObject")
 Set objTS = objFS.OpenTextFile (strFile-
Name,FOR_APPENDING)
 objTS.Write strContent
End sub
```

3.7.4 DATENBANK LOKAL ABFRAGEN

Keine Datenbank ohne Abfrage. Die mit Sonderzeichen getrennten Einträge eines Rufzeichens der lokalen Datenbankdatei liefert die Funktion *findCallsign,* entwickelt in Anlehnung an das Beispiel *Read a Comma Separated Values Log.* Die Suche beginnt am Anfang der *CALLFILE* und endet, sobald Übereinstimmung vorliegt. Die Rückgabe besteht aus einer entsprechenden Zeichenkette, oder, bei Misserfolg, dem unveränderten Rufzeichen.

```
' Read a Comma Separated Values Log
Function findCallsign(sign)
 Const ForReading = 1
 findCallsign=sign
 Set objFSO = CreateObject("Scripting.FileSystemObject")
 Set objTextFile = objFSO.OpenTextFile(CALLFILE,
ForReading)
 Do While objTextFile.AtEndOfStream <> True
  strLine = objtextFile.ReadLine
  If inStr(strLine, "|") Then
    sa = split(strLine, "|")
    If sa(0)=sign Then
     name=sa(1)
     City=sa(2)
     Country=sa(3)
     'findCallsign = name+" from "+city+", "+country
     If InStr(country,"Netherlands")>0 Then  country =
"The "+country
     findCallsign = name+" from "+""+country
     Exit function
    End if
  End If
 Loop
End function
```

3.7.5 RUFZEICHEN SUCHEN

Die eigentliche Suche nach einem empfangenen Rufzeichen erfolgt mit einer eigenen Routine. Ist das Rufzeichen in der lokalen Datenbank vorhanden, so kehrt dieses GetCallSign mit den Informationen von findCallsign zurück. Im anderen Fall folgt - falls möglich - die Internetrecherche über *qrzcq.com*, wie im Abschitt VBS an anderer Stelle beschrieben, wobei ein Fund mit writeCallsign lokal gesichert wird. Besteht kein Internetzugang oder schlägt die Recherche fehl, liefert GetCallSign das übergebene Rufzeichen ohne Änderung.

Zu Beginn und im unteren Teil erfolgen einige den Gegebenheiten entsprechenden Abfragen oder Manipulationen, so dass das Ergebnis dem Hörer genehm im Ohr erklingt oder unnötige Abfragen unterbleiben.

```
Function GetCallsign(sign)
 Const find="<p class=""haminfoaddress""><b style=""text-
shadow: 0px 1px 0px #f1f1f1, 0px 1px 3px #999; "">"
```

```
GetCallsign=sign
If sign ="DX"  Then Exit Function
If sign ="RRR" Then Exit Function
If sign ="GL"  Then Exit Function
If sign ="73"  Then Exit Function
If sign ="RST" Then Exit Function
If sign ="PSE" Then Exit Function
jt65 = findCallsign(sign)
If jt65<>sign Then
 GetCallsign=jt65
 Exit Function
End If

strURL = "http://qrzcq.com/call/"+sign
Set objHTTP = CreateObject( "WinHttp.WinHttpRequest.5.1"
)
 objHTTP.Open "GET", strURL:
 On Error Resume next
 objHTTP.Send
 s= objHTTP.ResponseText:  ' WScript.Echo Len(s)
 if objHTTP.Status = 200 Then
   ix=InStr(s,find)
   s=Mid(s,ix+Len(find),100)
   sa=Split(s,"<")
   If UBound(sa)>3 Then
     city=Mid(sa(3),6)
     country=Mid(sa(4),6)
     name=sa(0)
     writeCallsign sign,name,city,country
     WScript.Echo "New: ---------------------- " +sign+"
- "+name+" ----------------------"
     GetCallsign = name+" from "+""+country
   End if
 End if
 Set objHTTP = Nothing
End Function
```

3.7.6 ANWENDERVERZEICHNIS FINDEN

Die lokale einfache Datenbankdatei *JT65.TXT* liegt für das Script fest in *C:\Temp*. Die Log-Datei *All.txt* liegt ohne Eingriff durch den Benutzer in dem sogenannten Benutzerverzeichnis wie etwa:

```
C:\Users\...\AppData\Local\WSJT-X\ALL.TXT
```

Diese spezifischen Windowsverzeichnisse findet das Beispiel-Script *List Items in the Local Application Data Folder*. Mit kleiner Anpassung findet die Funktion *alltext* die Log-Datei im ursprünglichen Verzeichnis der Installation.

```
' List Items in the Local Application Data Folder
Function alltext
 Set objShell = CreateObject("Shell.Application")
 Set objFolder = objShell.Namespace(&H1c)
 Set objFolderItem = objFolder.Self
 alltext=objFolderItem.Path+"\WSJT-X\ALL.TXT"
End Function
```

3.7.7 HAUPTAUFRUF

Das Unterprogramm `callsign` wird eimal in der laufenden Minute ab Sekunde 52 aufgerufen, wenn die erste Dekodierung vorliegt. Es erledigt den gewünschten Auftrag, indem es die Datei *All.txt* bis zur aktuellen Uhrzeit (UTC) liest und ab dort versucht, die Daten entsprechend zu sprechen. Die Unterroutine `timestamp` benutzt als Vorlage das Script-Beispiel *List the UTC Time on a Computer*.

Eine Zeile der Log-Datei wird nun untersucht, und mit Hilfe der oben aufgeführten Routinen jede Empfangszeile akustisch entsprechend aus-gegeben. Ist die Signalstärke kleiner als -20 dB, erfolgt eine angepasste Ausgabe. Ist vor der nächsten Dekodierung genügend Zeit, so erfährt man die Anzahl der erfolgreichen Dekodierungen in dieser Minute, sollte durch zu viele Dekodierungen oder zu lange Informationen die Zeit über-schritten sein, so erklingt ein entsprechender Text.

Das Script geht von einer englischen Sprachausgabe aus, kann aber bei entsprechender Textänderung auch mit anderen Sprachen funktionie-ren.

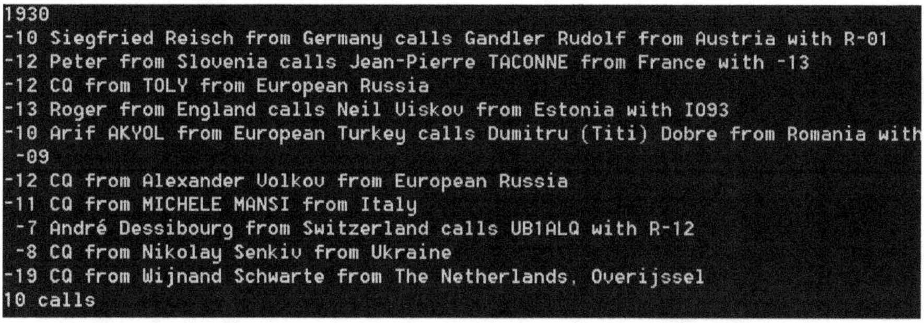

```
1930
-10 Siegfried Reisch from Germany calls Gandler Rudolf from Austria with R-01
-12 Peter from Slovenia calls Jean-Pierre TACONNE from France with -13
-12 CQ from TOLY from European Russia
-13 Roger from England calls Neil Uiskov from Estonia with IO93
-10 Arif AKYOL from European Turkey calls Dumitru (Titi) Dobre from Romania with
 -09
-12 CQ from Alexander Volkov from European Russia
-11 CQ from MICHELE MANSI from Italy
 -7 André Dessibourg from Switzerland calls UB1ALQ with R-12
 -8 CQ from Nikolay Senkiv from Ukraine
-19 CQ from Wijnand Schwarte from The Netherlands, Overijssel
10 calls
```

Abbildung 153: JT65-Klartext in Schrift und Ton mittels eines Scripts

Hier das Script *jt65 5g JT65TXT no city.vbs* als Ganzes in Textform. Es lässt sich mit VBSedit in *jt65 5g JT65TXT no city.exe* wandeln.

```
'Const logfile="C:\Users\...\AppData\Local\WSJT-
X\ALL.TXT"
Const CALLFILE="C:\temp\JT65.txt"
WScript.Echo "This script produces speech. Use at your
own risk!"
WScript.Echo "JT-65 Decoder WSJT-X to speech callsign via
qrzcq.com."
WScript.Echo "Input log-file is: "& alltext
createJT65
WScript.Echo "Waiting for second 52 ..."


While True
 If Second(Time)>51 Then callsign
 WScript.Sleep 1000
Wend

' Read a Text File into an Array
'2158 -21  0.7 1064 # CQ XT2AW IK92
Sub callsign
 Set Sapi = Wscript.CreateObject("SAPI.SpVoice")
 Const fsys = "Scripting.FileSystemObject"
 Set objFSO = CreateObject(fsys)
 Set objTextFile = objFSO.OpenTextFile(alltext,1)
 utc=timestamp : WScript.Echo utc
 Sapi.speak minute(Time)
 c=0

 While not objTextFile.AtEndOfStream
```

```
  strNextLine = objTextFile.Readline
  ix=InStr(strNextLine,"#")
  If ix=20 Then
    sa=Split(strNextLine,"#")
  Else
    ix=InStr(strNextLine,"@")
    If ix=20 Then  sa=Split(strNextLine,"@")
  End if
  stamp=left(strNextLine,4)'2158
  If utc=stamp And ix=20 Then
    dbs=Mid(strNextLine,6,3)
    s=Split(sa(1)," ")
    If s(1)="CQ" And s(2)="DX" Then
s(1)=s(1)+s(2):s(2)=s(3)
    If s(1)="CQ" Or s(1)="CQDX" Then sp=s(1)+" from
"+GetCallsign(s(2)) Else sp=GetCallsign(s(2))+" calls
"+GetCallsign(s(1))+" with "+s(3)
    out=dbs+" "+sp
    WScript.Echo out
    If Abs(cdbl(dbs))>19 Then Sapi.Speak out Else Sa-
pi.Speak sp
    c=c+1
  End If
 Wend
 WScript.Echo c&" calls"&vbCrLf
 If second(Time)<58 Then Sapi.Speak "there were
"+CStr(c)+" calls."
 sec=Second(Time)
 If sec<30 And c > 8 Then sapi.speak "Due to the numerous
decodings from within the last minute and the surprising
detailed data, the current minute decodings are skipped."
 If sec<30 And c > 8 Then sapi.speak " Next decoding is
espected to begin in round about "&CStr(52-Second(Time)-
5)&" seconds."
End sub

Sub showCallsign (a, sapi,sp)
 Set WshShell = WScript.CreateObject("WScript.Shell")
 WshShell.SendKeys "{ESC}"
 WshShell.AppActivate "DX Atlas"
 WScript.Sleep 200
 WshShell.SendKeys "^r"
 WScript.Sleep 200
 WshShell.SendKeys a+"{TAB}{DOWN}{DOWN}{DOWN}{DOWN}^f"
Sapi.Speak sp
 WshShell.SendKeys "{ESC}"
```

```
End Sub

' List the UTC Time on a Computer
Function timestamp
 Set objWMIService = GetObject("winmgmts:" _
   & "{impersonationLevel=impersonate}!\\" _
   & ".\root\cimv2")
 Set colItems = objWMIService.ExecQuery("Select * from
Win32_UTCTime")
 For Each objItem in colItems
 h=objItem.Hour: timestamp=CStr(h)
 If h<10 Then timestamp="0"+timestamp
 m=objItem.Minute: If m<10 Then timestamp=timestamp+"0"
 timestamp=timestamp+CStr(m)
 Next
End Function

' List Items in the Local Application Data Folder
Function alltext
 Set objShell = CreateObject("Shell.Application")
 Set objFolder = objShell.Namespace(&H1c)
 Set objFolderItem = objFolder.Self
 alltext=objFolderItem.Path+"\WSJT-X\ALL.TXT"
End Function


Function GetCallsign(sign)
 Const find="<p class=""haminfoaddress""><b style=""text-
shadow: 0px 1px 0px #f1f1f1, 0px 1px 3px #999; "">"
 GetCallsign=sign
 If sign ="DX" Then Exit Function
  If sign ="RRR" Then Exit Function
   If sign ="GL" Then Exit Function
    If sign ="73" Then Exit Function
     If sign ="RST" Then Exit Function
     If sign ="PSE" Then Exit Function
 jt65=findCallsign(sign)
 If jt65<>sign Then
  GetCallsign=jt65
  Exit Function
 End If

 strURL = "http://qrzcq.com/call/"+sign
 Set objHTTP = CreateObject("WinHttp.WinHttpRequest.5.1")
 objHTTP.Open "GET", strURL:
 On Error Resume next
```

```
 objHTTP.Send
 s= objHTTP.ResponseText:  ' WScript.Echo Len(s)
 if objHTTP.Status = 200 Then
   ix=InStr(s,find)
   s=Mid(s,ix+Len(find),100)
   sa=Split(s,"<")
   If UBound(sa)>3 Then
     city=Mid(sa(3),6)
     country=Mid(sa(4),6)
     name=sa(0)
     'GetCallsign = name+" from "+city+", "+country
     writeCallsign sign,name,city,country
     WScript.Echo "New: ---------------------- " +sign+"
- "+name+" ----------------------"
     GetCallsign = name+" from "+""+country
   End if
 End if
 Set objHTTP = Nothing
End Function


' Verify that a File Exists
function createJT65
 Set objFSO = CreateObject("Scripting.FileSystemObject")
 If objFSO.FileExists(CALLFILE) Then
    Set objTextFile = objFSO.OpenTextFile(CALLFILE, 1)
    While Not objTextFile.AtEndOfStream
     strLine = objtextFile.ReadLine
     If inStr(strLine, "|") Then i=i+1
    wend
    WScript.Echo cstr(i)+" entries found in "+CALLFILE
 Else
    Wscript.Echo "Callsign logfile did not exist, creat-
ed: "&CALLFILE
    Set objFile = objFSO.CreateTextFile(CALLFILE)
 End If
End function


' Writing String Content to End of Existing Text File
Sub writeCallsign(sign,name,city,country)
 Const FOR_APPENDING = 8
 strFileName = CALLFILE
 strContent  = sign+"|"+Name+"|"+City+"|"+Country+vbCrLf
 Set objFS = CreateObject("Scripting.FileSystemObject")
 Set objTS = ob-
jFS.OpenTextFile(strFileName,FOR_APPENDING)
 objTS.Write strContent
```

```
End sub

' Read a Comma Separated Values Log
Function findCallsign(sign)
 Const ForReading = 1
 findCallsign=sign
 Set objFSO = CreateObject("Scripting.FileSystemObject")
 Set objTextFile = objFSO.OpenTextFile(CALLFILE,
ForReading)
 Do While objTextFile.AtEndOfStream <> True
  strLine = objtextFile.ReadLine
  If inStr(strLine, "|") Then
    sa = split(strLine, "|")
    If sa(0)=sign Then
     name=sa(1)
     City=sa(2)
     Country=sa(3)
     'findCallsign = name+" from "+city+", "+country
     If InStr(country,"Netherlands")>0 Then   country="The
"+country
     findCallsign = name+" from "+""+country
     Exit function
    End if
  End If
 Loop
End function
```

Das Script berücksichtigt nur die Uhrzeit, nicht das Datum. Nach 24h sollte *All.txt* einmal gelöscht werden, um keine Meldungen vom Vortag zu erhalten.

3.8 Flugfunkuhrzeitansage

3.8.1 Sorcerer/RealTerm/RFO/TCP-IP

Bereits in der Vorschau zu [1] ist zu lesen, wie eine Zeitansage mit dem Smartphone auf einem Android-Gerät mit *rfo*-Basic funktioniert. Eine Funkuhr basiert in Mitteleuropa meist auf dem Sender DCF77, wofür es spezielle Empfangsmodule gibt.

In diesem Zusammenspiel hier wird ein völlig anderer Weg beschritten, um die genaue Zeit auf einem Android-Smartphone anzusagen.

3.8.2 Der Sender

Als Quelle dient hier nicht das Signal aus Frankfurt/Main vom bekannten Zeitsender auf 77,5 kHz, sondern Flugfunksignale im HF-Bereich der Kurzwelle. Noch senden Flugzeuge und Bodenstationen weltweit Daten im High-Frequency-Data-Link-Verfahren, kurz HFDL, mit Datenraten ab 300 bps, worin auch die genaue Uhrzeit enthalten ist. Diese Quellen sind nicht nur mit entsprechender Radio/Antennen-Hardware zu empfangen, sondern können per Internet über WEB-SDR von jedermann gehört werden. Das Netz ist aber nur als Notlösung zu verstehen.

3.8.3 Der Dekoder

Mit PC-HFDL oder Sorcerer liegen ausgereifte Windows- Programme vor, die beide Log-Dateien unterstützen, also ihre Ausgaben bzw. Deko-dierungen zusätzlich in eine lesbare Text-Datei schreiben. Wie über solche Protokolldateien Daten gelesen und ausgewertet werden können zeigen andere Zusammenspiele in diesem Buch.

Die Besonderheit beim Sorcerer-Dekoder ist, dass dieses Programm seine Ausgaben direkt und ohne Verzögerung via TCP/IP weiter geben kann -, ein nicht zu unterschätzender Vorteil, wenn es um synchrone Daten geht.

```
Unable to load grund station names from registry
[HF GROUND STATION CHANGE -> SHANNON - IRELAND]
 15:12:46 UTC SHANNON - IRELAND   DB = 49  SV = 0  GS UP LIGHT   OFFSET 6
```

```
SHANNON - IRELAND UTC LOCKED Active freqs          3      5
KRASNOYARSK - RUSSIA UTC LOCKED Active freqs          4
AL MUHARRAQ - BAHRAIN UTC LOCKED Active freqs          2      4
```

Abbildung 154: Dekodierung einer Zeitübertragung aus Irland via HFDL auf 8942 kHz.

3.8.4 DER VERMITTLER

Der Decoder liefert Daten via TCP/IP an den Localhost 127.0.0.1, also den Rechner auf dem das Programm läuft. Um diese Daten auf das lokale oder globale Netz zu lenken, kommt die ebenfalls kostenlose Software *RealTerm* ins Spiel. Sie ist in der Lage, ohne irgendeine Zeile Programmtext, eine Verbindung von Port A auf einen Port B weiter zu leiten. Das funktioniert sogar mit seriellen COM-Schnittstellen, die aber hier nicht zum Einsatz kommen.

RealTerm kann somit über WLAN/LAN die Verbindung zum Router und darüber zum Android-Gerät, z. B. einem Smartphone, im Netz herstellen.

3.8.5 DER EMPFÄNGER

Ein Galaxy-Note Smartphone empfängt die dekodierten Signale des Flugfunkdecoders via TCP/IP als Text und ein kleines *rfo*-Basic-Programm extrahiert daraus die aktuelle und hochgenaue Zeit in UTC. Es stellt ebenfalls die TCP/IP-Verbindung zum Windows-Tablet her. Mit einer kleinen Routine erfolgt eine Wandlung von UTC nach MESZ, damit kein Wecker zu früh klingelt.

Am Ende erfolgt die Sprachausgabe mit geringer konstanter Zeitkorrektur, so dass beim Beep die DCF-Kontrollfunkuhr exakt mit der Ansage stimmt.

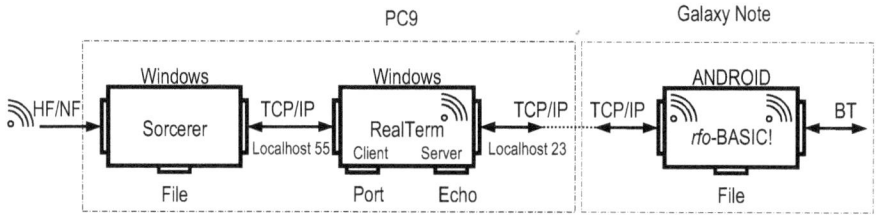

Abbildung 155: Zusammenspiel für die Flugfunkzeitansage

Folgende Dinge sind für den Nachbau erforderlich

- Quelle: Kurzwellenradio mit SSB oder Firefox/WebSDR, o.ä.

- Dekoder: *Sorcerer* v1.01 auf Windows

- Vermittler: *RealTerm* auf Windows

- Empfänger: *rfo*-Basic mit angegebenem Programm

und entsprechende Android und Windows-Geräte (hier: Dell Venue 8 Pro und Samsung GT N7000).

Im Sommer kann meist tagsüber am Nachmittag auf 8942,00 kHz das Signal aus Shannon/Irland in West-Europa gut empfangen werden. Ist zum Beispiel auf einem Sony ICF2001D 8942,9 USB eingestellt, so sollte ab und zu eine Art Signalburst - ein Datenpaket - hörbar sein, was etwas an die ersten Datenaufzeichnungen auf Musikcassetten erinnert. Ein kurzer 1400 kHz-Ton leitet die meist nur 1,8 Sekunden kurze Übertragung ein. Unter WEB-SDR sucht man die Wideband-SDR-Seite der Uni Twente und stellt dort 8942/USB ein.

Im einfachsten Fall dient das eingebaute Mikrofon des Windows-Tablet als Aufnahmequelle für den Decoder Sorcerer. Unter *File/Options* lässt sich die Quelle einstellen, unter *Add Decoder* ist unter *PSK* die Betriebsart *ARINC 625* zu wählen. Die eventuell auftretenden Meldungen

`Unable to load system database file`

`Unable to load grund station names from registry`

sind in diesem Zusammenspiel unwichtig. Sollte das Mikrofon richtig eingestellt - und einer der Haken gesetzt sein, könnte die erste Dekodie-

rung bei entsprechendem Empfang bereits erscheinen. In dem hier vorliegenden Fall muss mindestens der Haken bei *SPDU* gesetzt sein, damit
die Uhrzeit einer Bodenstation in der Ausgabe auftaucht. Unterhalb der
Reiterüberschrift *Output* bietet *Sorcerer* die Weiterleitung bzw. Protokol-
lierung/Speicherung der Dekodierungen an.

Mit *Start TCP Server (Ansi)* erreicht man die Angabe des Ports, der die
Daten weiter reichen soll. Mit z. B. 55 sendet *Sorcerer* an Port 55 des
Localhost 127.0.0.1, wo sie entsprechend abholbar sind.

Für *RealTerm* auf demselben PC ist unter dem Reiter *Port* als Quelle
127.0.0.1:55 zu wählen, da dort die Sorcerer-Dekodierungen einlaufen.
Die Übertragungsgeschwindigkeitseinstellung ist bei TCP/IP beliebig.
Nun spielt *RealTerm* seine Stärke aus, indem es unter dem Reiter *Echo
Port* und der Einstellung *TelnetServer* die eingehenden Zeichen als Server eventuellen Anrufern auf Port 23 zur Verfügung stellt. Dies ist dann
z. B. ein Smartphone.

Auf dem Smartphone als Empfänger kann zunächst mit einem TCP/IP-
Client überprüft werden, ob die Verbindung oder das *Zusammenspiel* bis
hier funktioniert. Den Rest bis zur Sprachausgabe übernimmt dann ein
kurzes Basic-Programm. Die Zeitansage mit Beep erfolgt in den Zeilen
weiter unten

```
TTS.SPEAK   u$
TONE 1000,100
```

Hier das gesamte *rfo*-Basiclisting

```
TTS.INIT
ps=10
Port$="23"

SOCKET.CLIENT.CONNECT "192.168.178.23",VAL(port$)
SOCKET.CLIENT.STATUS r
IF r THEN
 PRINT "Connected to ";
 SOCKET.CLIENT.SERVER.IP a$
 PRINT a$+" Port "+port$
ELSE
 END
```

```
ENDIF

REM SOCKET.CLIENT.WRITE.LINE "."

DO
 DO
  SOCKET.CLIENT.READ.READY flag
  PAUSE ps
  IF CLOCK() > maxclock
   IF ps>10 THEN PRINT "(wait)"
   ps=100
   maxclock = CLOCK() + 5000
  ENDIF
 UNTIL flag
 SOCKET.CLIENT.READ.LINE line$

 IF LEN(line$)>20 THEN
  IF IS_IN(":",line$)=14 THEN
   REM dcf39
   u$=MID$(line$,16,8)
   PRINT u$
   TTS.SPEAK u$
  ELSE
   REM hfdl
   IF MID$(line$,1,1)=" " THEN
    IF MID$(line$,4,1)=":" THEN
     u$=MID$(line$,2,8)
     INCLUDE utc.bas
     PRINT u$
     TTS.SPEAK  u$
     TONE 1000,100
    ENDIF
   ENDIF
  ENDIF
 ENDIF
 PRINT line$
 ps=10
UNTIL false
```

Nach der Sprach-Initialisierung in der ersten Zeile folgt eine auf den Wert 10 voreingestellte Pausenvariable. Im Anschluss wird die Verbindung mit dem Windows-Tablet mit der lokalen IP 192.168.178.23 an Port 23 hergestellt. Dem Dell Venue 8 Pro wird in diesem Fall diese IP von einer Fritzbox zugewiesen. Port 23 ist der Telnet-Port über den *RealTerm* die Zeichen weiterreicht. Die Hauptschleife sorgt dafür, dass die Verbindung aufrecht erhalten bleibt, eingehende Zeilen untersucht (Abschnitt HFDL) - und bei entsprechendem Fund, die Uhrzeit umgerechnet und angesagt wird. Aus Gründen der Übersicht findet die vereinfachte Umrechnung der Uhrzeit in einer ausgelagerten Routine statt, die mit include eingebunden ist. Die Datei *utc.bas* hat folgenden Inhalt und liegt ebenfalls im *rfo*-Source-Verzeichnis.

```
REM Start of BASIC! Program UTC TO LOCAL EU
REM U$ in and out
TIME TIME(),y$,mo$,d$,h$,m$,s$,d,dst
t=TIME(y$,mo$,d$,MID$(u$,1,2),MID$(u$,4,2),MID$(u$,
7,2))
REM 8 sec latency
t=t+3600000+dst*3600000+8000
TIME t,y$,mo$,d$,h$,m$,s$,d,dst
u$=h$+":"+m$+":"+s$
```

3.9 FUNKUHRZEITANSAGE VON DCF39

3.9.1 SORCERER/REALTERM/RFO/TCP-IP

Gleich neben dem mitteleuropäischen Zeitsender DCF77 für die bekannten Funkuhren senden in diesem Frequenzbereich drei weitere Langwellensender, die Rundsteueranlagen bedienen.

*https://de.wikipedia.org/wiki/DCF_*(Rufzeichen)

Über diese Quellen kann ebenfalls die genaue Uhrzeit mit *Sorcerer* dekodiert und dem Smartphone zwecks Ansage zugeführt werden. Benötigt man für 77,5 kHz meist Spezialempfänger und Antennen, kann dieses Signal eventuell einem alten Langwellenradio entlockt werden. Diese Geräte warten seit der Abschaltung vieler AM-Sender sowieso auf neue Aufgaben. Der üblicherweise auch bei teuren Kurzwellenempfängern ab 150 kHz beginnende Langwellenbereich ist nur sehr geringfügig von der Sendefrequenz 139 kHz des DCF39 aus Magdeburg entfernt. Entweder man hat Glück und das analoge Radio ohne PLL ist bereits am unteren Ende der Langwelle etwas verstimmt, oder man hilft etwas nach, indem die richtige Spule oder der richtige Trimmkondensator zielgerichtet etwas verstellt wird. Um ein verwertbares Audiosignal zu bekommen ist ein Hilfsträger erforderlich, der die SSB-Ausstrahlung hörbar macht. Mit einer der in diesem Buch benutzen Komponenten ist dies mit einem Trick möglich. Auf der Seite

http://shelvin.de/ein-rechtecksignal-mit-hoher-frequenz-mit-dem-arduino-ausgeben

ist zu lesen, wie ein Arduino mit einer Frequenz in diesem Bereich seinen Ausgang schalten kann. Verbindet man diesen Ausgang mit einem Drahtstück, entsteht ein kleiner Sender, dessen Frequenz sich mit dem DCF39-Signal des Radios bei geeignetem Abstand so mischt, dass eine Tonfolge entsteht, die der Decoder Sorcerer z. B. über das eingebaute Mikrofon des Windows-Tablet entziffern kann. Unter *File/Options* lässt sich die Quelle einstellen, unter *Add Decoder* ist unter *FSK* die Betriebsart *EFR* zu wählen.

```
CURRENT TIME: 20:03:52  Thu 11.08.16  Daylight saving time
CURRENT TIME: 20:04:02  Thu 11.08.16  Daylight saving time
```

```
[ C=A0 A=20 CI=00 LEN=16 ] CD CB E3 F6 38 79 69 5B 8C 3C DE
86 C6 A5 B8 AB   "
CURRENT TIME: 20:04:12  Thu 11.08.16  Daylight saving time
CURRENT TIME: 20:04:22  Thu 11.08.16  Daylight saving time
CURRENT TIME: 20:04:32  Thu 11.08.16  Daylight saving time
CURRENT TIME: 20:04:42  Thu 11.08.16  Daylight saving time
CURRENT TIME: 20:05:02  Thu 11.08.16  Daylight saving time
CURRENT TIME: 20:05:12  Thu 11.08.16  Daylight saving time
CURRENT TIME: 20:05:22  Thu 11.08.16  Daylight saving time
[ C=B0 A=20 CI=00 LEN=16 ] 95 BC 41 4C 9B 5E 84 7A 38 24 B8
62 CE CC 85 7A   "
CURRENT TIME: 20:06:12  Thu 11.08.16  Daylight saving time
CURRENT TIME: 20:06:22  Thu 11.08.16  Daylight saving time
CURRENT TIME: 20:06:32  Thu 11.08.16  Daylight saving time
CURRENT TIME: 20:06:42  Thu 11.08.16  Daylight saving time
CURRENT TIME: 20:06:52  Thu 11.08.16  Daylight saving time
CURRENT TIME: 20:07:22  Thu 11.08.16  Daylight saving time
```

Abbildung 156: Hexadezimale Rundsteuerdaten und die genaue Uhrzeit von DCF39

Alles andere verhält sich genauso, wie im Abschnitt *Flugfunkuhrzeitansage,* ab der Stelle an der in *Sorcerer* der TCT/IP-Port gewählt wird. Auch für *RealTerm* und das weitere Zusammenspiel gilt Identisches. Sogar das rfo-Basic-Listing dort berücksichtigt bereits das von DCF39 ausgestrahlte und von *Sorcerer* dekodierte Signal und kann seinen Dienst unverändert verrichten.

3.10 MESSWERTFERNSCHREIBER

3.10.1 PC-HFDL/DATEI/NETCAT/TAIL - TCP/IP

War früher ein Fernschreiber ein elektromechanisches Gerät, welches mit 50 Baud z. B. Nachrichten einer Agentur verbreitete, so lassen sich heute solche Nachrichten bequem auf dem Smartphone im Browser lesen.

Sollen jedoch eigene Messdaten einer Messsoftware übertragen werden, so kann dies mit den hier besprochenen Komponenten individuell konfiguriert werden. Einzige Bedingung ist, dass das Programm seine Ergebnisse in Form einer Text-Datei schreibt, also ein Log-File oder ein

Messprotokoll schreibt. Diese Datei kann dann einem entfernten Gerät über TCP/IP übermittelt werden, um so eine Art Messwert-Fernschreiber zu erhalten.

Als Datenquelle soll bei der ersten Variante mit die kostenlose Software PC-HFDL für Windows Verwendung finden, die Flugdaten aus einem Datenstrom über Kurzwelle dekodiert. Zum Nachbau dieses Zusammenspiels ist ein Kurzwellenempfänger erforderlich, den es aber zur Not und zu Testzwecken auch ohne Hardware als „WebSDR" per Internet gibt.

Der Übertragungsweg ist ähnlich dem im Zusammenspiel *Flugfunkuhrzeitansage,* mit dem Unterschied, dass die Decodersoftware oder das Messprogramm seine Daten nicht direkt über TCP/IP weiter gibt, sondern sie laufend in eine Textdatei schreibt.

Die neu hinzu gekommenen Daten in der Datei sollen dann mit den Mitteln in diesem Buch ins Netz geschickt werden. Dazu kann ein Script in VBS verfasst werden - wie hier im nächsten Zusammenspiel - oder man sucht im Internet das kleine Werkzeug für die Kommandozeile *tail.exe*. Dieses Tool ist im schon älteren, aber noch verfügbaren Windows Resource Kit (*Rootkit SDK Windows 2003 von Microsoft*) enthalten. Mit seinen 6,5 KB reicht dieses Werkzeug die letzten 10 neu hinzu gekommenen Zeilen einer Protokolldatei im Textformat, wie sie es oft auf Rechnersystemen gibt, weiter.

An anderen Stellen in diesem Buch, wie zum Beispiel im Abschnitt zu *NetCat*, ist beschrieben, wie mit *NetCat* die Kommandozeile auf Windows-Rechnern über TCP/IP bedient wird. Ruft das entfernte Gerät darüber *tail.exe* mit entsprechenden Parametern auf, lenkt *NetCat* die Ausgaben von *tail* zum aufrufenden Gerät.

3.10.2 AUFBAU UND DURCHFÜHRUNG

Am Anfang steht die Datenquelle, die hier in Form von PC-HFDL vorliegt. Die unregistrierte Version läuft einige Minuten lang und beendet sich selber mit der Bitte um Registrierung ohne erforderliche Benutzeraktivität. Das Programm erzeugt z. B. eine Protokolldatei der Form *C:\Temp\PCHFDL\logfiles\May03.txt*. Die Datei wird auch nach einem Neustart von PCHFDL weiter beschrieben.

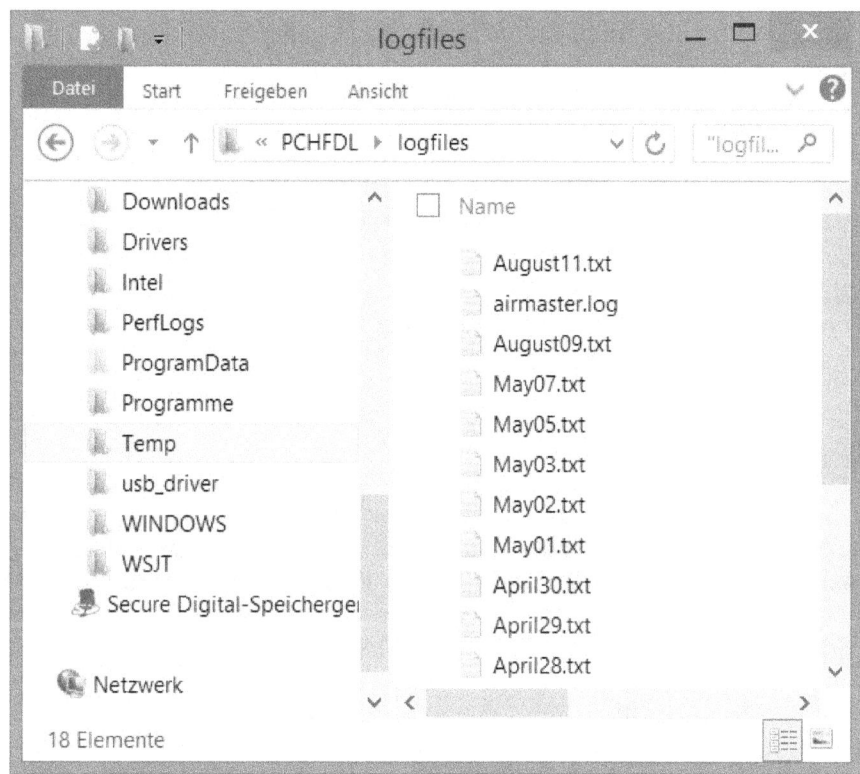

Abbildung 157: Der Inhalt wird laufend aktualisiert und enthält Informationen zum Flugverkehr.

[HFNPDU FREQUENCY DATA]
19:30:10 UTC Flight ID = SAA585 LAT 29 13 43 S LON 30 49 37 E
GS ID 15 AL MUHARRAQ - BAHRAIN UTC LOCKED
Propagating frequencies   11312 KHz   10075 KHz
Tuned frequencies   21982 KHz   17967 KHz   13354 KHz   11312 KHz   10075 KHz   8885 KHz
GS ID 3 REYKJAVIK - ICELAND UTC LOCKED
Propagating frequencies   11184 KHz
Tuned frequencies   17985 KHz   15025 KHz   11184 KHz   8977 KHz   6712 KHz   5720 KHz   3900 KHz
GS ID 2 MOLOKAI - HAWAII UTC LOCKED
Propagating frequencies
Tuned frequencies   21937 KHz   21928 KHz   17934 KHz   17919 KHz   13324 KHz   13312 KHz   13276 KHz   11348 KHz
11312 KHz   10081 KHz   8936 KHz   8912 KHz
GS ID 16 AGANA - GUAM UTC LOCKED
Propagating frequencies
Tuned frequencies   13312 KHz   11306 KHz   11288 KHz   8927 KHz   6652 KHz   5451 KHz
GS ID 4 RIVERHEAD - NEW YORK UTC LOCKED
Propagating frequencies
Tuned frequencies   21931 KHz   17952 KHz   17934 KHz   17919 KHz   13276 KHz   11387 KHz

Abbildung 158: Frequenzangaben und ACARS-Daten über HFDL

Auf dem Desktop liegt die Datei *ncCmd.bat* mit dem Inhalt

```
C:\Temp\nc\nc -L -p 34 -e cmd.exe
```

und wird mit einem Doppelklick gestartet. Diese Zeile ist im Abschnitt *NetCat* ausführlicher erläutert. Damit startet *cmd.exe*, sobald eine TCP/IP-Verbindung über Port 34 erfolgt. Das anrufende Gerät erhält von *NetCat* alle Ausgaben, die sonst im DOS-Fenster auf dem PC erscheinen würden. Da die Steuerung nun vom Client ausgeht, kann dieser auch *tail.exe* starten und damit die einlaufenden Messdaten oder Protokollzeilen lesen und gegebenenfalls verarbeiten. Mit der Eingabe

```
C:\Temp\nc\tail -f C:\Temp\PCHFDL\logfiles\May03.txt
```

laufen die hinzu kommenden Daten auf dem verbundenen Smartphone oder jedem TCP/IP-Client ein. Die Datei *tail.exe* liegt hier im Verzeichnis von *NetCat* (*nc*). Ein Beispiel für die Weiterverarbeitung dieser Daten auf dem Smartphone ist das Zusammenspiel *Flugfunkuhrzeitansage* in diesem Kapitel. Nach demselben Muster lassen sich die Log-Dateien der Decoder-Software Sorcerer, WSJT-X, SeaTTY übertragen.

Damit die Überschrift stimmt, könnte mit dem Windowsprogramm *SeaTTY* und diesem Verfahren die RTTY-Übertragung (Fernschreib-Übertragung) des Deutschen Wetterdienstes, der noch via Kurz- und Langwelle mit der klassischen Geschwindigkeit 50 Baud bzw 50 Zeichen pro Sekunde sendet, auf das Smartphone zur Anzeige kommen.

3.11 HFDL-PODCAST – FLUGAUFRUF

3.11.1 SORCERER/VBS/SPRACHE/NETCAT-TCP/IP/CMD.EXE

Start- und Zielflughafen von Flügen einer Fluggesellschaft auch offline im Klartext vorgelesen zu bekommen ist Ziel dieses Zusammenspiels. Das Beispiel steht für die Verarbeitung von Informationen aus einer Protokolldatei (Log-File) bei laufendem Dateneingang. Die hier vorgestellte Lösung ist überwiegend in *VBS*cript formuliert und spielt sich darum hauptsächlich auf einem Windows-Tablet ab. Am Ende sollen diese Informationen auch über TCP/IP auf einem Smartphone angezeigt werden.

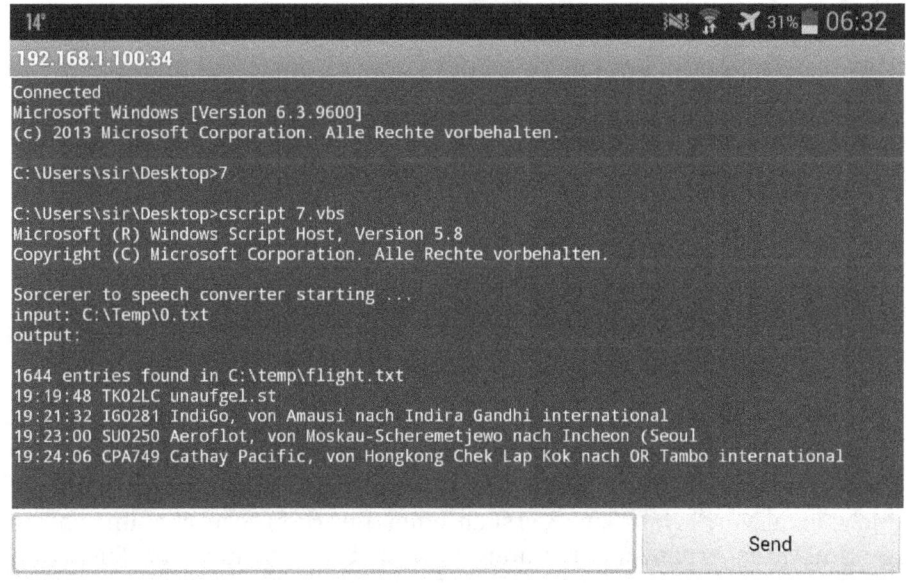

Abbildung 159: Smartphone zeigt Flugdaten während das Tablet vorliest mit Kommando 7

Die Datenquelle ist - wie beim Zusammenspiel *Flugfunkuhrzeitansage* - der freie Decoder für HFDL-Signale *Sorcerer* v1.0.1. Im Unterschied zur dortigen Lösung wird hier die Log-Datei zur Auswertung heran gezogen, stellvertretend für ähnliche Software für Messaufgaben. Um die dekodierten Daten des *ARINC 635* Moduls zu protokollieren ist die Angabe eines Dateinamens über *Open disk log (ANSI) (Disk-Symbol)* erforderlich. Das nachfolgende Script erwartet diese Datei unter *C:\Temp\0.txt*.

Das Script überprüft alle 15 Sekunden, ob sich die Länge dieser Datei geändert hat. Durch eine Art Schleppzeiger (li) werden immer nur die hinzu gekommenen Zeilen untersucht, ob sich ein Flug gemeldet hat. Wenn dem so ist, erfolgt eine Auflösung über die Flugnummer. Ähnlich der Rufzeichen im Zusammenspiel *JT65-Podcast*, werden hier diese Flugnummern und die zugehörenden Informationen in einer lokalen Datenbank gespeichert, so dass auch dieser Podcast nach einer anfänglichen Anfütterung der lokalen Flugdatenbank mit Internetdaten aus der Quelle *flightaware.com* später auch offline funktioniert. Internetrecherche und Datenbankroutinen sind überwiegend identisch mit den Ausführungen im Zusammenspiel *JT65-Podcast* und sind dort ausführlicher erläutert.

Die hier konstruierte Ansage beinhaltet Flugnummer, Fluggesellschaft sowie Start- und Zielflughafen, eine entsprechende Anpassung ist möglich. Ein Flug sieht in der Log-Datei des Dekoders wie folgt aus:

```
[MPDU 19:43:58 AIR LOGON SLOT 1 300 BPS ]
[HFNPDU FREQUENCY DATA]
19:23:00  UTC  Flight ID = SU0250  LAT 59 29 46  N  LON
52 56 52  E
```

Anhand der Zeitangabe und der festen Ausdrücke ID, LAT und LON lässt sich die betreffende Zeile aus dem Datenstrom identifizieren und die Flugnummer *SU0250* isolieren. Liegen Informationen zu dieser Nummer nicht lokal vor, erfolgt der Versuch einer Internetrecherche, um an die gewünschten ergänzenden Daten zu kommen. Scheitert die Suche, so wird der Flug als unaufgelöst gekennzeichnet.

Das Script legt zu Beginn einige Dateinamen fest, erzeugt oder prüft die lokale Datenbank und legt dann globale Variablen an. Die Anzahl der gelesenen Zeilen ist in i gespeichert, die vorige Anzahl von gelesenen Zeilen in li. Die Zeilen selber stehen nach dem Aufruf von readlog im Array arrFileLines().

Die Funktion newplane untersucht jede der neu hinzu gekommenen Zeilen, ob sie dem erwarteten Format eines neuen Fluges entspricht und meldet dies zurück. Die Sprachausgabe wird entsprechend initialisiert und anschließend der Flugname isoliert und der Funktion `GetFlight` übergeben, die die gewünschten Informationen in einer Zeile zurück liefert. Im Fall *SU0250* liegt die folgende Zeile in der Datei *flight.txt*, der lokalen Datenbank:

SU0250|Aeroflot (SU) #250 |Moskau-Scheremetjewo (Moscow RU) - SVO / UUEE|Incheon (Seoul (Incheon) KR) - ICN / RKSI

Die Aeroflot-Maschine fliegt demnach von Moskau nach Seoul.

Als nächstes erfolgt die Aufbereitung dieser Daten für die Sprach- und Textausgabe - eimal englisch und eimal deutsch. Die Anweisungen in der Zeile

```
WScript.Echo utc+ name+" "+gr:   Sapi.Speak en
```

führen die Ausgaben im Gesamtscript durch. Am Ende der Hauptschleife wartet das Script mit `waitlog` auf die nächsten Daten. Die deutsche Textausgabe sieht bei einer Offline-Sitzung etwa so aus:

```
Microsoft (R) Windows Script Host, Version 5.8
Copyright (C) Microsoft Corporation. Alle Rechte vorbehalten.

Sorcerer to speech converter starting ...
input: C:\Temp\0.txt
1644 entries found in C:\temp\flight.txt
19:19:48 TK02LC unaufgelöst
19:21:32 IGO281 IndiGo, von Amausi nach Indira Gandhi international
19:23:00 SU0250 Aeroflot, von Moskau-Scheremetjewo nach Incheon (Seoul
19:24:06 CPA749 Cathay Pacific, von Hongkong Chek Lap Kok nach OR Tambo interna-
tional
19:24:04 SU1406 Aeroflot, von Moskau-Scheremetjewo nach Jekaterinburg
19:23:00 XX0082 unaufgelöst
19:29:34 ONE630 unaufgelöst
19:29:24 SU0512 Aeroflot, von Moskau-Scheremetjewo nach Teheran-Imam Khomeini
19:30:18 SU0509 Aeroflot, von Ben Gurion nach Moskau-Scheremetjewo
19:30:46 KZR918 Air Astana, von Istanbul-Atatürk nach Astana        .
19:30:52 ONE630 unaufgelöst
19:31:36 TK01DN unaufgelöst
19:32:08 SU2618 Aeroflot, von Moskau-Scheremetjewo nach Brüssel-Zaventem
19:32:18 SU0509 Aeroflot, von Ben Gurion nach Moskau-Scheremetjewo
19:33:12 W30108 unaufgelöst
19:33:28 HVN54 Vietnam Airlines, von London Heathrow nach Hanoi
19:34:00 SU2604 Aeroflot, von Moskau-Scheremetjewo nach Madrid-Barajas
19:34:14 ONE617 unaufgelöst
19:34:18 SU0509 Aeroflot, von Ben Gurion nach Moskau-Scheremetjewo
19:34:16 TK0607 Turkish Airlines, von Istanbul-Atatürk nach Jomo Kenyatta inter-
national
19:34:34 CES788 China Eastern, von Rom-Fiumicino nach Shanghai Pudong internatio-
nal
19:34:38 THY3LU THY3LU , von Istanbul-Atatürk nach Helsinki-Vantaa
19:34:48 SU2108 Aeroflot, von Moskau-Scheremetjewo nach Vilnius
19:34:16 TK0607 Turkish Airlines, von Istanbul-Atatürk nach Jomo Kenyatta inter-
national
19:35:26 ONE630 unaufgelöst
```

```
19:35:32 SU0504 Aeroflot, von Moskau-Scheremetjewo nach Ben Gurion
19:35:32 D00082 unaufgelöst
19:35:50 LAT unaufgelöst
19:35:52 TK01DN unaufgelöst
19:36:18 SU0509 Aeroflot, von Ben Gurion nach Moskau-Scheremetjewo
19:36:34 MAC472 Air Arabia Maroc, von Venedig-Marco Polo (Venice nach Casablanca
19:36:54 SU2134 Aeroflot, von Moskau-Scheremetjewo nach Istanbul-Atatürk
19:36:56 ME0308 Middle East Airlines - Air Liban, von Beirut nach Kairo
19:37:44 RJA627 unaufgelöst
19:37:46 ONE622 unaufgelöst
19:38:08 ONE627 unaufgelöst
19:38:16 RJA627 unaufgelöst
19:38:18 SU0509 Aeroflot, von Ben Gurion nach Moskau-Scheremetjewo
19:39:04 TK01DN unaufgelöst
19:39:42 CPA289 Cathay Pacific, von Hongkong Chek Lap Kok nach Frankfurt am Main
19:39:56 NMB286 Air Namibia, von Frankfurt am Main nach Intler Flughafen Hosea
Kutako
19:40:08 TK01DN unaufgelöst
19:40:46 LAT unaufgelöst
19:41:58 PGT3YP PGT3YP , von Antalya nach Istanbul-Sabiha Gökçen
19:40:06 SU1882 Aeroflot, von Moskau-Scheremetjewo nach Manas international
19:25:36 ONE619 unaufgelöst
19:43:52 TK01DN unaufgelöst
19:51:52 W30108 unaufgelöst
19:54:56 KNE057 Flynas, von Riad nach King Abdulaziz international
19:56:50 ETD219 Etihad Airways, von Calicut international (Karipur) (Kozhikode
nach Abu Dhabi
19:57:08 SU2618 Aeroflot, von Moskau-Scheremetjewo nach Brüssel-Zaventem
19:46:12 THY4XN THY4XN , von Prag nach Istanbul-Atatürk
20:00:28 THY4XN THY4XN , von Prag nach Istanbul-Atatürk
20:00:42 KZR918 Air Astana, von Istanbul-Atatürk nach Astana
20:00:56 5K0605 unaufgelöst
20:00:56 SA0204 South African Airways, von John F. Kennedy international nach OR
Tambo international
19:59:50 SA0265 South African Airways, von München Franz Josef Strauß nach OR
Tambo international
20:02:50 AVA011 Avianca, Aerovias Nacionales de Colombia, von Madrid-Barajas nach
Bogotá
20:02:56 CRK949 unaufgelöst
20:02:00 SU1946 Aeroflot, von Moskau-Scheremetjewo nach Almaty
20:03:36 FV6896 Rossiya Airlines, von Sankt Petersburg nach Intler Flughafen
Simferopol
```

Abbildung 160: Klartext mit Sprache als Script-Ergebnis

Die Variable en enthält den englischen Text der Sprachausgabe. Das Gesamtskript hat folgendes Aussehen:

```
cl=Chr(13)&Chr(10)
Const FLUGHTFILE="C:\temp\flight.txt"
filename="C:\Temp\0.txt"
interval=15

Dim arrFileLines(),lmod,li

Set fs = CreateObject("Scripting.FileSystemObject")
WScript.Echo "Sorcerer to speech converter starting ..."
```

```
WScript.Echo "input: "&filename&cl
createFlightDB

While True
 i = 0
 readlog
 If newplane Then
  Set Sapi = Wscript.CreateObject("SAPI.SpVoice")
  For n = li To i-1 'Beginning = 0
     s = arrFileLines(n):name=Trim(Mid(s,27,7))
     If InStr(s,":")=3 Then
        utc=Left(s,9)
      flight=GetFlight(name)
      sa=Split(flight,"|")
      u=UBound(sa)
      If u=3 Then
       If InStr(sa(1),"(")Then compa-
ny=Left(sa(1),InStrRev(sa(1),"(")-2) Else company=sa(1)
       If InStr(sa(2),"(")Then
von=Left(sa(2),InStrRev(sa(2),"(")-1) Else von=sa(2)
       If InStr(sa(3),"(")Then
nach=Left(sa(3),InStrRev(sa(3),"(")-1) Else nach=sa(3)
       gr=company+", von "+von+"nach "+nach:
en=company+", from "+von+"to "+nach:

gr=Replace(gr,"Int'l","international"):en=Replace(en,"Int
'l","international"):
      Else
       gr="unaufgelöst":en="unsolved"
      End if
      WScript.Echo utc+ name+" "+gr:  Sapi.Speak en
     End if
  Next
  WScript.Echo "================================="
  li=i
 End If 'NewPlane
 waitlog
Wend

Sub waitlog
 Do
  WScript.Sleep(1000*interval)
  Loop Until lmod<>lastmod(filename)
  lmod=lastmod(filename)
End Sub
```

```
Sub readlog
 Set f = fs.OpenTextFile(filename, 1)
 Do Until f.AtEndOfStream
  Redim Preserve arrFileLines(i)
  arrFileLines(i) = f.ReadLine
  i = i + 1
 Loop
 f.Close
End Sub

Function newplane
 newplane = False
 For n = li To i-1 'Beginning = 0  last plane li
  s = arrFileLines(n)
  If InStr(s,":")=3 And InStr(s,"LAT")<>0 And In-
Str(s,"LAT 180 0 0  N  LON 180 0 0  E")=0 Then
    newplane=True
    Exit For
  End if
Next
End function

Function lastmod(filespec)
   Dim fso, f, s
   Set fso = CreateObject("Scripting.FileSystemObject")
   Set f = fso.GetFile(filespec)
   s = f.size
   lastmod = s
End Function

Function GetFlight(flight)
 Dim s
 GetFlight=flight
 'WScript.Echo flight
 If flight="LAT" Then Exit function
 find=findFlight(flight)
 If find<>flight Then GetFlight=find:Exit Function

 find="<title>"
 strURL =
"https://de.flightaware.com/live/flight/"+flight
 Set objHTTP = CreateObject( "WinHttp.WinHttpRequest.5.1"
)
 objHTTP.Open "GET", strURL:
 On Error Resume next
 objHTTP.Send
```

```
 s= objHTTP.ResponseText:   ' WScript.Echo Len(s)
 if objHTTP.Status = 200 Then
   ix=InStr(1,s,find)
   iy=InStr(ix,s,"</title>")
   a=ix+Len(find)
   b=iy
   If iy>ix And ix>0 Then
      company=Mid(s,a,b-a-14)
           find="<div class=""track-panel-airport"">
<span class=""hint"" title="""
             ix=instr(a,s,find)
             If ix >0 Then
                  a=ix+Len(find)
                  e=InStr(a,s,"""")
                  von=Mid(s,a,e-a)
                  ix=instr(a,s,find)
                  a=ix+Len(find)
                  e=InStr(a,s,"""")
                  nach=Mid(s,a,e-a)
                  WScript.Echo flight+"--- NEW FLIGHT
FOUND ---"
                  writeFlight flight+"|"+company+
"|"+von+"|"+nach
           GetFlight = flight+"|"+company+
"|"+von+"|"+nach
             End if
      End If
 End if
 Set objHTTP = Nothing
End Function


' Verify that a File Exists
function createFlightDB
 Set objFSO = CreateObject("Scripting.FileSystemObject")
 If objFSO.FileExists(FLUGHTFILE) Then
    Set objTextFile = objFSO.OpenTextFile(FLUGHTFILE, 1)
    While Not objTextFile.AtEndOfStream
     strLine = objtextFile.ReadLine
     If inStr(strLine, "|") Then i=i+1
    wend
    WScript.Echo cstr(i)+" entries found in "+FLUGHTFILE
 Else
    Wscript.Echo "Flight logfile did not exist, created:
"&FLUGHTFILE
    Set objFile = objFSO.CreateTextFile(FLUGHTFILE)
 End If
```

```
End Function

' Read a Comma Separated Values Log
Function findFlight(sign)
 Const ForReading = 1
 findFlight=sign
 Set objFSO = CreateObject("Scripting.FileSystemObject")
 Set objTextFile = objFSO.OpenTextFile(FLUGHTFILE,
ForReading)
 Do While objTextFile.AtEndOfStream <> True
  strLine = objtextFile.ReadLine
  If inStr(strLine, "|") Then
    sa = split(strLine, "|")
    If sa(0)=sign Then
     company=sa(1)
     von=sa(2)
     nach=sa(3)
     findFlight = strLine
     Exit function
    End if
  End If
 Loop
End function

' Writing String Content to End of Existing Text File
Sub writeFlight(data)
 Const FOR_APPENDING = 8
 strFileName = FLUGHTFILE
 strContent  = data+vbCrLf
 Set objFS = CreateObject("Scripting.FileSystemObject")
 Set objTS = ob-
jFS.OpenTextFile(strFileName,FOR_APPENDING)
 objTS.Write strContent
End sub
```

Lenkt man die Textausgabe mit *NetCat* auf einen TCP/IP-Port um, so erscheinen die Informationen zum Beispiel im TCP/IP-Client eines Smartphones. Die Sprachausgabe erfolgt weiterhin auf dem Windows-Tablet. Dazu wird wie im *Zusammenspiel Messwertfernschreiber mit NetCat* verfahren und die Zeile

```
C:\Temp\nc\nc -L -p 34 -e cmd.exe
```

zur Ausführung gebracht. Auf Seiten des Smartphones muss nun eine TCP/IP-Verbindung zum Windows-Tablet auf Port 34 erfolgen und einmalig anstatt *tail.exe* das obige Script über eine Batch-Datei aufgerufen werden. Bei direktem Aufruf würde das Script die Ausgaben über Windowsmeldungen durchführen.

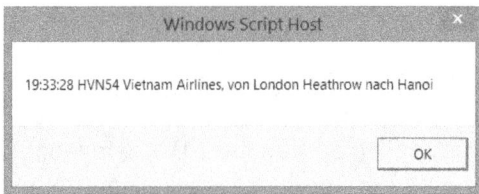

Abbildung 161: Ausgaben ohne Batch-Datei liefern viele Meldungsfenster

Angenommen das Script liegt als *7.vbs* auf dem Desktop, dann könnte der Start einer dort angelegten Textdatei mit dem Namen *7.bat* und dem Textinhalt *cscript 7.vbs* die Ausgaben auf dem Smartphone erscheinen lassen. Die Eingabe '*7*' im Feld *Send* startet die Ausgabe, wie zu Beginn dargestellt.

3.12 PLANE-HOPPING - RADIO STEUERT GOOGLE EARTH

3.12.1 SORCERER/DATEI/VBS/GOOGLEEARTH

Google Earth funktioniert auch offline, wenn genügend Kartenmaterial im Cache von einer vorigen Internetsitzung vorhanden ist. Auf dieser Grundlage sollte es möglich sein auch offline die Flugpositionen von über Kurzwelle empfangenen Daten mittels Google Earth in Echtzeit anzuzeigen. Dieses Feature ist im Decoder PC-HFDL bereits über DDE eingebaut. Besitzt man aber nur die unregistrierte Version bricht diese Schnittstellenverbindung nach der automatischen Beendigung ab und nach einem Neustart muss alles neu konfiguriert werden.

Abbildung 162: Google Earth und die als XML umgeformten HFDL-Daten

Das Zusammenspiel zwischen dem freien HFDL-Decoder Sorcerer und Google-Earth mittels VBScript ist bereits Mitte 2016 auf http://www.hjberndt.de/dvb/hfdl.html veröffentlicht und wird hier als weiteres Beispiel aufgeführt, wie Daten aus laufenden Protokolldateien mittels *VBS*cript ausgewertet und dargestellt werden können.

Ein lokaler Kurzwellenempfänger (oder wegen Mangel an Hardware WebSDR- per Internet) empfängt dasselbe Signal wie im Zusammenspiel *HFDL-Podcast*. Auch alle Einstellungen bleiben bei Sorcerer gleich, so dass die Log-Datei im Temp-Verzeichnis geschrieben wird.

Das Script funktioniert auch ähnlich in der Abfrage der Protokolldaten, mit der Ausnahme, dass das Ergebnis hier eine KML-Datei in der für Google-Earth verständlichen Form ist, mit Angabe der Flugpositionen.

Sorcerer 1.0.1 dekodiert also die HFDL-Signale und schreibt sie auf den Schirm und in eine Log-Datei. Ein Script wandelt die Flugpositionen in eine für Google-Earth lesbare Form. Für die Koordinaten eines Fluges ist lediglich ein Haken bei *HFNPDU* erforderlich. Die Zeile:

18:54:30 UTC Flight ID = BER537 LAT 39 32 49 N LON 2 44 19 E

ist eine Positionsmeldung von Flug BER537 mit angegebener Weltzeit. Um diese Daten in ein für Google-Earth verständliches KML-Format zu bringen soll VBScript zum Einsatz kommen. Das hier vorgestellte Script überwacht die Länge der von Sorcerer erstellten LOG-Datei. Bei einer Änderung wird nach Zeilen mit der Uhrzeit am Anfang gesucht, um daraus die Positionsdaten zu extrahieren und in eine für Google-Earth lesbare KML-Datei zu erzeugen. Diese Datei wird dann "gestartet". Ist die KML-Datei mit Google-Earth als Standard-Anwendung verknüpft, wird Earth gestartet, oder die gerade neue Position(en) angezeigt. Nach einer Pause von 15 Sekunden wiederholt sich dieser Vorgang.

```
16:26:26  UTC  Flight ID = MAC341  LAT 41 33 22  N  LON 1 52 55
16:04:06  UTC  Flight ID = SU1404  LAT 180 0 0   N  LON 180 0 0
16:14:42  UTC  Flight ID = SAS773  LAT 52 52 34  N  LON 6 32 57
16:27:12  UTC  Flight ID = SAS773  LAT 54 3 8    N  LON 8 28 37  E
16:28:02  UTC  Flight ID = CCA939  LAT 44 0 39   N  LON 13 8 32
16:28:46  UTC  Flight ID = OMA816  LAT 18 20 10  N  LON 81 10 11
16:29:12  UTC  Flight ID = CSC856  LAT 30 41 9   N  LON 105 8 22
```

Abbildung 163: Fluganzeigetafel im cmd-Fenster.

Zusammengefasst sind die folgenden Schritte notwendig, um das unten aufgeführte Script in diesem Zusammenhang einzusetzen.

- Sorcerer 1.0.1 starten und Windows mit der Virenprüfung beschäftigen
- Am Nachmittag oder Abend den SSB-Empfänger auf 8942/10081 kHz USB stellen (Shannon)
- Am Tablet das Mikrofon aktivieren und beobachten, ob die Signale hörbar sind.
- In Sorcerer unter PSK den Decoder ARINC 635 wählen.
- Haken bei HFNPDU setzten.
- Unter Output "Open disk log (ANSI)" wählen und im Verzeichnis „C:\TEMP\" eine Log-Datei mit dem Namen „0.TXT" anlegen.

Ab jetzt wird alles was Sorcerer im Decoderfenster ausgibt auch in die Datei *0.TXT* geschrieben. Ab hier kommt das Script zum Einsatz. Es kann von jeder Position gestartet werden, erwartet aber die Log-Datei genau unter *C:\TEMP\0.TXT*. Angenommen, das Script trägt den Namen *6.vbs* und liegt auf dem Desktop, dann ist es sinnvoll den Start indirekt über eine Batch-Datei durch zu führen, um die Ausgabe entsprechend von Windows weg zu lenken. Dazu dient eine Text-Datei mit dem Namen *6.bat* und dem Textinhalt *cscript 6.vbs*. Ein Doppelklick auf *6.bat* startet das Script und heraus kommt eine kml-Datei mit dem Namen *test0.kml,* über die Google Earth gestartet wird. Alle 15 Sekunden wird die Änderung der Log-Datei untersucht und eventuelle Flüge in Earth angezeigt.

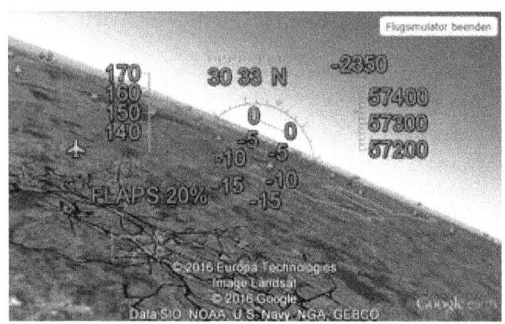

Abbildung 164: Flugsimulator in Google-Earth

Immer wenn ein neuer Flug empfangen wird, taucht man - wenn nur eine Maschine dazu kam - tief an den Ort der Positionsdaten und lernt so ganz magisch und nebenbei die ab gelegensten Ecken dieser Google-Kugel kennen. Wer möchte kann auch sofort selber weiter fliegen, indem unter Tools der Flugsimulator aktiviert wird, aber Vorsicht: Offline kann ein Sichtflug ziemlich schwierig werden.

Eine Grobstruktur des Skriptes könnte wie folgt aussehen

- Hauptschleife (Loop) mit
-    Log-Datei komplett einlesen (readlog)
-    Bei neuen Flugdaten (newplane)
  -    XML-Datei-Kopf anlegen
  -    XML-Positionen usw. einfügen
  -    XML-Datei-Fuß anlegen
  -    Neuen Flug auf Konsole ausgeben(Wscript.Echo)
  -    Über KML-Datei Google-Earth aufrufen
-    Auf neuen Log-Eintrag warten (waitlog)
- Endlos-Wiederholung

3.12.2 FUNCTIONS UND SUBS ÜBERSICHT

Eine veränderte Dateilänge deutet auf eine inhaltliche Änderung der Protokolldatei hin. Die Funktion lastmod liefert diese Größe:

```
Function lastmod(filespec)
 Dim fso, f
 Set fso = CreateObject("Scripting.FileSystemObject")
 Set f = fso.GetFile(filespec)
 lastmod = f.size
End Function
```

Die Routine waitlog prüft regelmässig die Dateilänge und kehrt bei einer Änderung zurück.

```
Sub waitlog
 Do
  WScript.Sleep(1000*interval)
 Loop Until lmod<>lastmod(filename)
 lmod=lastmod(filename)
End Sub
```

In der weiter oben angegeben Grobstruktur wird zu Beginn die gesamte LOG-Datei eingelesen. In anfänglichen Versionen war die Reihenfolge etwas anders. Hier werden zu Beginn alle Flüge beim Start untersucht.

Das Einlesen und die Speicherreservierung kommt aus dem Beispiel *Read a Text-File from the Bottom up.* Hier die Anpassung:

```
Sub readlog
 Set f = fs.OpenTextFile(filename, 1)
 Do Until f.AtEndOfStream
  Redim Preserve arrFileLines(i)
  arrFileLines(i) = f.ReadLine
  i = i + 1
 Loop
 f.Close
End Sub
```

Um die Log-Datei, die zu Beginn des Scripts komplett in den Speicher geladen wird, auf neue Flüge zu prüfen, wurde newplane gebaut:

```
Function newplane
 newplane = False
 For n = li To i-1 'Beginning = 0  last plane li
  s = arrFileLines(n)
  If InStr(s,":")=3 And InStr(s,"LAT")<>0 And _
  InStr(s,"LAT 180 0 0  N  LON 180 0 0  E")=0 Then
    newplane=True
    Exit For
  End if
 Next
End function
```

Von den drei globalen Variablen werden hier alle drei benutzt. Die Log-Datei-Zeilen stehen in arrFileLines, li enhält die "letzte" bzw. vorige eingelesene Zeilenanzahl und i die aktuelle Zeilenanzahl. Wenn das 3. Zeichen ein ":" ist und das Wort "LAT" vorkommt, handelt es sich wahrscheinlich um Flugpositionsdaten. Da einige Maschinen ohne Koordinaten auftauchen, werden diese ausgesondert. Ein Fund wird mit true quittiert.

```
Sub Google
 Set WshShell = WScript.CreateObject("WScript.Shell")
 Return = WshShell.Run(kml)
End Sub
```

Hier die Routine zum Start von Google Earth, deren Parameter nach eigenen Wünschen angepasst werden können (Run). Hier wird der einfachste Aufruf benutzt. Die KML-Datei muss mit Earth verknüpft sein, damit die Weitergabe funktioniert.

Als letzte Funktion nun die Buchstabenfummelei, um die Koordinaten des Fluges einigermaßen verlässlich zu lesen und zu wandeln, um sie in der Hauptschleife in die XML-Datei zu schreiben.

```
Function latlon(lonlat,s)
     sp0=InStr(s,lonlat)+4
     sp1=InStr(sp0,s," ")        'LAT 50 38 27  N
     lat1=Trim(Mid(s,sp0,sp1-sp0))   '50
     sp2=InStr(sp1+1,s," ")
     lat2=Trim(Mid(s,sp1+1,sp2-sp1))'38
     sp3=InStr(sp2+1,s," ")
     lat3=Trim(Mid(s,sp2+1,sp3-sp2))'27
     lat4=Trim(Mid(s,sp3+2,1))       'N
     latf=CDbl(lat1)+CDbl(lat2)/60.0+CDbl(lat3)/3600.0
     If lat4="S" Or lat4="W" Then latf=-latf
     lat=FormatNumber(latf,6)
     lat=Replace(lat,",",".")
     latlon=lat
End Function
```

Übergeben wird die gesamte Log-Zeile mit Grad, Minuten und Sekunden und in lonlat, ob "LON", oder "LAT" gewandelt werden soll. Das Ergebnis ist eine vorzeichenbehaftete Dezimalzahl mit DezimalPUNKT, damit Google zufrieden ist.

3.12.3 HAUPTSCHLEIFE

Die Hauptschleife und die Deklarationen stehen am Anfang. Darunter sollten dann die obigen Routinen eingefügt werden, damit das Gesamtskript entsteht. Angenommen es wird als *6.vbs* abgespeichert, dann sollte noch eine entsprechende *6.bat* mit der Zeile cscript 6.vbs erstellt werden. Wer *6.vbs* ohne Konsolenumleitung startet, erhält ziemlich viele Msg-Boxes, je nachdem wie viele Flüge schon in der Log-Datei *0.txt* von Sorcerer stehen.

Hier der obere Teil von *6.vbs*:

```
Const cl=Chr(13)&Chr(10)

'Set Args = WScript.Arguments
'If args.Count<>2 Then
  filename="C:\temp\0.txt"
  kml="c:\temp\test0.kml"
  interval=15
'End if

'filename=Args(0)
'kml=Args(1)
'interval=Args(2)

'----------------------------------
Dim arrFileLines(),lmod,li

Set fs = CreateObject("Scripting.FileSystemObject")
WScript.Echo "Sorcerer to Earth converter starting ..."
WScript.Echo "input: "&filename
WScript.Echo "output:"&kml&cl

While True
 i = 0
 'waitlog    ' wait for new filelength of logfile
 readlog
 If newplane Then
  'Create XML Document header
  Set fx = fs.CreateTextFile(kml,True)
  x="<?xml version=""1.0"" encoding=""UTF-8""?>"& cl & _
    "<kml xmlns=""http://earth.google.com/_
     kml/2.0"">"& cl &_
    "<Document>"& cl & _
    "<Style id=""bluepin"">"& cl & _
    "      <IconStyle>"& cl & _
    "        <Icon>"& cl & _
    "
<href>http://maps.google.com/mapfiles/kml/_
shapes/airports.png</href>"& cl & _
    "         </Icon>"& cl & _
    "        </IconStyle>"& cl & _
    "    </Style>"& cl
  fx.WriteLine x
  'Add new placemarks in xml
  For n = li To i-1 'Beginning = 0  one plane li
   s = arrFileLines(n)
   If InStr(s,":")=3 And InStr(s,"LAT")<>0 And _
```

```
    InStr(s,"LAT 180 0 0  N  LON 180 0 0  E")=0 Then
      x="<Placemark>"&cl& _
        "<styleUrl>#bluepin</styleUrl>"&cl& _
          "<name>" & Trim(Mid(s,27,7)) & "</name>" &cl& _
          "<description>"&cl& _
          "TIME:  " & Left(s,13) & "<br />" &cl& _
          "</description>"&cl& _
          "<Point>"&cl& _
          "<coordinates>" & latlon("LON",s) & _
    ","&latlon("LAT",s)&",10000</coordinates>"&cl& _
          "<TimeStamp><when>2016-1-1T" & Left(s,8) & _
    " Z</when></TimeStamp></Point>"&cl& _
          "</Placemark>"&cl
            fx.WriteLine x
            'WScript.Echo s
      End if
    Next
    'Write the xml footer
    x="</Document>"&cl&"</kml>"&cl
    fx.WriteLine x
    fx.Close 'XML
    'New Planes with zero LAT LON
    For n = li To i-1 'Beginning = 0
        s = arrFileLines(n)
        If InStr(s,":")=3 Then       WScript.Echo s
    Next
    li=i
    Google
  End If 'NewPlane
  waitlog
Wend
```

Aufgrund der XML-Strings sieht das Listing etwas zerrissen aus.

3.13 RHEINTURMFUNKUHR HF-STEUERUNG

3.13.1 DIGISPARK/HC06/RFO/REALTERM/SORCERER

Wie die Rheinturmuhr mit einem Arduino mit einem DCF77-Modul gesteuert wird, steht schon länger auf *http://hjberndt.de/soft/rtctftdcf.html*
mit dem Titel „Rheinturmfunkuhr mit Arduino". In diesem Zusammenspiel wird der Abschnitt *Digispark - Rheinturmuhr mit 50 LED* von weiter
oben aufgegriffen und erweitert. Ziel ist die Synchronisation über Zeit-
geber der Kurz- und Langwelle, wie im Zusammenspiel *Flugfunkuhrzeitansage HFDL* und *Funkuhrzeitansage von DCF39*. Hier das entsprechend erweiterte Blockschaltbild:

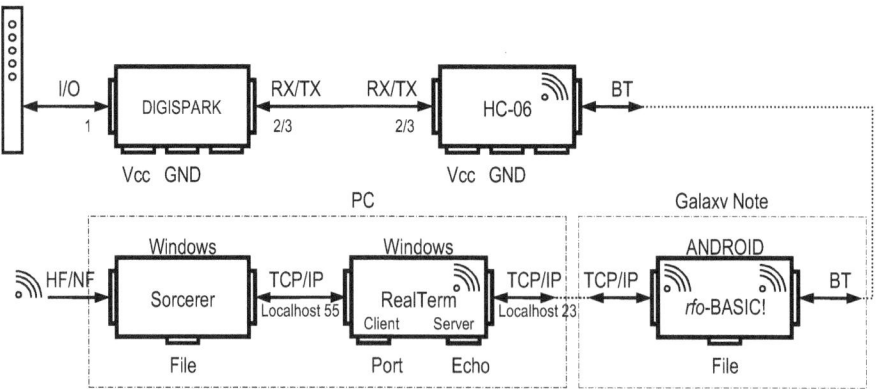

*Abbildung 165: Alle Komponenten und deren Zusammenwirken sind be-
reits bekannt, so dass hier nur noch auf abweichende Dinge eingegangen
werden kann.*

Das HF-Signal wird in einem entsprechendem Radio demoduliert und
steht als NF-Quelle einem Windows-Tablet zur Verfügung. Dieses Audiosignal dekodiert die freie Software *Sorcerer* und leitet das Ergebnis direkt über einen Port des Localhost weiter zum Programm *RealTerm* auf
demselben PC. Der dortige Client verbindet sich über diesen Port mit
Sorcerer und gibt die Verbindung mit seiner Echo-Funktion als Telnet-
Server weiter. Ein Android-Smartphone oder Tablet verbindet sich mit
diesem „PC9" im lokalen Netz in einem *rfo*-BASIC-Programm und kann

die über Hochfrequenz ausgestrahlte Uhrzeit über Bluetooth dem Digispark über das *HC06*-Modul mitteilen.

Dreh- und Angelpunkt ist hier das *rfo*-Programm, welches die beiden
Verbindungen herstellt und diese verknüpft, zusätzlich aber noch aus
dem Datenstrom die Zeitangaben extrahiert und gegebenenfalls in das
erforderliche Format bringt. Die Listings aus anderen Zusammenspielen
lassen sich dazu erweitern, so dass das hier folgende Listing entsteht:

```
TTS.INIT
Port$="23"
IP$= "PC9"
include btopen.bas
include ipopen.bas
ps=10

DO
 DO
  SOCKET.CLIENT.READ.READY flag
  PAUSE ps
  IF CLOCK() > maxclock
   IF ps>10 THEN PRINT "(wait)"
   ps=100
   maxclock = CLOCK() + 5000
  ENDIF
 UNTIL flag
 SOCKET.CLIENT.READ.LINE line$
 IF LEN(line$)>20 THEN
  IF IS_IN(":",line$)=14 THEN
   REM dcf39
   u$=MID$(line$,16,8)
   PRINT u$
   BT.WRITE u$+CHR$(13)
   TTS.SPEAK u$
  ELSE
   REM hfdl
   IF MID$(line$,1,1)=" " THEN
    IF MID$(line$,4,1)=":" THEN
     u$=MID$(line$,2,8)
     INCLUDE utc.bas
     PRINT u$
     TTS.SPEAK  u$
     TONE 1000,100
     BT.WRITE u$+CHR$(13)
    ENDIF
```

```
  ENDIF
  ENDIF
 ENDIF
 PRINT line$
 ps=10
UNTIL false
```

Das Öffnen der beiden Verbindungen erfolgt, wegen der besseren Übersicht, in den externen Dateien *BTopen* und *IPopen*, die im selben Verzeichnis liegen. Die Details lauten:

```
REM Start of BASIC! Program
bt.open
bt.connect
do
 pause 1000
 bt.status x
 if x= 1 then print "listening ..."
 if x= 2 then print "connecting ..."
 if x= 3 then print "conected to ";
 t++
 if t>20 then
 print "timeout."
 end
 endif
until x=3
BT.DEVICE.NAME dev$
print dev$
```

BTopen.bas als include-Datei

```
REM Start of BASIC! Program
PRINT "Connecting to "+ip$
SOCKET.CLIENT.CONNECT IP$,VAL(port$)
SOCKET.CLIENT.STATUS r
IF r THEN
 PRINT "Connected to ";
 SOCKET.CLIENT.SERVER.IP a$
 PRINT a$+" Port "+port$
ELSE
 END
ENDIF
```

IPopen.bas als include-Datei

Das Listing berücksichtigt die Formate für HFDL und DCF39, wie sie von *Sorcerer* geliefert werden und gibt die funkgenaue Zeit von der Kurz- oder Langwelle über WiFi-Funk und Bluetooth-Funk an die Funkturmuhr weiter. Ziemlich **funky**.

LITERATURVERZEICHNIS

[1] Messen mit dem Smartphone, H.-J. Berndt, Eigene Programme auf Android Tablet und Phone, Kindle-eBook ASIN B00CO5TGEK, Mai 2013

[2] Messen und Steuern mit dem Smartphone, H.-J. Berndt, Bluetooth, USB, RS232, Arduino mit Android Tablet/Phone, Kindle-eBook ASIN B00SM1UMQG, Januar 2015

[3] Messen, Steuern und Regeln mit Word und Excel, H.-J. Berndt / B. Kainka, VBA-Makros für die serielle Schnittstelle, 3., aktualisierte Auflage, Franzis-Verlag GmbH, 85586 Poing, 2001, ISBN 3-7723-4094-6

ABBILDUNGSVERZEICHNIS

SACHVERZEICHNIS

www.ingramcontent.com/pod-product-compliance
Lightning Source LLC
Chambersburg PA
CBHW051442170526

45166CB00001B/85